U0128806

21世纪高等教育规划教材

大学物理实验

主编　王红玲　张元敏

西南交通大学出版社
·成　都·

图书在版编目（CIP）数据

大学物理实验/王红玲,张元敏主编.—成都:西南交通
大学出版社,2008.8
21 世纪高等教育规划教材
ISBN 978-7-5643-0033-3

Ⅰ.大… Ⅱ.①王…②张… Ⅲ.物理学—实验—高
等学校—教材 Ⅳ.O4-33

中国版本图书馆 CIP 数据核字（2008）第 131375 号

21 Shiji Gaodeng Jiaoyu Guihua Jiaocai

21 世纪高等教育规划教材

Daxue Wuli Shiyan

大 学 物 理 实 验

主 编 王红玲 张元敏

*

责任编辑 张华敏

特邀编辑 高青松 李科亮

封面设计 水木时代

西南交通大学出版社出版发行

（成都市二环路北一段 111 号 邮政编码:610031 发行部电话:028-87600564）

http://press.swjtu.edu.cn

北京广达印刷有限公司印刷

*

成品尺寸:185 mm×260 mm 印张:12.25

字数:326 千字

2008 年 8 月第 1 版 2008 年 8 月第 1 次印刷

ISBN 978-7-5643-0033-3

定价:30.00 元

前　言

　　本书是为适应当前实验教学改革的要求,根据教育部《高等工业学校物理实验课程教学基本要求》和《高等教育面向 21 世纪教学内容和课程体系改革计划》的精神,以作者所在院校多年使用的讲义为基础并结合近年来实验教学改革实践的成果编写而成的。本书在编写过程中打破了传统的实验教学内容体系,在熟悉基本仪器和基本测量的基础上,采用基本实验、综合设计性实验、研究性实验的三级构架模式,以保证学生通过实验课能够较好地掌握和运用理论知识,提高实验技能。

　　全书共 5 章内容,包括 41 个实验。第 1 章误差理论与数据处理,主要介绍物理实验的基本测量方法、测量及其误差、测量不确定度等基本知识;第 2 章力热实验,涉及力学和热学方面共 14 个实验;第 3 章电磁学实验,涵盖电磁学方面的基本原理及主要内容;第 4 章光学实验;第 5 章近代物理实验。

　　本书由王红玲、张元敏主编。第 1、2 章由葛瑜编写;第 3 章由张元敏编写;第 4 章由王红玲编写;第 5 章由杨钢、王安梅、韩红培编写。全书由王红玲统稿。

　　编写适合教学改革需要的实验教材是一种探索,它是一项凝聚教师集体劳动的工程。作者在编写本教材时,吸收了多年来在物理实验室工作过的许多同志的智慧和成果,也参考和借鉴了兄弟院校的有关教材。在此我们一并表示衷心的感谢!

　　由于编写时间仓促与编者水平有限,书中难免有错误和不当之处,恳请相关专家与读者不吝赐教,以便不断修订完善。

编　者

2008 年 8 月

目 录

第1章 误差理论与数据处理

物理学是一门实验科学,在物理学的建立和发展中,物理实验起到了直接的推动作用。从经典物理到近代、现代物理,物理实验在发现新事物、建立新规律、检验理论、测量物理量等诸多方面发挥着巨大作用。随着现代科学技术水平的高度发展,物理实验的思想、方法、技术与装置已广泛地渗透到了自然学科和工程技术的各个领域,解决了一大批生产和科研问题。

1.1 大学物理实验的主要任务和环节

大学物理实验是一门重要的基础课程,是对学生进行实验教育的入门课程,其教学目的在于:使学生在学习物理实验基础知识的同时,受到严格的训练,掌握初步的实验能力,养成良好的实验习惯和严谨的科学作风。

1.1.1 大学物理实验的主要任务

(1)通过对实验现象的分析和对物理量的测量,使学生掌握物理实验的基本知识、基本方法和基本技能。运用物理学原理和物理实验方法研究物理规律,加深对物理学原理的理解。

(2)培养与提高学生从事科学实验的能力。主要包括:

①自学能力。能够独立阅读实验教材与参考资料,正确理解实验内容,做好实验前的准备工作。

②动手能力。能借助教材与仪器说明书,正确调整和使用仪器,制作样品,发现和排除故障。

③思维判断能力。运用物理学理论,对实验现象与结果进行分析和判断。

④书面表达能力。能够正确记录和处理实验数据,绘制图表,分析实验结果,撰写规范、合格的实验报告或总结报告。

⑤综合运用能力。能够将多种实验方法、实验仪器结合在一起,运用经典与现代测量技术和手段,完成某项实验任务。

⑥初步的实验设计能力。根据课题要求,能够确定实验方法和条件,合理选择、搭配仪器,拟定具体的实验步骤。

(3)培养学生从事科学实验的素质。包括理论联系实际、实事求是的科学作风;严肃认真的工作态度;不怕困难、勇于探索的创新精神;遵纪守法、爱护公物的优良品德;团结协作、共同进取的作风。

1.1.2 大学物理实验的主要环节

物理实验是学生在教师指导下独立进行实验操作和测量的一项实践活动。要有效地学习、完成一个实验,必须遵循以下三个环节。

1. 课前预习

实验前,学生必须预习实验教材和仪器说明书等有关资料,明确实验目的,基本弄懂实验原理和实验内容,并对测量仪器和测量方法有所了解,在此基础上写出实验预习报告。报告内容包括实验名称、实验目的、实验仪器、简要实验原理和实验记录表格。

2. 实验过程

操作和测量是实验教学的主要环节。学生进入实验室后应认真听取教师对本实验的要求、重点、难点和注意事项的讲解。开始实验时,应先检查仪器设备并简单练习操作,待基本熟悉仪器性能和使用方法后才开始进行实验测量。在实验过程中,要严肃认真,仔细观察物理现象,正确读取和记录测量数据。要学会分析和排除实验故障,若发现问题而无法解决时,应及时向教师或实验管理人员报告,由教师或实验管理人员协助处理。仪器设备调整、操作、测量和记录是科学实验的基本功。实验记录内容应包括:

(1)与实验条件有关的物理量(如室温、气压、相对湿度等)。

(2)仪器设备型号、精度等级、允许误差及量程等。

(3)每次测量的物理量数值、有效数字和单位等原始数据。这些原始数据应如实地记录在表格上,如发现记录数据有问题,可以删除或再测量,但绝不允许抄袭或篡改实验数据。实验完毕,应将记录数据交指导教师审查签名,整理好实验仪器后才能离开实验室。

3. 课后实验总结

实验后要对实验数据进行处理,并写出完整的实验报告。实验报告是实验工作的总结,要求用标准的实验报告纸书写,要求字体工整、文理通顺、数据齐全、图表规范、结论明确、纸面整洁。实验报告的格式和内容如下:

(1)实验名称、实验者姓名、实验日期。

(2)实验目的。

(3)实验仪器。

(4)实验原理:简要叙述实验原理、计算公式、实验电路图或光路图。

(5)实验内容和主要步骤:简要写出实验内容、步骤和实验注意事项。

(6)数据记录与处理:将原始记录数据转记于实验报告上,按照实验要求计算测量结果,该作图的要作图,计算要遵循有效数字的运算规则进行,用标准差或不确定度评估测量计算的可靠性。

(7)结果与讨论:这部分要明确给出实验测量结果,并对结果进行讨论,如分析实验中观察的现象、讨论实验中存在的问题、回答思考题等,也可以对实验本身的设计思想、实验仪器的改进等提出建议性意见。

在科学研究和实验过程中,往往离不开对某个物理量的测量。物理实验除了定性地观察物理现象外,也需要对物理量进行定量测量,并确定各物理量之间的关系。由于测量设备、环境、人员、方法等诸多因素的影响,使得测量值与真实值并不完全一致,这种差异在数值上表现为误差。随着科学水平的提高和人们的经验、技巧、专门知识的丰富,误差虽然可以被控制的越来越小,却始终不能把它消除。因此,对实验中测量获得的数据,要选择合适的方法进行处理,并对其可控性作出评价,否则,测量结果是没有价值的。

误差与数据处理理论已发展为一门学科,它涉及的内容丰富,且较为复杂。本章将从实际教学的角度出发,主要介绍测量误差、不确定度的基本知识和常用的实验数据处理方法。

1.2　物理实验的基本测量方法

物理实验方法是以一定的物理现象、物理规律和物理学原理为依据,确立合适的物理模型,研究各物理量之间关系的科学实验方法。现代的物理实验离不开定量的测量和计算。所以,实验方法包含测量方法和数据处理方法两个方面,它们既有区别又有联系。本节主要介绍基本测量方法。

物理测量泛指以物理理论为依据、以实验装置和实验技术为手段进行测量的过程。内容非常广泛,它包括对运动力学量、分子力学量、热学量、电学量和光学量的测量等。测量的方法和分类也很多,如以内容分,可分为电量测量和非电量测量;按测量性质分,可分为直接测量、间接测量和组合测量;根据测量过程中被测量是否随时间变化分,可分为静态测量和动态测量;根据是否通过对基本量的测量得到测量数据分,可分为绝对测量和相对测量;若从特定的测量方法细分,就有诸如干涉法、衍射法、偏振法、电桥法、冲击法、冷却法、霍尔效应法、核磁共振法,等等。

本节主要介绍的测量方法是进行物理实验的思想方法,而不是指非常具体的测量过程与方式。学习并掌握好这些基本的实验思想方法,在实验中可指导我们进行实验方案的选择和实验的测试,有助于实验工作与科学研究的开展和科学能力的提高。

1.2.1　比较法

1. 直接比较法

直接比较法是将待测量与经过校准的仪器或量具进行直接比较,测出其大小。例如:用米尺测量长度就是最简单的直接比较法。用经过标定的电表、秒表、电子秤测量电量、时间、质量等量时,其直接测出的读数也可看做是直接比较的结果。要注意的是,采用直接比较法的量及仪器必须是经过标定的。

2. 补偿平衡比较法

平衡测量、补偿测量或示零测量是物理实验与科学研究中常用的测量方法。

例如:用等臂天平称物体的质量是一种平衡测量。如图 1-1 所示的惠斯通电桥测量电阻 R_x,从原理上讲,也是一种平衡测量,因为只有当电桥平衡时(电流计 G 示零)才能得出

$$R_x = \frac{R_1}{R_y} R_2$$

并以此算出 R_x。

如图 1-2 所示的是电势差计测电池电动势的基本电路,它是补偿测量的一个典型例子。合上电键 K,调节 R,使电阻丝 AB 上通有特定电流 I,然后合上电键 K_1,在 AB 上滑动触头 C,使流计 G 示零,则待测电池电动势 E_x 被电势差 U_{AB} 所补偿,这时

$$E_x = U_{AB} = IR_{AB}$$

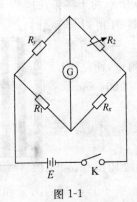

图 1-1

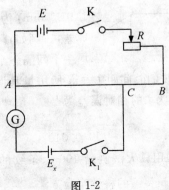

图 1-2

以上两例均是在电流计 G 的指针示零时获得的测量结果,所以又可以称为示零测量。经过补偿达到平衡的比较实验方法的最大优点是:平衡时,电表(平衡臂)示零,对被测物理量影响最小,故大大提高了测量的精确度。

3.替代比较法

我国古代的少年曹冲用船称象是一例典型的替代比较实验方法。在现代测量技术中,当某些物理量无法直接比较时,往往利用物理量之间的函数关系制作成相应的仪表、仪器进行比较测量,如糖量计、比重计、密度计等。图 1-3 所示是用替代比

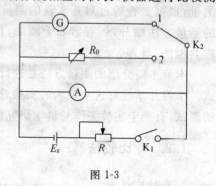

较法测量电表内阻的电路图。将 K_2 置于"1"处,合上 K_1,调节 R,使安培表指针指在较大示值处(同时注意表头 G 指针不能超过量程)。然后断开 K_1(为了保护安培表),将 K_2 置于"2"处,再合上 K_1,调节原先处在最低阻值上的 R_0,使安培表示值不变。此时,R_0 代替了表头内阻 R_x,若 R_0 为电阻箱,则 R_x 可直接读得。

在进行替代比较法测量时,要特别注意"不同时"的替代比较,在"异时"比较时必须以实验条件的稳定性为基础。

图 1-3

1.2.2　放大法

物理学中涉及各种物理量的测量,即使是同一物理量,其值的大小也相差悬殊。例如长度测量,地球半径为 6.38×10^6 m,而氢原子半径仅为 1.06×10^{-10} m,相差达 10^{16} m。要适应各种范围内的精度测量,就需要设计相应装置或采用不同的方法。其中放大法是常用的基本方法之一(缩小也可视为其放大倍数小于 1 的放大)。放大法有:机械放大法、积累(或累计)放大法、光学放大法、电子学放大法等。

1.机械放大法

测量微小长度与角度时,为了提高测量读数的精度,常将其最小刻度用游标、螺距的方法进

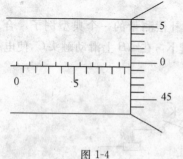

行机械放大。如图 1-4 所示,螺旋测微计主刻度上的最小刻度是 0.5 mm,0.5 mm 以下读数,可通过转动微分套筒放大读出,精度达到 0.01 mm。

2.积累(或累计)放大法

我们要测出如图 1-5 所示的干涉条纹间距 l。l 的数量级为 10^{-2} mm,为了减小测量的相对误差,。例如,$l = 0.040$ mm,一般不是一个间隔一个间隔地去测量,而是测

图 1-4

量若干(n)个条纹的总间距 $L = nl$ 所用量具误差为 $\Delta_{仪} = 0.004$ mm,则测量一个间距为 l 的相对误差为

$$\frac{\Delta_{仪}}{l} = \frac{0.004}{0.040} = 0.1$$

即为 10%。若采用放大法测量 100 个条纹的总间距 L,则其相对误差减小为

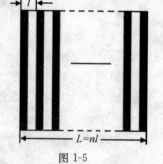

图 1-5

$$\frac{\Delta_{仪}}{L}=\frac{0.004}{4.000}=0.001$$

即为 0.1%，使测量精度大为提高。

又如用秒表测量单摆摆动周期，也不是测一个周期的时间，而是测量累计摆动 50 或 100 周期的时间。设所用机械秒表的仪器误差为 0.1 s，而某单摆周期约为 2 s，则测量单个周期时间间隔的相对误差为 $\frac{0.1}{2.0}=0.05$，即为 5%。若测 100 个周期的累计时间间隔，则相对误差为 $\frac{0.1}{200.0}=0.0005$，即为 0.05%，提高了测量的精度。

3. 光学放大法

光学放大法有两种，一种是被测物通过光学仪器形成放大的像，以便观察判别，如常用的测微目镜、读数显微镜。另一种是通过测量放大的物理量来获得本身较小的物理量。例如，我们要测如图 1-6 所示的 AB 对 C 的微小张角 α，可利用三角函数关系，$\tan\alpha=\frac{AB}{CB}$，测出 AB 和 CB 即可求得 α。但 AB、CB 也是微小量，若放大为测量相应的 $A'B'$ 与 CB'，则在使用同样量具的情况下，相对误差可大为减小，CB' 越长相对误差越小。因此，常常利用光学平面镜多次反射来测光程。例如：测量激光束的发散角，常用如图 1-7 所示的平行平面镜装置，使发散角较小的激光束在两镜间多次反射后射出，再测量其光斑大小。又如，测量长度微小变化和测量角度微小变化的光杠杆镜尺法，也是一种常用的光学放大法。

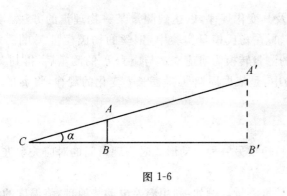

图 1-6

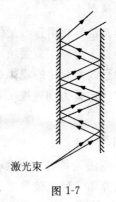

激光束

图 1-7

4. 电子学放大法

要对微弱电信号（电流、电压或功率）有效地进行观察测量，常用电子学放大法。最基本的交流放大电路是如图 1-8 所示的共发射极三极管放大电路。

交流电压 U_i 由基极 B 和发射极 E 之间输入时，在输出端就可获得放大一定倍数的交流电压 U_o。其基本原理是利用半导体 PN 结特性实现基极对集电极电流的控制作用。图 1-9 中的三极管由两个 PN 结构成。B、E 间的发射结所加的是正向偏置电压，使发射区的多数载流子——电子加速进入基区。B、C 间的集电结加的是反向偏置电压，它阻止集电区电子向基区扩散，但对基区内的电子则是一个加速电压。发射区发射的电子（少数一部分）不断地与基区中的空穴"复合"，形成基区电流 I_B，大多数电子经两次加速后向集电区扩散，形成集电极电流 I_C，基极电流 I_B 的微小变化将引起集电极电流 I_C 很大的变化，从而实现放大作用。

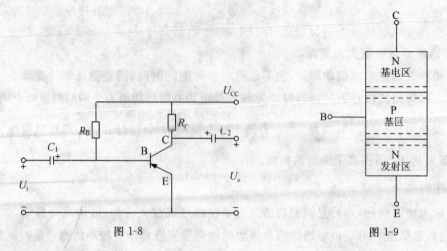

图 1-8   图 1-9

1.2.3 转换测量法

转换测量法简称换测法,是根据物理量之间的各种效应和函数关系,利用变换原理进行测量的方法。由于物理量之间存在多种效应,所以有各种不同的换测法,这正是物理实验最富有启发性和开创性的一面。随着科学技术的发展,物理实验方法渗透到各学科领域,实验物理学也不断地向高精度、宽量程、快速测量、遥感测量和自动化测量发展,这一切都与转换测量紧密相关。

换测法大致可分为参量换测法和能量换测法两大类。

1.参量换测法

参量换测法是利用各参量的变换及其变化规律,以达到测量某一物理量的方法。这种方法几乎贯穿于整个物理实验领域中。例如:在杨氏模量实验中,钢丝的杨氏模量 Y 的测定依据是应变与应力呈线性变化的规律,将 Y 的测量转换为对应变 σ 与应力 F 的测量后,得到 Y。又如:在利用单摆测定重力加速度 g 的实验中,是依据周期 T 随摆长 l 变化的规律,将 g 的测量转换为对 T、l 的测量。

2.能量换测法

能量换测法是利用一种运动形式转换成另一种运动形式时物理量间的对应关系进行测量的方法。下面介绍几种比较典型的能量换测法。

(1)热电换测:将热学量转换成电学量测量。例如:利用温差电动势原理,将温度的测量转换成热电偶的温差电动势的测量,或利用电阻随温度变化的规律将测温转换成对电阻的测量。

(2)压电换测:这是一种压力和电势间的变换,话筒和扬声器就是大家所熟悉的换能器。话筒把声波的压力变化变换为相应的电压变化,而扬声器则进行相反的转换,即把变化的电信号转换成声波。

(3)光电换测:这是一种将光学量变换为电量的换能器,其变换的原理是光电效应,转换元件有光电管、光电倍增管、光电池、光敏二极管、光敏三极管等。各种光电转换器件在测量和控制系统中已获得广泛的应用。近年来又有用于光通信系统和计算机的光输入设备(光纤)等。

(4)磁电换测:这是利用半导体霍尔效应进行磁学量与电学量的转化测量。

设计或采用某种转换测量方法应注意以下原则:

(1)首先要确定变换原理和参量关系式的正确性。

(2)变换器(传感器)要有足够的输出量和稳定性,便于放大或传输。

（3）要考虑在变换过程中是否还伴随其他效应，若有，则必须采取补偿或消除措施。

（4）要考虑变换系统和测量过程的可行性和经济效益。

1.2.4　模拟法

模拟法指的是以相应理论为基础，不直接研究自然现象或过程的本身，而利用与这些自然现象或过程相似的模型来进行研究的一种方法。模拟法可分为物理模拟和数学模拟。

物理模拟就是保持同一物理本质的模拟。例如，用光测弹性法模拟工件内部应力的分布情况；用"风洞"（高速气流装置）中的飞机模型模拟实际飞机在大气中飞行等。

数学模拟是指把两个不同本质的物理现象或过程，用同一数学方程来描述。例如，用恒温电流场来模拟静电场，就是基于这两种场的分布有相同的数学形式。

把上述两种模拟法配合起来使用，就更容易见成效。随着微机的引入，用微机进行模拟实验更为方便，并能将两者很好地结合起来。

以上所述的四种基本测量方法，在物理实验中有广泛的应用。实际上，在物理实验中，各种方法往往是相互渗透、联系而综合起来使用的，无法截然分开。读者在进行实验时，应认真思考，仔细分析，并不断总结，以逐步积累丰富的实验知识和经验。

1.3　测量及其误差

1.3.1　量、测量和单位

任何现象和实体都能以量来表征。量具有对现象和实体作定性区别或定量确定的属性，测量是人类对自然界中的现象和实体取得数字概念的一种认识过程。为确定被测对象的测量值，首先要选定一个单位，用它与被测对象进行比较，求出被测对象与它的比值——倍数，这个倍数即为数值。显然数值的大小与所选用的单位有关，对同一对象测量时，选用单位越大，数值就越小，反之亦然。因此，在表示一个被测对象的测量值时就必须包含数字和单位两个部分。

目前，物理学上各物理量的单位，都采用中华人民共和国法定计量单位，它是以国际单位制（SI）为基础的单位。国际单位制是在 1960 年第 11 届国际计量大会上确定的，它以米（长度）、千克（质量）、秒（时间）、安培（电流）、开尔文（热力学温度）、摩尔（物质的量）和坎德拉（发光强度）作为基本单位，称为国际单位制的基本单位。其他量（如力、能量、电压、磁感应强度等）的单位均可由这些基本单位导出，称为国际单位制的导出单位。

1.3.2　测量误差及其分类

被测物理量的大小（即真值）是客观存在的，然而在具体测量它时，要经过一定的方案设计，运用一定的实验方法，在一定的条件下，借助于仪器由实验人员完成。尽管我们千方百计改进实验方案设计，提高仪器精度和测量人员的水平。但是，仪器精度总有一个限度，实验方法不可能完美无缺，测量人员的技术水平不可能无限提高，这就使测量所得的值与客观真值有一定差异。测量值 x 与真值 X 之差称为测量误差 Δx，简称误差。测量误差反映测量结果的准确程度，可用绝对误差表示，也可用相对误差来表示：

$$绝对误差＝测量值－真值$$

即

$$\Delta x＝x－X$$

$$相对误差＝（绝对误差／真值）\times 100\%$$

即
$$E=\frac{\Delta x}{X}\times 100\%$$

误差自始至终存在于一切科学实验的过程之中。所以,科学实验的结果不仅要包括测量所得的数据,而且还要包括误差范围的估计。

测量永远不可能得到真值,那么怎样的测量值是最接近真值的最佳值呢? 又如何来估算误差范围呢? 这就有必要对误差进行研究和讨论,用误差分析的思想方法来指导实验的全过程。

误差分析的指导作用包含以下两个方面:

首先,为了从测量中正确认识客观规律,必须分析误差的原因和性质,正确地处理所测得的数据,尽量消除、减少误差或确定误差范围,以便能在一定条件下得到接近真值的最佳结果,并作出精度评价。

其次,在设计一项实验时,先对测量结果确定一个精度要求,然后用误差分析确定合理的测量方法、仪器和条件,以便能在最有利的条件下,获得恰到好处的预期结果。

误差的产生有多方面的原因,根据误差的性质和产生的原因,可将误差分为系统误差、随机误差和粗大误差三种。

1. 系 统 误 差

系统误差的特点是:在相同的条件下(指方法、仪器、环境、人员)对同一量进行多次测量时,误差的绝对值和符号(正、负)保持不变或按一定规律变化。当测量条件改变时,误差亦按一定的规律变化。

系统误差的来源有以下几个方面:

(1)仪器的固有缺陷。例如,刻度不准,零点没有调准,仪器水平或铅直未调整,砝码未经调准等。

(2)实验方法不完善或这种方法所依据的理论本身具有近似性。例如,称重量时未考虑空气浮力,采用伏安法测电阻时没有考虑电表内阻的影响等。

(3)环境的影响或没有按规定的条件使用仪器。例如,标准电池是以 20 ℃时的电动势数值作为标准值的,若在 30 ℃条件下使用而不加以修正,就会引入系统误差。

(4)实验者生理或心理特点,或缺乏经验引入的误差。例如,有的人习惯于侧坐斜视读数,就会使估读的数值偏大或偏小。

系统误差的消除、减小或修正都属于技能问题,可以在实验前、实验中、实验后进行。例如,实验前对测量仪器进行校准,对人员进行专门训练等;在实验中采取一定方法对系统误差加以补偿;实验后在结果处理中进行修正,等等。

虽然系统误差的发现、消除、减小或修正是一个技能问题,但是,要找出其原因,寻求其规律性并非轻而易举之事。这是因为:

首先,实验条件一经确定,系统误差就获得了一个客观上的恒定值,在此条件下进行多次测量并不能发现该系统误差。

其次,在一个具体的测量过程中,系统误差往往会和随机误差同时存在,这给分析是否存在系统误差带来了很大的困难。

能否识别和消除系统误差与实验者的经验和实际知识有着密切的关系。因此,对于实验初学者来说,应该从一开始就逐步积累这方面的感性知识,在实验时要分析采用这种实验方法(理论)、使用这套仪器、运用这种操作技术会不会给测量结果引入系统误差。

科学史上有这样一个事例。

1909~1914 年间,美国著名物理学家密立根以他巧妙设计的油滴实验,证实了电荷的不连续性,并精确地测得基本电荷电量

$$e = (1.591 \pm 0.002) \times 10^{-19} \text{ C}$$

后来,由 X 射线衍射实验测得 e 值与油滴实验值误差了千分之几。通过查找原因,发现密立根实验中所用的空气黏度值偏小,以致引入系统误差。在重新测量了空气的黏度之后,油滴实验测得

$$e = (1.601 \pm 0.002) \times 10^{-19} \text{ C}$$

它与衍射法测得的结果($1.602\ 773\ 349 \times 10^{-19}$ C)十分吻合。

此例说明实验条件一经确定,多次测量(密立根曾观察了几千个带电油滴)并不能发现系统误差,必须要用到其他的方法(本例中改变了产生系统误差根源的条件),才可能发现系统误差。同时也说明,实验中应从各方面去考虑是否会引入系统误差,当忽略某一方面时,系统误差就可能从这一方面渗透到测量结果中去。

我们将在今后的实验中,针对各实验的具体情况对系统误差进行分析和讨论。

2.随机误差

随机误差的特点是随机性,即当我们在竭力消除或减小一切明显的系统误差之后,在相同条件下,对同一量进行多次重复测量时,每次测量的误差时大时小,时正时负,既不可预测又无法控制。

随机误差的出现,从表面上看似乎纯属偶然,但是人们经过长期的实践后发现,重复测量的次数很多时,偶然之中会显示处一定的规律性。我们可以利用这种规律对实验结果作出随机误差的误差估算。

3.粗大误差

粗大误差又称疏失误差,它是由工作人员疏失、仪器失灵等原因造成的超出规定条件下预期的误差。含有粗大误差的测量值明显偏离被测量的真值,在数据处理时,应首先检验,并将含有粗大误差的数据剔除。

应当指出,系统误差是测量过程中某一突发因素变化所引起的,随机误差是测量过程中多种因素微小变化综合引起的,二者不存在绝对的界限,变化的系统误差数值较小时与随机误差的界限不明显。随机误差和系统误差有时可以相互转化。

1.4 测量不确定度

测量的理想结果是获得被测量在测量条件下的真值,但是实际上在测量时,由于实验方法和计量器具的不完善,测量环境不理想、不稳定,实验者在操作上和读取数值时不十分准确等原因,都将使测量值偏离真值,因而测得值不能准确表达真值。在报道被测量的测量结果时,因为报道的是被测量的近似值,所以应同时报道对它的可靠性的评价,即给出对此测量质量的指标,测量不确定度就是测量质量的指标,也即是对测量结果残存误差的评估。

测量值不等于真值,可以设想真值就在测量值附近的一个量值范围内,测量不确定度就是评定作为测量质量指标的此量值范围。设测量值为 x,其测量不确定度为 u,则真值可能在量值范围 $(x-u, x+u)$ 之中,显然此量值范围越窄,即测量不确定度越小,用测量值表示真值的可靠性

就越高。

对测量不确定度的评定，常以估计标准偏差来表示大小，这时称其为标准不确定度。

由于测量有误差，因而要评定不确定度。误差的来源不同，它对测量的影响也不同，就其影响表现可分为两类：一类是偶然效应引起的，使测量值分散开，例如用手控停表测摆的周期，由于手的控制存在偶然性，每次测量值不会相同；另一类则使测量值恒定的向某一方向偏移，重复测量时，此偏移的方向和大小不变，例如，用电压表测一串阻两端的电压，由于这时偶然效应很弱，反复测量其值基本不变，当用更精密的电势差计去测量时，可以得知电压计的示值有恒定的偏差，这是电压计的基本误差所致。这两类影响都给被测量引入不确定度，都要评定其标准不确定度，但是评定的方法不同。

1.4.1　标准不确定度的 A 类评定

由于偶然效应，被测量 X 的多次重复测量值 $x_1, x_2, \cdots, x_n$ 将是分散的，从分散的测量值出发，用统计的方法评定标准不确定度，就是标准不确定度的 A 类评定。设 A 类标准不确定度为 $u_A(x)$，用统计方法求出平均值的标准偏差 $s(\overline{x}) = \sqrt{\sum (x_i - \overline{x})^2 / [n(n-1)]}$，A 类评定标准不确定度（又称为标准不确定度的 A 类分量）就取为平均值的标准偏差，即

$$u_A(\overline{x}) = s(\overline{x}) \tag{1-1}$$

按误差理论的高斯分布，如果不存在其他误差影响，则测量范围 $[\overline{x} - u_A(\overline{x}), \overline{x} + u_A(\overline{x})]$ 中包括真值的概率为 68.3%，如扩大量值范围为 $[\overline{x} - 1.96 \cdot u_A(\overline{x}), \overline{x} + 1.96 \cdot u_A(\overline{x})]$，其中包括真值的概率为 95%。

1.4.2　标准不确定度的 B 类评定

当误差的影响仅使测量值向某一方向有恒定的偏离，这时不能用统计的方法评定不确定度，这一类的评定就是 B 类评定。

B 类评定，有的依据计量仪器说明书或鉴定书，有的依据仪器的准确度等级，有的则粗略的依据仪器分度值或经验。从这些信息中可以获得极限误差 Δ（或容许误差或示值误差），此类误差一般可视为均匀分布，而 $\Delta/\sqrt{3}$ 为均匀分布的标准差，则 B 类评定标准不确定度（又称为标准不确定度的 B 类分量）$u_B(x)$ 为

$$u_B(x) = \Delta/\sqrt{3} \tag{1-2}$$

严格地讲，从 Δ 求 $u_B(x)$ 的变换系数与实际分布有关，在此均近似按均匀分布处理。

例 1.1　使用量程 0~300 mm、分度值 0.05 mm 的游标卡尺测量长度时，按国家计量技术规范 JJG 30—84，其示值误差在 ±0.05 mm 以内，即极限误差 $\Delta = 0.05$ mm，则由游标卡尺引入的标准不确定度 $u_B(x)$ 为

$$u_B(x) = 0.05/\sqrt{3} = 0.029 \quad (\text{mm})$$

例 1.2　使用数字毫秒计测一时间间隔 t，按 JJG 602—89，其示值误差在 ±（晶体频率准确度×时间间隔 t+1 个时标）范围内，频率准确度为 1×10^{-5}。

当 $t = 2.157$ s 时，则 $\Delta = (1 \times 10^{-5} \times 2.157 + 0.001)$ s ≈ 0.001 s，则由数字毫秒计引入的标准不确定度 $u_B(x)$ 为

$$u_B(x) = 0.001/\sqrt{3} = 0.00058 \quad (\text{s})$$

1.4.3　合成标准不确定度 $u_c(x)$ 或 $u_c(y)$

对一物理量测定之后,要计算测得值的不确定度,由于其测得值的不确定度来源不止一个,所以要合成其标准不确定度。

例如,用螺旋测微计测钢球的直径,不确定度的来源有:

(1)重复测量读数(A 类评定);

(2)螺旋测微计的固有误差(B 类评定)。

又如,用天平称衡一物体的质量,不确定度的来源有:

(1)重复测量读数(A 类评定);

(2)天平不等臂(B 类评定);

(3)砝码的标称值的误差(B 类评定),标称值指仪器上标明的量值;

(4)空气浮力引入的误差(B 类评定)。

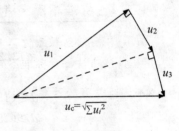

图 1-10

由不同来源分别评定的标准不确定度要合成为测得值的标准不确定度,首先应明确一点,作为标准不确定度不论是 A 类评定或 B 类评定在合成时是等价的;其次是合成的方法,由于实际上各项误差的符号不一定相同,采用算术求和将可能增大合成值,因而采用几何求和法,如图 1-10 所示。

对于直接测量,设被测量 X 的标准不确定度的来源有 k 项,则合成标准不确定度 $u_c(x)$ 取

$$u_c(x) = \sqrt{\sum_{i=1}^{k} u^2(x_i)} \tag{1-3}$$

式(1-3)中的 $u(x)$ 可以是 A 类评定或 B 类评定。

对于间接测量,设被测量 Y 由 m 个直接被测量 $x_1, x_2, \cdots, x_m$ 算出,它们的关系为 $y = y(x_1, x_2, \cdots, x_m)$,各 x_i 的标准不确定度为 $u(x_i)$,则 y 的合成标准不确定度 $u_c(y)$ 为

$$u_c(y) = \sqrt{\sum_{i=1}^{m} \left(\frac{\partial y}{\partial x_i}\right)^2 u^2(x_i)} \tag{1-4}$$

偏导数 $\frac{\partial y}{\partial x_i}$ 为传递系数,$\frac{\partial y}{\partial x_i}$ 的计算与导数 $\frac{dy}{dx_i}$ 的计算很相似,只是计算 $\frac{\partial y}{\partial x_i}$ 时要把 x_1 以外的变量作为常量处理,对于幂函数 $y = A x_1^a \cdot x_2^b \cdot \cdots \cdot x_m^k$,由于

$$\frac{\partial y}{\partial x_1} = y \frac{a}{x_1}, \quad \frac{\partial y}{\partial x_2} = y \frac{b}{x_2}, \quad \cdots, \quad \frac{\partial y}{\partial x_m} = y \frac{k}{x_m}$$

则式(1-4)化成比较简单的形式为

$$u_c(y) = y \sqrt{\left(a \frac{u(x_1)}{x_1}\right)^2 + \left(b \frac{u(x_2)}{x_2}\right)^2 + \cdots + \left(k \frac{u(x_m)}{x_m}\right)^2} \tag{1-5}$$

1.4.4　测量结果的报道

$$Y = y + u_c(y) \text{(单位)}$$

或用相对不确定度 $u_r = u_c(y)/y$,则

$$Y = y(1 \pm u_r) \text{(单位)}$$

测量后,一定要计算不确定度,如果实验时间较少,不便于比较全面计算不确定度时,对于偶

然误差为主的测量情况下,可以只计算 A 类标准不确定度作为总的不确定度,略去 B 类不确定度不计;对于系统误差为主的测量情况下,可以只计算 B 类标准不确定度为总的不确定度。

计算 B 类不确定度时,如果查不到该类仪器的容许误差,可取 Δ 等于分度值,或某一估计值,但要注明。

1.4.5 测量不确定度计算举例

例 1.3 用螺旋测微计测一铁球的直径 d。

测量记录:螺旋测微计(No.5310),零点读数为 -0.004 mm。

d(mm)	13.217	13.208	13.218	13.209
	13.215	13.207	13.213	13.215

$$\bar{d}=13.2127 \text{ mm}, s=0.0042 \text{ mm}, s(\bar{d})=0.0015 \text{ mm}$$
$$n=8, G_n=2.03, \text{可保留数据范围为}$$
$$d \leqslant (13.2127+2.03\times0.0042) \text{ mm}=13.221 \text{ mm}$$
$$d \geqslant (13.2127-2.03\times0.0042) \text{ mm}=13.204 \text{ mm}$$

审查结果数据均可保留,零点补正后的测量结果为
$$d=[13.2127+0.004] \text{ mm}=13.2167 \text{ mm}$$

不确定度来源:

(1)多次测量　　　　　　　　$u_A(d)=0.0015$ mm

(2)螺旋测量计误差　　$u_B(d)=\Delta/\sqrt{3}=0.004 \text{ mm}/\sqrt{3}=0.0023 \text{ mm}$　（根据 JJG 21—86）

合成标准不确定度　　　$u_c(d)=\sqrt{0.0015^2+0.0023^2} \text{ mm}=0.0027 \text{ mm}$

测量结果　　　　　　　　$d=(13.217\pm0.003)$ mm

例 1.4 用单摆测重力加速度 g。

设摆长为 l,摆动 n 次的时间为 t,则 $g=4\pi^2 l/(t/n)^2$。

记录:用钢卷尺测摆线长为 0.9722 m(测 1 次),用游标卡尺测摆球直径为 1.265 m(测 1 次),摆动 50 次时间 t,停表精度为 0.1 s,摆幅小于 3°。

t(s)	99.32	99.35	99.26	99.22

$$l=0.9722 \text{ m}+0.012\,65 \text{ m}/2=0.978\,52 \text{ m}$$
$$t=99.2785 \text{ s}, \quad s(t)=0.058 \text{ s}, \quad s(\bar{t})=0.029 \text{ s}$$

按格罗布斯判据审查 t 值均可保留。
$$g=4\pi^2\times0.978\,52 \text{ m}\cdot\text{s}^{-2}/(99.2875/50)^2=9.7967 \text{ m}\cdot\text{s}^{-2}$$

不确定度计算:

(1)l 的标准不确定度 $u(l)$

来源于钢卷尺(参照 JJG 4—89)　　$\Delta=0.5$ mm, 　$u_A(l)=0.5 \text{ mm}/\sqrt{3}=0.29$ mm

来源于目测 l,估计为　　　　　$\Delta=0.5$ mm, 　$u_B(l)=0.5 \text{ mm}/\sqrt{3}=0.29$ mm

游标卡尺引入的不确定度较小,略去不计。

则　　　　　　　　　　　$u_c(l)=\sqrt{0.29^2+0.29^2} \text{ mm}=0.41 \text{ mm}$

（2）t 的标准不确定度

重复测量　　　　　　　　　　　　$u_A(t)=0.029\ \text{s}$

秒表引入的（参照 JJG 107—83）　$\Delta=0.3\ \text{s}$，　$u_B(t)=0.3\ \text{s}/\sqrt{3}=0.17\ \text{s}$

则　　　　　　　　　　$u_c(t)=\sqrt{0.029^2+0.17^2}\ \text{s}=0.17\ \text{s}$

重力加速度 g 的标准不确定度 $u_c(g)$：

$$u_c(g)=g\ \sqrt{(0.000\ 41/0.978\ 52)^2+(2\times0.17/99.28)^2}=0.03\ \text{m}\cdot\text{s}^{-2}$$

测量结果　　　　　　　　　　$g=(9.80\pm0.03)\ \text{m}\cdot\text{s}^{-2}$

由于摆的幅角、锤的直径、摆线质量及空气浮力等项引入的不确定度较小，略去不计。

1.5　有效数字及其运算规则

由于实验中所测得的被测量都是含有误差的数值，对这些数值的尾数不能任意取舍，应能反映出测量的准确度。因此，在记录数据、计算测量结果时，应该取多少位，有严格的要求。测量结果不论是直接从测量仪器上读取的记录，还是从多次测量计算的平均值，或者是从直接测量值通过函数关系计算的间接测量值，都不可避免地要碰到这些数值应该取多少位的问题。根据测量结果值有效数字由测量误差确定的原则，首先必须计算测量结果的误差，然后才能正确地确定测量结果值的位数。但实际上在测量结果误差未计算之前以及测量数据在运算过程中，也要求我们正确地取位和运算，因此提出了有效数字及运算规则问题。

1.5.1　有效数字概念

1. 有效数字的定义

任何一个物理量，其测量的结果总是或多或少地存在误差。因此，所有测量值都由可靠数和含有误差的可疑数组成。测量结果中所有可靠数字加上末位的可疑数字统称为测量结果的有效数字。有效数字中所有位数的个数称为有效数字的位数。

例如，用一把最小刻度为毫米的米尺测量某一长度 L，如图 1-11 所示。

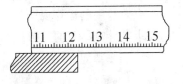

图 1-11

物体长度 L 大于 12.3 cm，小于 12.4 cm，其右端点超过 12.3 cm 刻度线，估读为 0.05 cm 或 0.06 cm。前三位数字"12.3"是直接读出的，称为可靠数字，而最后一位数"5"或"6"是在最小刻度间估读出来的，估读的结果因人而异，存在误差，称为可疑数字。这些可靠数字和一位可疑数字合称为有效数字，读数为 12.35 cm 或 12.36 cm，它们都是 4 位有效数字。

2. 有效数字的基本性质

（1）有效数字的位数随着仪器的精度（最小分度值）而变化。一般来说，有效数字位数越多，相对误差越小，测量仪器精度越高。例如，2.50（±0.05）cm 为 3 位数，其相对误差为百分之几（2%）；2.500（±0.005）cm 为四位数，其相对误差为千分之几（0.2%）。

（2）有效数字的位数与小数点的位置无关。在十进制单位中，有效数字的位数与单位变换无关，即与小数点的位置无关。例如，物件长度测量为 10.20 cm，可以变换为 0.1020 m，也可变换为 0.000 102 0 km，它们都有 4 位有效数字。由此不难看出：凡数值中间和末尾的"0"（包括整数小数点后的"0"）均为有效数字，但数值前的"0"则不属于有效数字。

(3)有效数字的科学记数法。为了便于书写,对数量级很大或数量级较小的测量值,常采用科学记数法,即写成($\pm a \times 10^n$)的幂次形式,其中 a 为 $1 \sim 10$ 之间的数,n 为任意整数。例如,地球半径是 6 371 km,用科学记数法表示为

$$6.371 \times 10^3 \text{ km} = 6.371 \times 10^6 \text{ m}$$

(4)物理常数(如 π、c)以及常系数(如 2、$\sqrt{2}$ 等)的有效数字位数在计算中可以任意取位。

3.有效数字的读取规则

因为有效数字是由仪器引入的绝对误差决定的,所以在测量前,应记录测量仪器的精度、级别、最小分度值(最小刻度值),估计测量仪器的仪器误差,记录有效数字时要记录到误差所在位。若仪器未标明仪器误差,则取仪器最小分度值的一半作为仪器误差。

例1.5　用 300 mm 长的毫米分度钢尺测量长度,最小分度值为 1 mm,仪器误差取最小分度值的一半,即 $\Delta_{仪} = 0.5$ mm。因此,正确记录数值是除了确切读出钢尺上有刻线的位数外,还应估读一位,即读到 0.1 mm 位。

例1.6　用螺旋测微计测量长度,最小分度值为 0.01 mm,仪器误差取最小分度值的一半,即 $\Delta_{仪} = 0.005$ mm。因此,记录数值时,应读到 0.001 mm。

例1.7　伏安法测量电压和电流,用 0.5 级的电压表和电流表,量程分别为 10 V 和 10 mA。

解　由公式

$$\Delta_{仪} = a\% \times 量程 = 0.5\% \times 量程$$

计算仪器误差得 $\Delta_V = 0.05$ V,$\Delta_A = 0.05$ mA。

因此,记录电压和电流的有效数字时,应分别记录到 0.01 V 和 0.01 mA 位。

有些仪器仪表一般不进行估读或不可能估读。例如,数字显示仪表只能读出其显示器上所记录的数字。当该仪表对某稳定的输入信号表现出不稳定的末位显示时,表明该仪表的不确定度可能大于末位显示的 ±1,此时可记录一段时间间隔内的平均值。

1.5.2　有效数字的运算规则

有效数字的运算规则是一种近似计算法则,用以确定测量结果有效数字大致的位数。其总的要求是计算结果的位数应与测量误差完全一致,若位数不恰当时,则最终由相应误差来确定。有关运算原则如下:

(1)可靠数与可靠数运算,结果为可靠数;

(2)可疑数与任何数运算,结果为可疑数,但进位数为可靠数。

下面介绍有效数字的运算规则。

1.加减法运算

各测量的量相加或相减时,其和或差在小数点后应保留的位数与各测量的量中小数点后位数最少的一个相同。例如:

$$71.3 + 0.753 = 72.1$$
$$71.3 - 0.753 = 70.5$$

2.乘除法运算

一般情况下,积或商结果的有效位数,和参与乘除运算各量中有效位数最少的一个相同,有时也可能多一位或少一位。例如:

$$23.1 \times 2.2 = 51$$
$$23.1 \times 8.4 = 194 \quad (乘\ 8\ 有进位)$$
$$237.5 \div 0.10 = 2.4 \times 10^3$$
$$76.000 \div 38.0 = 2.0 \quad (76.0\ 被\ 38.0\ 整除)$$

3. 乘方、开方运算

这一类运算结果的有效位数与其底数的位数相同。例如：

$$765^2 = 5.85 \times 10^5$$
$$\sqrt{200} = 14.1$$

4. 函数运算

一般来说,函数运算的有效数字位数应由误差分析来决定。在物理实验中,为了简便统一起见,对常用的对数函数和三角函数的有效数字位数作以下规定：

(1)对数函数运算后的尾数与真数的位数相同。例如：

$$\lg 1.983 = 0.2973$$

(2)三角函数在 $0° < \theta < 90°$ 时,$\sin\theta$ 和 $\cos\theta$ 都在 0 和 1 之间,三角函数的取位与角度的有效数字位数相同。例如：

$$\sin 30°02' = 0.5005$$

5. 尾数舍入规则

为了使运算过程简单或准确地表示有效数字,需要对不应保留的尾数进行舍入。四舍五入是通常采用的舍入规则,但这种见五就入的规则使入的几率大于舍的几率,容易造成较大的舍入误差。为了使严格等于五的舍入误差产生正、负相消的机会,采用新的较为合理的"四舍六入五凑偶"舍入规则,即小于五舍,大于五入,等于五时则把尾数凑成偶数。例如,将下列数字保留为 4 位有效数字：

3.14346 保留 4 位有效位数为 3.143；

3.14372 保留 4 位有效位数为 3.144；

1.26453 保留 4 位有效位数为 1.264(舍 5 不进位)；

1.26353 保留 4 位有效位数为 1.264(舍 5 进位)。

1.5.3　测量结果的有效数字

1. 测量误差(或不确定度)的有效位数

由于误差或不确定度是根据概率理论估算得到的,它只是在数量级上对实验结果给予恰当的评价,因此,把它们的结果计算得十分精确是没有意义的。物理实验教学中规定误差只取 1 位有效数字。计算过程中误差可以预取 2~3 位有效数字,直到算出最终的误差值时,才取成 1 位,多余的位数按"只进不舍"的原则取舍。

2. 间接测量结果值的有效数字

间接测量的量的有效数字一般与由有效数字运算规则得到的结果相同,但是由于误差的传递和积累,有时间接测量的误差较大,因此,测量结果值的有效位的末位,要与误差所在的位对齐,舍去其他多余的存疑数字。例如重力加速度 g 的测量,按有效数字运算规则算得

$$g = \frac{4\pi^2 l}{T^2} = \frac{4 \times 3.14^2 \times 1.000}{2.009^2} = 9.771 \quad (\text{m} \cdot \text{s}^{-2})$$

而估算标准差为

$$\sigma_g = g\left(\frac{\sigma_g}{g}\right) = 9.771 \times 2.2 \times 10^{-3} = 0.33 \quad (\text{m} \cdot \text{s}^{-2})$$

在表示测量结果时,应表示为 $g = 9.77 \pm 0.03$ (m $\cdot$ s^{-2})。

1.6 误差的处理

1.6.1 随机误差的处理

1.随机误差的分布及其数字特征

(1)正态分布(normal distribution)及特点。尽管单次测量时随机误差的大小与正负是不确定的,但对多次测量来说却服从一定的统计规律。随机误差的统计分布规律有很多,正态分布是最常见的分布之一。

服从正态分布的随机误差的概率密度(probability density)函数为

$$f(\delta) = \frac{1}{\sigma\sqrt{2\pi}} e^{-\frac{\delta^2}{2\sigma^2}} \tag{1-6a}$$

或

$$f(x) = \frac{1}{\sigma\sqrt{2\pi}} e^{-\frac{(x-x_0)^2}{2\sigma^2}} \tag{1-6b}$$

式中,x 为测量值;x_0 为真值;δ 为误差;f 表示在 δ(或 x)附近单位区间内被测量误差(或测量值)出现的概率。分布曲线如图 1-12 所示。

由图 1-12 可以看出,正态分布的随机误差具有以下特点:

①单峰性:绝对值小的误差比绝对值大的误差出现的机会多;

②对称性(抵偿性):大小相同、符号相反的误差出现的机会相同;

③有界性:实际测量中,超过一定限度(如 $\pm 3\sigma$)的绝对值更大的误差一般不会出现。

(2)数字特征。数学期望与方差是定时描述统计规律分布的两个重要参数。

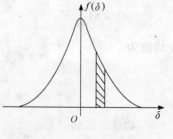

图 1-12

根据式(1-6a)或式(1-6b),满足正态分布的随机变量 δ 或 x,其数学期望为

$$E(\delta) = \int_{-\infty}^{+\infty} \delta f(\delta) \mathrm{d}\delta = 0 \tag{1-7a}$$

或

$$E(x) = \int_{-\infty}^{+\infty} x f(x) \mathrm{d}x = x_0 \tag{1-7b}$$

上式说明,对于无限次测量,测量值的数学期望等于真值,或误差的数学期望等于零,即随机误差具有抵偿性。

根据式(1-6a)或式(1-6b),满足正态分布的随机变量 δ 或 x,方差 D 及标准差(standard error)σ 为

$$D(\delta) = \int_{-\infty}^{+\infty} \delta^2 f(\delta) \mathrm{d}\delta = \sigma^2 \tag{1-8a}$$

或

$$D(x) = \int_{-\infty}^{+\infty} (x - x_0)^2 f(x) \mathrm{d}x = \sigma^2 \tag{1-8b}$$

标准差为
$$\sigma = \sqrt{D(x)} \tag{1-9}$$

方差与标准差反映测量值与真值的偏离程度，或各测量值之间的离散程度。标准差或方差越小，离散程度越小，测量的精密度越高；反之，离散程度越大。如图 1-13 所示。

标准差 σ 的物理意义也可以从下面这一角度理解：

根据概率密度函数的含义，误差出现在 $[\delta, \delta + \mathrm{d}\delta]$ 范围内的概率为 $f(\delta)\mathrm{d}\delta$，则误差出现在区间 $[-\sigma, \sigma]$ 内的概率为

$$P = \int_{-\sigma}^{\sigma} f(\delta)\mathrm{d}\delta = 68.3\% \tag{1-10}$$

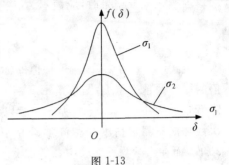

图 1-13

该式表示，在一组测量数据中，有 68.3% 的数据测量误差落在区间 $[-\sigma, \sigma]$ 内，也可以认为，任一测量数据在误差落在区间 $[-\sigma, \sigma]$ 内的概率为 68.3%。把 P 称为置信概率（confidence probability），而 $[-\sigma, \sigma]$ 称为 68.3% 的置信概率所对应的置信区间（confidence interval）。

更广泛地，置信区间可由 $[-k\sigma, k\sigma]$ 表示，k 称为包含因子（或置信因子）（coverage factor），可根据需要选取不同大小的值。例如，除了上述 $k=1$ 的情况，还经常取 $k=2$ 或 3，这时的置信区间分别为 $[-2\sigma, 2\sigma]$ 和 $[-3\sigma, 3\sigma]$，对应的置信概率为 95.5% 和 99.7%。

可以看出，如果置信区间为 $[-3\sigma, 3\sigma]$，则测量误差超出该区间的概率很小，只有 0.3%，即进行 1 000 次测量，只有 3 次测量误差可能超出 $[-3\sigma, 3\sigma]$。对于有限次测量（次数少于 20 次），超出该区间的误差可以认为不会出现，因此常将 $\pm 3\sigma$ 称为极限误差（limit error）。

2. 算术平均值与标准偏差

对真值为 x_0 的某一量 x 做等精度测量，得到一测量列 $x_1, x_2, \cdots, x_n$，则该测量列的算术平均值为

$$\overline{x} = \frac{\sum\limits_{i=1}^{n} x_i}{n} \tag{1-11}$$

若测量数据中无系统误差和粗大误差存在，由正态分布随机误差的对称性特点和数学期望、标准差含义可知，在测量次数 $n \to \infty$ 时，有算术平均值

$$\overline{x} = \lim_{n \to \infty} \frac{\sum\limits_{i=1}^{n} x_i}{n} = x_0 \tag{1-12}$$

测量列标准差

$$\sigma = \lim_{n \to \infty} \sqrt{\frac{\sum\limits_{i=1}^{n} (x_i - x_0)^2}{n}} \tag{1-13}$$

在实际测量中，测量次数总是有限的，且真值不可知。因此，对于等精度测量列，可以用算术平均值作为真值的最佳估计值。而测量列标准差也需通过估计获得。估计标准差的方法很多，最常用的是贝塞尔法，即子样标准差。公式为

$$S = \sqrt{\frac{\sum\limits_{i=1}^{n} (x_i - \overline{x})^2}{n-1}} = \sqrt{\frac{\sum\limits_{i=1}^{n} v_i^2}{n-1}} \tag{1-14}$$

式中，$v_i = x_i - \overline{x}$，称为残差(residual error)。

由于算术平均值也是一个随机变量，进行多级等精度重复测量时得到的算术平均值具有离散性。描述该离散性的参数是算术平均值的标准差，由误差理论可以证明，算术平均值标准差与测量列标准差之间的关系为

$$\sigma_x = \frac{\sigma}{\sqrt{n}} \tag{1-15}$$

由式(1-15)可以看出，平均值的标准差比单次测量的标准差小。随着测量次数的增加，平均值的标准差越来越小，测量精密度越来越高。但当测量次数 $n > 10$ 以后，次数对平均值标准差的降低效果很小，如图 1-14 所示。所以，不能够单纯通过增加次数来提高测量精度。在科学研究中测量次数一般取 10～20 次，而在大学物理实验中一般取 5～10 次。

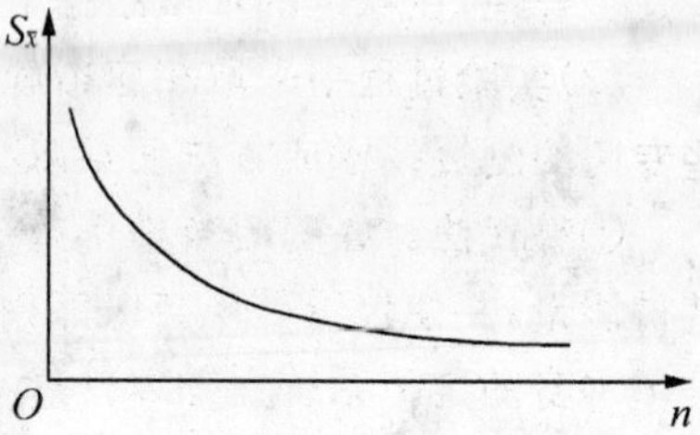

当测量次数有限时，根据式(1-14)与式(1-15)，算术平均值的标准差可由下式进行估计

$$S_{\overline{x}} = \sqrt{\frac{\sum\limits_{i=1}^{n}(x_i - \overline{x})^2}{n(n-1)}} = \sqrt{\frac{\sum\limits_{i=1}^{n} v_i^2}{n(n-1)}} \tag{1-16}$$

图 1-14

本教材中，就是采用式(1-14)和式(1-16)来计算直接测量量的标准差。

1.6.2 系统误差的处理

任何测量误差均由随机误差和系统误差两部分组成。因此，为了提高测量精度，在减少随机误差的同时，还应考虑系统误差的处理。研究系统误差的重要性主要体现在以下几个方面：

(1)随机误差的基本处理方法是统计方法，它的基本前提是完全排除了系统误差的影响，认为误差的出现纯粹是随机的。因此，实际测量中，必须设法最大限度地消除系统误差的影响，否则，随机误差的研究方法及由此而得出的精度评定就失去了意义。

(2)系统误差与随机误差不同，尽管有确定的变化规律，但往往隐藏于测量数据中，不易被发现。又因系统误差往往各自服从自己独特的规律，在处理时，没有一种通用的处理方法，只能具体情况具体分析。处理方法是否得当，很大程度上取决于测量者的经验、知识和技巧。所以，系统误差虽然有规律，但处理起来要比随机误差困难得多，必须认真研究。

(3)对于系统误差的研究，可以发现一些新事物。例如，惰性气体是通过对不同方法获取的实验数据进行误差分析而发现的。

1. 系统误差的发现

系统误差往往隐藏于测量数据中，不易被发现，也不能通过多次测量来消除。因此，发现系统误差对后续的处理是至关重要的。发现系统误差的常用方法有以下几种。

(1)理论分析。包括分析实验所依据的理论和实验方法是否完善；仪器的工作状态是否正常，要求的使用条件是否得到满足；实验人员在实验过程中是否有产生系统误差的心理和生理因素等。

(2)对比测量法。通过改变实验方法、测量方法、实验条件(如仪器、人员、参数等)手段，对测量数据进行比较，对比研究数据之间的符合性，从而发现系统误差。

(3)数据观察与分析法。在无其他误差存在的情况下，随机误差是服从统计规律的，如果测量结果不符合预想的统计规律，则可怀疑存在系统误差。对于一测量列，可采用列表或作图的方

法,观察残差随测量顺序的变化规律,如有明确的变化规律(如线性、周期性等),则可判断存在系统误差,否则,无理由怀疑存在系统误差。另外,也可以采用按统计规律建立的方法进行判断,如残差校核法(又称马利科夫准则)、阿贝-赫梅特准则等。

2. 系统误差的处理

(1)从产生误差根源上消除。测量之前,先对所采用的原理和方法及仪器环境等做全面的检查和分析,确定有无明显能产生系统误差的因素,并采取相应措施,不让系统误差在实验过程中出现。例如,为了防止系统误差产生,对仪器设备的工作状态进行调节,检查测量方法和计算方法是否合理,在稳定的环境条件下进行测量等。

(2)实验过程中采取相应措施消除。对难以避免的系统误差,有时测量过程中也可以采用一些专门的测量技术或方法使其减小或消除。常用的方法有:

①替代法。在一定条件下,对某一被测量进行测量后,不改变测量条件,再以一个标准量代替被测量,并使仪器呈现与以前相同的状态,此时的标准量即等于被测量值。这样就消除了除标准量本身的定值系统误差以外的其他系统误差。例如,用替代法测量电阻。

②异号法。改变测量中的某些条件(如改变测试部件左右移动的方向、变换接线端上的接线、改变导线中电流方向等),保证其他条件不变,使两次测量结果中的系统误差的符号相反,通过求取平均值,可以消除系统误差。例如,灵敏电流计(光点反射式)测电流时,改变流经电流计的电流方向,使指针左右偏转,求平均可以消除起始零点不准引入的系统误差;拉伸法测量杨氏模量实验中,采用加减砝码的方法,记录不同拉力时的两组读数,最后对同一拉力的两个读数求平均,可以消除钢丝形变滞后效应引起的系统误差。

③交换法。交换法实际上属于异号法。它是将测量中的某个条件(如被测对象的位置等)相互交换,使产生的系统误差相互抵消。例如,用天平称量物体质量时,可将待测物与砝码交换位置,以消除天平不等臂所产生的系统误差。滑线电桥测量电阻时,可以交换被测电阻和标准电阻的位置,以消除接触电阻产生的系统误差。

④差值法。差值法是通过改变实验参数(如自变量)进行测量,并对测量数据求差值来获取未知量的方法。这种方法可以消除某些定值系统误差。例如,伏安法测量电阻实验中,改变电压读取电流值,通过差值法可以消除电表零位不准带来的系统误差。同时,在差值法基础上发展起来的逐差法,也具有消除系统误差的作用。

(3)采用修正方法对结果进行修正。实验后,如果系统误差可以通过实验或计算得到其符号和大小,那么在实验结果中可以引入修正值加以消除。例如,对仪器、标准件事先做检定,可以得到修正曲线或修正值,然后修正实验结果。

上述只是给出了部分针对定值系统误差的处理方法,如果系统误差是变化的,可根据系统误差的变化规律,采用合理的方法进行处理。例如,测量中还可用"对称测量法"消除线性变化的系统误差;用"半周期偶次测量法"可以消除周期性变化的系统误差等。实际测量过程中,由于系统误差的复杂性,处理系统误差的方法与措施是多种多样的,这在很大程度上取决于实验人员的经验和知识水平。对于未定系统误差,一般无法修正或消除,这时可估计出误差限,在结果中予以表示。

1.6.3　粗大误差的处理

含有粗大误差的测量值(称为异常值或坏值)必然导致测量结果的失真,从而使测量结果失去可靠性和使用价值,数据处理时应设法从测量数据中剔除;另一方面,测量数据含有随机误差和系统误差是正常现象,通常测量值具有一定程度的分散性,因此不能随意地将少数看起来误差较大的测量值作为异常值剔除,否则,所得结果是虚假的。因此,建立一些法则来判断实验数据的合理性是必要的,通常有如下几种粗大误差的判别方法。

1. 物理判别法

在测量过程中,及时分析和研究测量的各环节,若发现某数据明显不符合物理规律,找出造成粗大误差的原因,并将含有粗大误差的数据及时剔除。这种通过直观分析、研究各测量环节来消除异常值的方法称为物理判别法。

2. 统计判别法

对于不明显的粗大误差,在测量中难以发觉,可在测量结束后,对所有的测量数据用统计的方法进行判别检验。

统计判别法的基本思想是:在无系统误差的前提下,根据随机误差的统计规律,建立一个统计量,给定显著水平(或置信概率),确定出该统计量的界限,凡是超过这个界限的误差,就认为不属于随机误差范畴,而是粗大误差,相应的测量值为异常值,应剔除。如此反复,直至没有异常值。例如,莱以达准则中,对测量次数超过 10 的一测量列 $x_1, x_2, \cdots, x_n$,以极限误差 $\pm 3\sigma$ 作为判断标准,并根据式(1-14)计算出它的估计值 $\pm 3S$。按照正态分布随机误差的特点,在有限次测量中,超出该极限误差的数据不会出现,如果出现则视为坏值,因此可以检验每一个测量值的残差,若 $|x_i - \bar{x}| > 3S$,则可以确定 x_i 为坏值予以剔除。对剔除坏值后的测量列数据再重复进行判断,直到无坏值为止。除此之外,肖维勒准则、格拉布斯准则等,也都是常用的判别粗大误差的方法,在此不做详细介绍。

需要注意,若应用统计判别法判断出的异常值过多,应对样本的代表性进行检验,确认假设的统计分布规律是否合理,所采用的方法条件是否满足。

1.7　数据处理的几种常用方法

数据处理是实验的重要组成部分,它贯穿于实验的自始至终,与实验操作、误差分析及评定形成有机整体,对实验的成败、测量结果精度的高低起着至关重要的作用。

数据处理的能力,往往代表着实验者的水平。高明的实验者可以利用精度不高的仪器,通过选择合适巧妙的数据处理方法,如作图法、列表法、逐差法和最小二乘法等,发现极其有价值的自然规律或自然界的新事物。因此,掌握基本数据处理方法,提高数据处理的能力,对提高实验能力是非常有用的。

1.7.1　列表法

列表法是实验中常用的记录数据、表示物理量之间关系的一种方法。它具有记录和表示数据简单明了、便于表示物理量之间的对应关系、在测量和计算过程中随时检查数据是否合理、及早发现问题及提高处理数据效率等优点。列表的要求如下:

(1)简单明了,便于表示物理量的对应关系,处理数据方便;

(2)表的上方写明表的序号和名称,表头栏中标明物理量、所用单位和量值的数量级等;

(3)表中所列数据应是正确反映结果的有效数字;

(4)测量日期、说明和必要的实验条件记录在表外。

例 1.8　刚体转动测量转动惯量列表如表 1-1 所示。

表 1-1　**刚体转动惯量**

r(cm) t(s) i	1.00	1.50	2.00	50	3.00
1	13.55	8.80	6.70	5.65	4.60
2	13.50	8.90	6.80	5.60	4.50
3	13.40	8.85	6.70	5.70	4.60
4	13.42	8.85	6.73	5.65	4.57
平均值	13.47	8.85	6.73	5.65	4.57
$\frac{1}{t}$(s−1)	0.074 24	0.113	0.149	0.177	0.219

注：r 表示绕线半径；t 表示下落时间。

1.7.2　作图法

1.作图法的优点

(1)能够直观地反映各物理量之间的变化规律,帮助找出合适的经验公式;

(2)可从图上用外延、内插方法求得实验点以外的其他点;

(3)可以消除某些恒定系统误差;

(4)具有取平均、减小随机误差的作用;

(5)通过作图还可以对实验中出现的粗差做出判断。

2.作图规则

(1)根据各量之间的变化规律,选择相应类型的坐标纸,如毫米直角坐标纸、双对数坐标纸、单对数坐标纸等;坐标纸的大小要适中,一般应根据测量数据的有效数字来确定。

(2)正确选择坐标比例,使图纸能均匀位于坐标纸中间;两坐标轴的交点可以不为零。

(3)写明图名及各坐标轴所代表的物理量、单位和数值的数量级。

(4)用削尖的铅笔把对应的数据标在图纸上,描点应采用"×"、"△"、"O"等比较明显的标识符号。

(5)对变化规律容易判断的曲线以平滑线连接,曲线不必通过每个实验点,各实验点应均匀分布在曲线两边;难以确定规律的曲线可以用折线连接。如图 1-15 和图 1-16 给出了两种不同连线方法的例子。

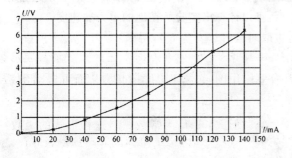

图 1-15

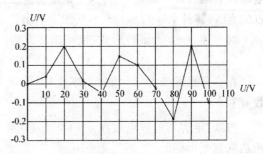

图 1-16

3.作图法的应用

作图法的应用主要表现在以下两个方面。

(1)判断各量的相互关系——图示法。通过作图可以判断各量的相互关系,特别是在还没有完全掌握科学实验的规律情况下,或还没有找出合适的函数表达式时,作图法是找出函数关系式并求得经验公式的最常用的方法之一。如二极管的伏安特性曲线、电阻的温度变化曲线等,都可从图上清楚地表示出来。

(2)图上求未知量——图解法:

①从直线上求物理量。线性关系的函数中未知量往往包含在斜率和截距之中。例如,匀速直线运动 $s = s_0 + vt$,若作 $s-t$ 直线,其斜率就是速度,截距为运动物体的初始位置。因此,从直线上可以通过求斜率和截距来获取未知量。

求斜率时要在图中接近实验范围的两端,从直线上取两点 (x_1, y_1) 和 (x_2, y_2),一般应避免使用实验点,则斜率为

$$k = \frac{y_2 - y_1}{x_2 - x_1} \tag{1-17}$$

截距的求法是:把图线延长到 $x=0$ 时,y 的值即为截距。如果 x 坐标轴的起点不为零,则利用图线上第三点的数据 (x_3, y_3),代入公式 $y = a + kx$ 求出,即

$$a = y_3 - \frac{y_2 - y_1}{x_2 - x_1} x_3 \tag{1-18}$$

②非线性函数中未知量的求法——曲线改直问题。物理实验中经常遇到的图线类型如表 1-2 所示。由于直线是最易精确绘制的图线,因而总希望通过坐标代换将非直线变成直线,这被称为曲线改直技术。

表 1-2　　常见图线类型

图线类型	方程式	例子	物理公式
直　线	$y = ax + b$	金属棒的热膨胀	$L_i = (L_0 a)t + L_0$
抛物线	$y = ax^2$	单摆的摆动	$L = gT^2/4\pi^2$
双曲线	$xy = a$	波意耳定律	$pV = $ 常数
指数函数曲线	$y = Ae^{-Bx}$	电容器放电	$q = Qe^{-\frac{t}{RC}}$

如表 1-2 单摆的摆动一例中,单摆的摆长 L 随周期 T 的变化关系,具有 $y = ax^b$ 形式(a、b 为常量)。若观测单摆的周期 T 随摆长 L 的变化,得到一系列数据 $(T_i, L_i)(i=1,2,\cdots,n)$,如果在直角坐标纸上画出 $L-T$ 曲线,则得到一条抛物曲线,如用 L 作纵轴,T^2 作横轴,结果将得到一条通过原点的直线,其斜率等于 $g/(4\pi^2)$,从图上求出斜率后,可以计算出实验所在地的重力加速度。

对上述 $y = ax^2$ 函数形式,也可以将方程两边取对数(以 10 为底),得到

$$\lg y = b\lg x + \lg a$$

在直角坐标纸上,以 $\lg y$ 为纵坐标,$\lg x$ 为横坐标作图,可得到一条直线,从而可以求出系数 a 和 b。

再如,电容器的放电过程 $q = Qe^{-\frac{t}{RC}}$,具有 $y = Ae^{Bx}$ 形式,A、B 为常数。对这种形式的函数,两边取对数得到

$$\ln y = Bx + \ln A$$

显然,$\ln y$ 和 x 具有线性关系,在直角坐标纸上呈现一条直线。通过求斜率和截距可以求出

常数 A 和 B。对于其他较为复杂的关系式,也可用类似的方法处理。读者若有兴趣,可以参考数据处理方面的专著。

（3）作图举例:

例 1.9　为确定电阻随温度变化的关系式,测得不同温度下的电阻值如表 1-3 所示,试用作图法作出 R-t 曲线,并确定关系式 $R=a+bt$。

表 1-3　R-t 对应数值表

$t(℃)$	19.1	25.0	30.1	36.0	40.0	45.1	50.0
$R(\Omega)$	76.30	77.80	79.75	80.80	82.35	83.90	85.10

解　选用直角坐标纸作图,横坐标表示温度,最小刻度为 1.0 ℃;纵坐标表示电阻 R,最小刻度为 0.1 Ω。如图 1-17 所示。

在图中任选两点 $P_1(20.9,76.76)$ 和 $P_2(47.4,84.48)$,由式（1-17）得到斜率

$$k=\frac{84.48-76.76}{47.4-20.9}=0.291\quad(\Omega\cdot℃^{-1})$$

由于图中无 $t=0$ 点,将第三点 $P_3(31.9,80.00)$ 代入式（1-18）得到截距

$$a=80.00-0.291\times31.9=70.72\quad(\Omega)$$

因此电阻与温度的关系为

$$R=70.72+0.291t$$

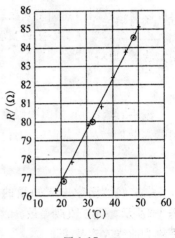

图 1-17

1.7.3　逐差法

所谓逐差法,就是把测量数据中的因变量进行逐项相减或按顺序分为两组进行对应项相减,然后将所得差值作为因变量的多次测量值进行数据处理的方法。逐差法是实验中常用的一种数据处理方法,特别是当变量之间存在多项式关系,且自变量等间距变化时,这种方法更显现出它的优点和方便。

1.逐差法的主要应用及特点

下面以一个例子来说明。

例 1.10　用伏安法测电阻,所得数据如表 1-4 所示。

表 1-4　伏安法测电阻数据表

i	1	2	3	4	5	6
$U_i(V)$	0	2.00	4.00	6.00	8.00	10.00
$I_i(mA)$	0	3.85	8.15	12.05	15.80	19.90
$\Delta_1 I=(I_{i+1}-I_i)(mA)$	3.85	4.30	3.90	3.75	4.10	
$\Delta_1 I=(I_{i+3}-I_i)(mA)$	12.05	11.95	11.75			

注:表中 I_i 为电压等间距变化时的电流测量值。

解　逐项逐差 $\Delta_1 I = I_{i+1} - I_i$ 得表中第 4 行数据。通过逐项逐差,使原来在不同电压下测得的电流值变为在相同电压 $\Delta U = 2$ V 下多次测量的电流值,最佳估计值即算术平均值为

$$\overline{\Delta_1 I} = \frac{\sum_{i=1}^{n-1} \Delta_1 I_i}{n-1} = \frac{I_6 - I_1}{5}$$

隔 3 项逐差得表中第 5 行数据。采用隔 3 项来处理,电压每次改变 $\Delta U = 6$ V 时电流改变值的算术平均值为

$$\overline{\Delta_1 I} = \frac{(I_4 - I_1) + (I_5 - I_2) + (I_6 - I_3)}{3}$$

可以看出,逐项逐差值的算术平均值只与首尾两次测量值有关,其他值在运算过程中相互抵消,从而失去了多次测量的意义,因此逐项逐差不宜用来求未知量。而隔 3 项逐差则充分利用了所有数据,可大大降低随机误差对结果的影响。同样可以证明,隔 2 项逐差仍不能充分利用数据。所以,数据处理应按隔 3 项(即 $n/2$ 项)逐差进行,$\overline{\Delta_3 I} = 11.92$ mm。

由欧姆定律可得电阻

$$R = \frac{\Delta U}{\overline{\Delta_3 I}} = \frac{6.00}{11.92 \times 10^{-3}} = 503.4 \approx 503 \quad (\Omega)$$

还可以看出,逐项逐差结果 $\Delta_1 I$ 值趋于某一常数,这与 I、U 所遵循的线性关系有关。可以验证,如果变量之间为二次多项式形式,则在一次逐项逐差的基础上进行两次逐项逐差所得值也趋于某一常数,以此类推。因此,往往用逐项逐差来验证多项式的形式,即若一次逐项逐差值趋于某一常数,则说明变量间具有线性关系;若经两次逐项逐差值趋于某一常数,变量之间具有二次多项式形式;以此类推。

归纳上述讨论,逐差法主要可以用来验证多项式,通过计算线性函数的斜率求物理量。除此之外,还可以用逐差法来发现系统误差或实验数据的某些变化规律。

从例子中的数据处理过程可以看出,逐差法具有下列优点:

(1)充分利用了测量所得的数据,对数据具有取平均的效果。如例中所有数据都参与了运算。

(2)可以消除一些定值系统误差,求得所需要的实验结果。如用电流表测量时如果存在零点误差,进行了差值运算,结果就不受零点误差的影响。

2.逐差法的应用条件

在具备以下两个条件时,可以用逐差法处理数据。

(1)函数为多项式形式,即

$$y = a_0 + a_1 x + a_2 x^2 + a_3 x^3 + \cdots \tag{1-19}$$

或经过变换可以写成以上形式的函数。如弹簧振子的周期公式 $T = 2\pi\sqrt{m/K}$,可以写成 $T^2 = \frac{4\pi^2}{K} m$,T^2 是 m 的线性函数。再如阻尼振动的振幅衰减公式 $A = A_0 e^{-\beta t}$,可以写成 $\ln A = \ln A_0 - \beta t$,$\ln A$ 是 t 的线性函数等。

实际上,由于测量精度的限制,3 次以上逐差已很少应用。

(2)自变量 x 是等间距变化,即

$$x_{i+1} - x_i = c \quad (常数) \tag{1-20}$$

1.7.4　最小二乘法

根据前面介绍,作图法或逐差法都可以用来确定两个物理量之间的定量函数关系。然而,两者也都存在着某些缺点和限制。不同的人用相同的实验数据作图,由于主观随意性,拟合出的直线(或曲线)是不一致的,因此通过斜率或截距计算的结果也是不同的;逐差法也受到函数形式和自变量变化要求的限制,且两种方法的精度都较低。相比而言,最小二乘法是更严格、精度更高的一种数据处理方法。

最小二乘法是回归分析法的重要环节,是建立在数理统计理论基础之上的一种方法,被广泛地应用在工程和实验技术等方面。一个完整的回归分析过程应包括回归方程的假设、方程系数的确定、回归方程合理性分析和检验等三个环节。限于本课程教学要求,在此只讲如何用最小二乘法确定方程中的系数,而且只讨论一元线性函数。

1.最小二乘原理

所谓最小二乘原理就是在满足各测量误差平方和最小的条件下得到的未知量值为最佳值。用公式表示为

$$\sum_{i=1}^{n}(x_i - x_{最佳})^2 = \min \tag{1-21}$$

最小二乘中的"二"指的是平方。

2.用最小二乘法进行线性拟合

设已知函数形式为

$$y = a + bx \tag{1-22}$$

在等精度测量条件下得到一组测量数据为

$$x_1, x_2, \cdots, x_n$$
$$y_1, y_2, \cdots, y_n$$

由此得到 n 个观测方程

$$y_1 = a + bx_1$$
$$y_2 = a + bx_2$$
$$\cdots$$
$$y_n = a + bx_n$$

一般情况下,观测方程个数大于未知量的数目时,a、b 的解不确定。因此,如何从这 n 个观测方程中确定出 a、b 的最佳值,或者说如何从以 x_i、y_i($i=1,2,\cdots,n$)为实验点画出的直线中确定出最佳直线是关键问题。使用最小二乘法可以解决这个问题。

假定最佳直线方程为

$$y = \hat{a} + \hat{b}x \tag{1-23}$$

式中,$\hat{a}$ 和 $\hat{b}$ 为直线方程的最佳系数。为了简化,设测量中 x 方向的误差远小于 y 方向的,可以忽略,只研究 y 方向的差异。则有

$$v_i = y_i - (\hat{a} + \hat{b}x_i) \qquad (i = 1, 2, \cdots, n) \tag{1-24}$$

根据最小二乘原理,系数 $\hat{a}$、$\hat{b}$ 的最佳值就满足

$$\sum_{i=1}^{n} v_i^2 = \sum_{i=1}^{n}(y_i - \hat{a} - \hat{b}x_i)^2 = \min \tag{1-25}$$

将式(1-25)分别对 $\hat{a}$、$\hat{b}$ 求偏导数,整理后得以下两个方程

$$\begin{cases} n\hat{a} + \hat{b}\sum_{i=1}^{n} x_i = \sum_{i=1}^{n} y_i \\ \hat{a}\sum_{i=1}^{n} x_i + \hat{b}\sum_{i=1}^{n} x_i^2 = \sum_{i=1}^{n} x_i y_i \end{cases} \tag{1-26}$$

或

$$\begin{cases} \hat{a} + \hat{b}\overline{x} = \overline{y} \\ \hat{a}\overline{x} + \hat{b}\overline{x^2} = \overline{xy} \end{cases} \tag{1-27}$$

式中,$\overline{x} = \dfrac{1}{n}\sum_{i=1}^{n} x_i$ 为 x 的算术平均值;$\overline{y} = \dfrac{1}{n}\sum_{i=1}^{n} y_i$ 为 y 的算术平均值;$\overline{x^2} = \dfrac{1}{n}\sum_{i=1}^{n} x_i^2$ 为 x^2 的

算术平均值;$\overline{xy} = \dfrac{1}{n}\sum_{i=1}^{n} x_i y_i$ 为 xy 的算术平均值。

求解方程组(1-27)得

$$\hat{a} = \frac{\overline{x} \cdot \overline{xy} - \overline{y} \cdot \overline{x^2}}{(\overline{x})^2 - \overline{x^2}} \tag{1-28}$$

$$\hat{b} = \frac{\overline{x} \cdot \overline{y} - \overline{xy}}{(\overline{x})^2 - \overline{x^2}} \tag{1-29}$$

由 $\hat{a}$、$\hat{b}$ 所确定的方程即是最佳直线方程。

3. 最小二乘法应用举例

例 1.11　根据例 1.9 数据,试用最小二乘法确定关系式 $R = a + bt$。

解　(1)列表(见表 1-5),算出 $\sum t_i$、$\sum R_i$、$\sum t_i^2$、$\sum R_i t_i$。

表 1-5　最小二乘法处理数据表

n	$t\ (\text{℃})$	$R\ (\Omega)$	$t^2\ (\text{℃}^2)$	$R \cdot t\ (\Omega \cdot \text{℃})$
1	19.1	76.30	365	1 457
2	25.0	77.80	625	1 945
3	30.1	79.75	906	2 400
4	36.0	80.80	1 296	2 909
5	40.0	82.35	1 600	3 294
6	45.1	83.90	2 034	3 784
7	50.0	85.10	2 500	4 255
	245.3	566	9 326	20 044
$n = 7$	$\sum_{i=1}^{7} t_i = 245.3$	$\sum_{i=1}^{7} R_i = 566.00$	$\sum_{i=1}^{7} t_i^2 = 9\ 326$	$\sum_{i=1}^{7} R_i t_i = 20\ 044$

(2)由表 1-5 可得

$$\overline{t} = \frac{\sum_{i=1}^{n} t_i}{n} = \frac{245.3}{7} = 35.04 \quad (\text{℃})$$

$$\overline{R} = \frac{\sum_{i=1}^{n} R_i}{n} = \frac{566.00}{7} = 80.857 \quad (\Omega)$$

$$\overline{t^2} = \frac{\sum\limits_{i=1}^{n} t_i^2}{n} = \frac{9\ 326}{7} = 1\ 332.3 \quad (\text{℃}^2)$$

$$\overline{Rt} = \frac{\sum\limits_{i=1}^{n} R_i t_i}{n} = \frac{20\ 044}{7} = 2\ 863.4 \quad (\Omega \cdot \text{℃})$$

a、b 的最佳值 $\hat{a}$、$\hat{b}$ 为

$$\hat{a} = \frac{\overline{t} \cdot \overline{Rt} - \overline{R} \cdot \overline{t^2}}{(\overline{t})^2 - \overline{t^2}} = \frac{35.04 \times 2\ 863.4 - 80.857 \times 1\ 332.3}{35.04^2 - 1\ 332.3} = 70.71 \quad (\Omega)$$

$$\hat{b} = \frac{\overline{t} \cdot \overline{R} - \overline{Rt}}{(\overline{t})^2 - \overline{t^2}} = \frac{35.04 \times 80.857 - 2\ 863.4}{35.04^2 - 1\ 332.3} = 0.289\ 5 \quad (\Omega \cdot \text{℃}^{-1})$$

(3)待求关系式

$$R = 70.71 + 0.2895t \quad \Omega$$

复习思考题

1.大学物理实验课的基本程序有哪些?

2.举例说明什么是直接测量,什么间接测量。

3.误差主要分哪几大类? 举例说明。

4.不确定度和测量结果的误差有何联系?

5.一个测量的不确定度,其 A 类评定部分明显小于 B 类评定部分,说明什么? 如果相反又说明什么?

6.学习有效数字应注意哪些问题?

7.简述有效数字的修约规则。

8.服从正态分布的误差有什么特点?

9.误差与不确定度有什么区别和联系?

10.简述直接测量和间接测量数据处理的主要步骤。

11.作图时要注意哪些问题? 如何从直线上求斜率和截距?

12.用逐差法处理数据有什么优点? 其应用条件有哪些?

13.与作图法、逐差法相比,最小二乘法处理数据有什么优点?

第2章 力热实验

实验 1　长度的测量

【实验目的】

(1)练习使用测量长度的几种常用仪器。
(2)练习做好记录和计算不确定度。
(3)掌握数据处理的基本方法。

【实验仪器】

游标卡尺(0～125 mm),外径千分尺(0～25 mm),读数显微镜,被测物(滚珠、圆管、毛细管),函数计算机,直尺。

【实验原理】

1. 游标卡尺

游标卡尺是一种常见的测量长度的装置,由主尺和游标两部分组成,如图 2-1 所示。一般说来,游标是将主尺的$(n-1)$个分格,分成为 n 等份(称为 x 分游标)。如主尺的一分格宽为 x,则游标一分格宽为$\dfrac{n-1}{n}x$,二者之差 $\Delta x=\dfrac{x}{n}$ 是游标尺的分度值。使用 n 分度游标测量时,如果是游标的第 k 条线与主尺某一刻线对齐,则所求的 Δl 为

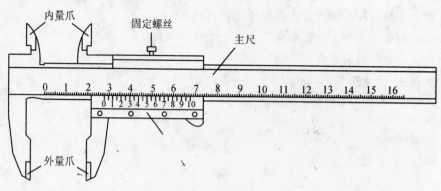

图 2-1

$$\Delta l=kx-k\frac{n-1}{n}x=k\frac{x}{n}$$

即 Δl 等于游标尺的分度值$\dfrac{x}{n}$乘以 k。所以使用游标尺时,先要明确其分度值。游标尺读数的精密程度,取决于其分度值。本实验所用的游标的 n 等于 50,其分度值即精密度为 0.02 mm。用

它可测量物体的长度和内、外直径。测长度或外径时,将物体卡在外量爪之间,测内径时使用内量爪。不测量时,将量爪闭合,游标的零线就和主尺的零线对齐。

使用游标尺测量时,读数分为两步:①从游标零线(不是游标的端点)的位置读出主尺的整格数;②根据游标上与主尺对齐的刻线读出不足一分格的小数。二者相加就是测量值。(注意两读数相加时单位必须统一,否则容易出现错误;注意进行零点修正。)

2. 外径千分尺

外径千分尺如图 2-2 所示,借助螺旋的转动,将螺旋的角位移转变为线位移来进行长度的测量。实验室中所用的外径千分尺的量程为 25 mm,仪器精密度是 0.01 mm,即千分之一厘米,所以称为千分尺。图中 A 为测杆,它的一部分加工成螺距为 0.5 mm 的螺纹,当它在固定套管 D 的螺套中转动时,将前进或后退,活动套管 C 和螺杆 A 连成一体,其周边等分为 50 个分格。螺杆转动的整圈数由固定套管上间隔 0.5 mm 的刻线去测量,不足一圈的部分由活动套管周边的刻线去测量。

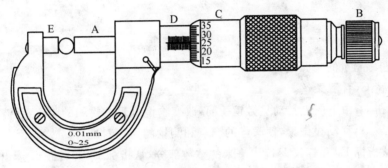

图 2-2

使用外径千分尺测量长度时,读数也分为两步:①从活动套管的前沿在固定套管上的位置,读出整圈数;②从固定套管上的横线所对活动套管上的分格数,读出不到一圈的小数,二者相加就是测量值。

使用外径千分尺必须注意的问题:外径千分尺的尾端有一棘轮装置 B,拧动 B 可使测杆移动,当测杆与被测物相接后的压力达到某一数值时,棘轮将滑动并有"咔"的响声,活动套管不再转动,测杆也停止前进,这时就可读数。设置棘轮可保证每次的测量条件(对被测物的压力)一定,并能保护外径千分尺的精密螺纹;不使用棘轮而直接转动活动套筒去卡住物体时,由于对被测物的压力不稳定而测不准;另外,如果不使用棘轮,测杆上的螺纹将发生变形和增加磨损,从而降低仪器的准确度。不夹被测物而使测杆和砧台相接时,活动套管上的零线应当刚好和固定套管上的横线对齐。实际使用的外径千分尺,由于调整得不充分或使用不当,其初始状态可能和上述要求不符,即有一个不等于零的零点读数。每次测量之后,要进行零点修正。使用外径千分尺时,还要注意防止读错整圈数。

3. 读数显微镜

如图 2-3 所示,读数显微镜是将千分尺和显微镜组合起来作精确测量长度用的仪器,它的测微螺旋的螺距为 1 mm,和千分尺的活动套管对应的部分是转鼓 A,它的周边等分为 100 个分格,每转一分格显微镜将移动 0.01 mm,所以移测显微镜的测量精密度也是 0.01 mm,它的量程一般是 50 mm。它由三部分组成:目镜、叉丝(靠近目镜)和物镜。

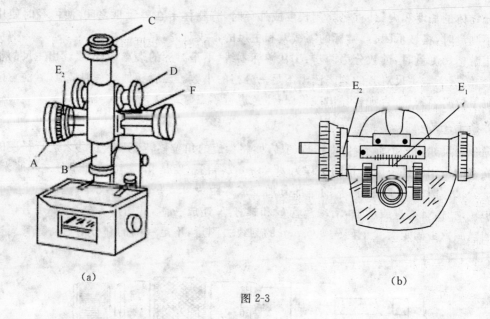

图 2-3

用此仪器进行测量的步骤是：

(1)伸缩目镜 C,看清叉丝。

(2)转动旋扭 D,由下向上移动显微镜镜筒,改变物镜到目的物间的距离,看清目的物。

(3)转动转鼓 A,移动显微镜,使叉丝的交点和测量的目标对准。

(4)读数,从指标 E_1 和标尺 F 读出毫米的整数部分,从指标 E_2 和转鼓 A 读出毫米以下的小数部分。

(5)转动转鼓,移动显微镜,使叉丝和目的物上的第二个目标对准并读数,二读数之差即为所测二点间的距离。

使用读数显微镜时要注意：

(1)使显微镜的移动方向和被测二点间连线平行。

(2)防止回程误差。移动显微镜使其从相反方向对准同一目标的两次读数,似乎应当相同,实际上由于螺丝和螺套不可能完全密接,螺旋转动方向改变时,它们的接触状态也将改变,两次读数将不同,由此产生的测量误差称为回程误差。为了防止回程误差,在测量时应向同一方向转动转鼓使叉丝和各目标对准,当移动叉丝超过了目标时,就要多退回一些,重新再向同一方向转动转鼓去对准目标。

【实验内容】

1.游标卡尺测量圆管的体积

(1)弄清游标卡尺的结构、测量方法和精密度,体会游标卡尺测量长度的原理,观察游标卡尺是否存在零点读数;

(2)用游标卡尺的外量爪分别测量圆管的外径 d_1 和管长 L,各测 5 组数据;

(3)用游标卡尺的内量爪测量圆管的内径 d_2,测 5 组数据;

(4)使用计算器进行数据处理;

(5)进行结果分析和误差分析。

2. 用千分尺测量大滚珠的直径

(1)弄清千分尺的结构、测量方法和精密度,体会千分尺测量长度的原理,观察千分尺是否存在零点读数;

(2)用千分尺测量滚珠的直径(注意使用棘轮);

(3)用交叉测量的方法测 5 组数据;

(4)使用计算器进行数据处理;

(5)进行结果分析和误差分析。

3. 用移测显微镜测量毛细管的内直径和小滚珠的直径

(1)弄清移测显微镜的结构、测量方法和精密度;

(2)测量毛细管的内直径或小滚珠的直径 5 次(选做一个,注意防止回程误差);

(3)使用计算器进行数据处理;

(4)进行结果分析和误差分析。

【数据处理】

1. 测量圆管的体积 V

游标卡尺(No. A803—170)　　　　零点读数:

l(cm)					
d_1(cm)					
d_2(cm)					

$$\bar{l} =$$

$$\overline{d_1} =$$

$$\overline{d_2} =$$

圆管体积:
$$V = \frac{1}{4}\pi(\overline{d_1}^2 - \overline{d_2}^2)\bar{l} =$$

标准不确定度的计算:

(1)求 l 的 $u_C(l)$

$$u_A(\bar{l}) =$$

$$u_B(\bar{l}) = \frac{0.002}{\sqrt{3}} \text{ cm} =$$

$$u_C(\bar{l}) = \sqrt{u_A^2(l) + u_B^2(l)} =$$

(2)求 d_1 的 $u_C(d_1)$

$$u_A(\overline{d_1}) =$$

$$u_B(d_1) = \frac{0.02}{\sqrt{3}}$$

$$u_C(d_1) = \sqrt{u_A^2(d_1) + u_B^2(d_1)} =$$

(3)求 d_2 的 $u_C(d_2)$

$$u_A(\overline{d_2}) =$$

$$u_B(d_2) = \frac{0.02}{\sqrt{3}} =$$

$$u_C(d_2) = \sqrt{u_A^2(d_2) + u_B^2(d_2)} =$$

(4) V 的不确定度 $u(V)$

$$u(V) = \sqrt{\left(\frac{\partial V}{\partial l}\right)^2 u_C^2(l) + \left(\frac{\partial V}{\partial d_1}\right)^2 u_C^2(d_1) + \left(\frac{\partial V}{\partial d_2}\right)^2 u_C^2(d_2)}$$

$$= \sqrt{\left[\frac{1}{4}\pi(d_1^2 - d_2^2)\right]^2 u_C^2(l) + \left(\frac{1}{2}\pi d_1 l\right)^2 u_C^2(d_1) + \left(\frac{1}{2}\pi d_2 l\right)^2 u_C^2(d_2)}$$

测量结果为： 　　　　　　　　　　 $V =$

2.大滚珠的直径

千分尺　　　　　　　　零点读数：

d(mm)					

$$\overline{d} =$$
$$u_A(\overline{d}) =$$
$$u_B(d) = \frac{0.001}{\sqrt{3}}\text{mm} =$$

测量结果为： 　　　　　　　　 $d =$

3.毛细管的内直径

移测显微镜

d(mm)					

$$(\overline{d}) =$$
$$u_A(\overline{d}) =$$
$$u_B(d) =$$
$$u_C(d) =$$

测量结果为： 　　　　　　　　 $d =$

【思考题】

1.从游标卡尺上读数时,怎样读出被测量的毫米整数部分?

2.螺旋测微计上为什么设置棘轮?

3.千分尺和移测显微镜同样是利用螺旋测长度,为什么后者要防止回程误差?

实验2　精密称衡

【实验目的】

(1)了解分析天平的构造原理,学会正确调节使用。

(2)掌握用分析天平来精密称量物体质量的方法。

(3)熟悉精密称衡中的系统误差补正。

【实验仪器】

摆动式分析天平,砝码(三等),待测物体:小铁柱。

【实验原理】

天平是一种等臂杠杆装置,用于实验室称衡质量。按其精确程度分为物理天平和分析天平两类。天平有最大载量和灵敏度两个主要性能指标。

1.天平的灵敏度

天平灵敏度是指天平两盘中负载相差一个单位质量时,指针偏转的分格数,即灵敏度

$$S = \frac{\alpha}{\Delta m} \tag{2-1}$$

天平的感量为灵敏度的倒数,即感量

$$G = \frac{1}{S} = \frac{\Delta m}{\alpha} \tag{2-2}$$

它表示天平指针偏转一个小分格,砝码盘上要增加或减小的质量。感量越小,天平的灵敏度越高。

2.精密称衡的系统误差补正

分析天平称量质量的系统误差主要是天平横梁臂长不相等和空气浮力的影响。以下讨论这两个因素的校正方法。

(1)横梁臂长不相等的校正

复称法:设 L_1 及 L_2 分别为天平左右两臂的长度。先将物体 M 放在左盘,M_1 砝码放在右砝码盘,由于天平横梁臂长不相等,天平平衡时虽有 $ML_1 = M_1 L_2$,但 $M \neq M_1$。若将物体放在右砝码盘,而在左盘的砝码为 M_2 时天平再次平衡,则有 $ML_2 = M_2 L_1$,合并以上两式,并考虑到 $M_1 - M_2 \ll M$,则有

$$M = \sqrt{M_1 M_2} = M_2 \left(1 + \frac{M_1 - M_2}{M_2}\right)^{\frac{1}{2}}$$

$$\approx M_2 \left(1 + \frac{1}{2} \frac{M_1 - M_2}{M_2}\right) = \frac{1}{2}(M_1 + M_2) \tag{2-3}$$

(2)空气浮力校正

假定待测物的体积为 V,砝码的体积为 v,待测物体及砝码的质量分别为 M 及 m,称量时空气的密度为 ρ_0,当天平平衡时物体及砝码均受到空气的浮力的影响。故有

$$M - V\rho_0 = m - v\rho_0 \tag{2-4}$$

$V = \frac{M}{\rho}$ 和 $v = \frac{m}{\rho'}$ 代入式(2-4)并考虑到 $\rho_0 \ll \rho, \rho_0 \ll \rho'$,略去高次项得

$$M \approx m \left(1 - \frac{\rho_0}{\rho} + \frac{\rho_0}{\rho'}\right) \tag{2-5}$$

式中,$\rho_0 \approx 1.3 \times 10^{-3}$ g/cm³,而 ρ 及 ρ' 可从手册查得。

3.分析天平的精密称衡法

(1)摆动式分析天平用"摆动法"测停点 e

$$e = \frac{\frac{1}{2}(a_1 + a_2) + b_1}{2} \quad (2\text{-}6)$$

例如：
$$e = \frac{\frac{1}{2}(10.0 + 8.0) + (-7.5)}{2} = 0.8$$

(2)用比例差分法确定物体质量 m 与砝码质量 m_1 相差的部分

以砝码放在右盘为例，在测出空载停点 e_0 后，再测称物体时第一个停点 e_1，此时若 e_1 在 e_0 右侧，则表示砝码 m_1 稍轻一些，于是移动游码一格或二格，得到第二停点 e_2，使 e_2 在 e_0 左侧。则表示这时砝码 m_2 稍重一些，因而可判定待测物体质量在 m_1、m_2 之间。因为此时天平的分度值

$$g = \frac{m_2 - m_1}{e_2 - e_1}$$

而第一停点离空载停点还差 $e_1 - e_0$，所以待测物体质量

$$m = m_1 + g \mid e_0 - e_1 \mid = m_1 + (m_2 - m_1) \frac{\mid e_0 - e_1 \mid}{e_2 - e_1} \quad (2\text{-}7)$$

(3)精密称衡中用复称法减小不等臂引入的系统误差。

4. 分析天平的操作规则

由于分析天平较为精密，使用时务必遵守天平的使用规则，现将分析天平的特点，再次强调如下：

(1)切记"常止动，轻操作"，并切实执行。旋转起止动作所用的旋钮时应缓慢而均匀进行，对天平制动应在指针摆动接近中点时进行。

(2)取放待测物体及砝码，只需要打开玻璃柜侧门进行操作，取放完毕随即关好，以防气流影响称量。柜子中门，无特殊需要不要打开。

(3)调零时，游标砝码应放在横梁中央的槽中。

【实验内容】

用摆动复称法称金属块的质量：

(1)调节分析天平柜底的调平螺丝，使水准泡位于中央，天平支柱铅直。

(2)测天平零点 x_0，连续读 5 个振动幅度，并使 x_0 值与标尺中点刻度相差不超过 1 个分度。

(3)测空载时的灵敏度 $S_0 = \mid x_0' - x_0 \mid$。

(4)待测物体置于左盘，砝码为 P_1，停止点为 x_1。

(5)待测物体置于右盘，砝码为 P_2，停止点为 x_2。

(6)测负载灵敏度 $S_0 = \mid x_2' - x_2 \mid$。

计算公式为

$$M_1 = P_1 - \frac{x_1 - x_0}{S}; \quad M_2 = P_2 + \frac{x_2 - x_0}{S}$$

所以

$$M = \frac{1}{2}(M_1 + M_2) = \frac{1}{2}(P_1 + P_2) - \frac{1}{2}\frac{x_1 - x_2}{S} \quad (2\text{-}8)$$

【数据处理】

自拟表格进行数据记录,计算测量结果的最佳估计值和不确定度,完整表示测量结果。

【思考题】

1. 测定分析天平灵敏度时,可增加或减少 1 mg,试问在什么情况下应增加 1 mg,在什么情况下应减少 1 mg?

2. 测量时若不关柜门,对测量结果有何影响? 增加砝码时若不止动天平将会造成什么后果?

3. 分析天平的游码在天平使用过程中(包括测零点)为什么不该吊起而必须骑在横梁上?

4. 既然测定负载灵敏度后可以求出 $x-x_0$ 相应的质量 Δm,为什么称量时还要求停止点要尽可能靠近中线?

实验 3   密度的测量

【实验目的】

熟悉物质密度的测量方法。

【实验仪器】

物理天平,烧杯,比重瓶,温度计,被测物:固体(玻璃块、金属块等),液体(酒精、盐等)。

【实验原理】

设体积为 V 的某一物质的质量为 M,则该物质的密度 ρ 等于

$$\rho = \frac{M}{V} \tag{2-9}$$

质量 M 可以用天平测得很精确,但是体积则难于由外形尺寸算出比较精确的值(外形很规整的除外),在此介绍的方法是在水的密度已知的条件下,由天平测量出体积(见图 2-4)。

1. 由静力称衡法求固体的密度

设被测物不溶于水,其质量为 m_1,用细丝将其悬吊在水中的称衡值为 m_2,又设水在当时温度下的密度为 ρ_w,物体体积为 V,则依据阿基米德定律,有

$$V\rho_w g = (m_1 - m_2)g$$

g 为重力加速度,整理后得计算体积的公式为

$$V = \frac{m_1 - m_2}{\rho_w}$$

则固体的密度

$$\rho = \rho_w \frac{m_1}{m_1 - m_2} \tag{2-10}$$

2. 用静力称衡法测液体的密度

此法要借助于不溶于水并且和被测液体不发生化学反应的物体(一般用玻璃块)。设物体质量为 m_1,将其悬吊在被测

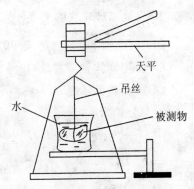

天平
吊丝
水
被测物

图 2-4

液体中的称衡值为 m_2,悬吊在水中称衡值为 m_3,则参照上述讨论,可得液体密度 ρ 等于

$$\rho = \rho_w \frac{m_1 - m_2}{m_1 - m_3} \tag{2-11}$$

3. 用比重瓶测液体的密度

图 2-5 所示为常用比重瓶,它在一定的温度下有一定的容积,将被测液体注入瓶中,多余的液体可由塞中的毛细管溢出。

图 2-5

设空比重瓶的质量为 m_1,充满密度 ρ 的被测液体时的质量为 m_2,充满同温度的蒸馏水时的质量为 m_3,则

$$\rho = \rho_w \frac{m_2 - m_1}{m_3 - m_1} \tag{2-12}$$

【实验内容】

实际测量内容和方法由指导教师指定或由学生自己选取。测量步骤由学生自己安排。使用天平时,一般均先测其灵敏度。固体及液体密度的测量时,注意排除气泡的影响。要测量水和液体的温度。

【测量举例】

用静力称衡法测一块玻璃的密度。使用物理天平,先测灵敏度 S,左盘加 10 mg:停点 8.1,右盘加 10 mg:停点 10.2,测物体质量 m_1 及悬挂在水中的称衡值 m_2,天平零点:9.1(从左右摆动三次读数求出,以下同)

物体在左盘:$\begin{cases} 砝码为 4.35\ g,停点 9.6 \\ 砝码为 4.34\ g,停点 8.5 \end{cases}$

物体挂在左侧并悬在水中:$\begin{cases} 砝码为 2.51\ g,停点 8.8 \\ 砝码为 2.25\ g,停点 9.8 \end{cases}$

$$m_1 = 4.35 - \left| \frac{9.6 - 9.1}{8.5 - 9.6} \right| \times 0.01 = 4.345 \quad (g)$$

$$m_1 = 2.51 - \left| \frac{8.8 - 9.1}{9.8 - 8.8} \right| \times 0.01 = 2.513 \quad (g)$$

测出水温为 24.5 ℃,查表 $\rho_w = 0.997\ 20$　g · cm^{-2}

算出被测玻璃块的密度 ρ 为

$$\rho = 0.997\ 20 \times \frac{4.345}{4.345 - 2.513} = 2.365 \quad g · cm^{-3}$$

误差公式

$$\Delta \rho = \pm \left[\left| \frac{1}{m_1} - \frac{1}{m_1 - m_2} \right| \Delta m_1 + \frac{\Delta m_2}{m_1 - m_2} \right]$$

估计 Δm_1 和 Δm_2 均为 ± 0.005 g,则

$$\Delta \rho = \pm 2.365 \left[\left| \frac{1}{4.345} - \frac{1}{4.345 - 2.513} \right| \times 0.005 + \frac{0.005}{4.345 - 2.513} \right] = \pm 0.01 \quad g · cm^{-3}$$

结果,被测玻璃的密度 ρ 为

$$\rho = 2.37 \pm 0.01 \quad (g · cm^{-3})$$

【思考题】

1. 设计一个测量小粒状固体密度的方案。

2. 要考察从 0 ℃到 50 ℃～60 ℃水的密度变化的规律,你能否设计一个实验方案? 要求能显示出在 4 ℃附近水的密度极大。

实验 4　杨氏模量的测定(伸长法)

【实验目的】

(1)伸长法测定金属丝的杨氏模量 Y。

(2)学习光杠杆原理并掌握使用方法。

【实验仪器】

杨氏模量测定仪(见图 2-6)、光杠杆、尺度望远镜(JWZ-1 型)、螺旋测微计、游标卡尺金属丝、米尺、砝码(每个 1 000 g)、三角板。

杨氏模量测量仪中 A、B 为金属丝两端的螺丝卡,在 B 的下端挂有砝码托盘,调节仪器底部的螺丝 J 可使平台 C 水平,即金属丝与平台垂直,并且 B 刚好悬挂在 C 台圆孔中间,G 为光杠杆,它的前足尖担在 B 上,二后足尖在 C 平台上。

【实验原理】

根据胡克定律,在弹性限度内,弹性体的应力和应变成正比。设有一根长为 L、横截面积为 S 的钢丝,在外力 F 的作用下伸长为 ΔL,则

$$\frac{F}{S} = Y\frac{\Delta L}{L} \tag{2-13}$$

式中的比例系数 Y 称为杨氏模量,单位为 $N \cdot m^{-2}$。若钢丝的直径为 d,则 $S = \frac{1}{4}\pi d^2$,将其代入式(2-13)并整理可得:

$$Y = \frac{4FL}{\pi d^2 \Delta L} \tag{2-14}$$

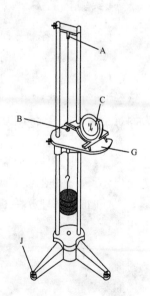

图 2-6

式(2-14)表明:在长度 L、直径 d 和所加外力 F 相同时,杨氏模量越大,其伸长量就较小,而杨氏模量越小,则伸长量较大。因此杨氏模量表明了材料抵抗外力产生拉伸形变的能力。根据式(2-14)测定杨氏模量时,钢丝的伸长量 ΔL 较小不容易测准,本实验是利用光杠杆装置来测量伸长量 ΔL 的。

如图 2-7 所示为光杠杆 G 及尺度望远镜 T。设光杠杆前、后足尖的垂直距离为 d_1,光杠杆平面镜到尺的距离为 d_2,若加砝码 m 时金属丝伸长为 ΔL,加砝码前后望远镜中的读数为 A_0 和 A_m,则伸长量 ΔL 为

$$\Delta L = \frac{|A_m - A_0| d_1}{2d_2} \tag{2-15}$$

将 $F = mg$ 和式(2-15)中的 ΔL 代入式(2-14)得到杨氏模量 Y 为

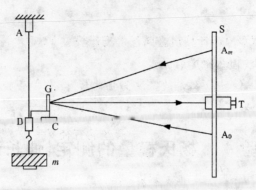

图 2-7

$$Y = \frac{8mgLd_2}{\pi d^2 (A_m - A_0) d_1} \tag{2-16}$$

设 $k = (A_m - A_0)\frac{1}{m}$，则

$$Y = \frac{8gLd_2}{\pi d^2 k d_1} \tag{2-17}$$

式中的 k 为砝码质量改变一个单位时，望远镜中所见尺读数的变化量。当测出金属丝的长度 L 和直径 d、光杠杆前后足尖的垂直距离 d_1、光杠杆平面镜到尺的距离 d_2 以及加拉力 F 时的伸长量 ΔL 后，即可由式(2-17)求出金属丝的杨氏模量 Y。

【实验内容】

(1)将仪器各部分摆放在恰当位置，注意尺度望远镜与光杠杆最短距离为 650 mm。

(2)调整测量架的调整螺钉，使立柱处于铅直状态(包括前后和左右，以减少摩擦)。

(3)调整被测钢丝的长度为某一值，调整时用手拉住钢丝上端，旋松钢丝上的夹头即可调整钢丝的长度。然后用米尺测量金属丝的有效长度 L 五次(注意为两固定端的距离)，用游标卡尺测量金属丝的直径 d(为防止下端金属丝变形，测直径时应在夹头上面的金属丝上测量)，并记录在表。

(4)测出光杠杆前后足尖的垂直距离 d_1，光杠杆镜面到直尺的距离 d_2(可以从望远镜中直接读出，d_2 等于分划板上两水平线间距离的 50 倍)。

(5)将光杠杆放在工作平台上，两前足在工作平台的横槽内，后足放在夹子上，但不与钢丝相碰。

(6)调整望远镜及标尺的位置。首先沿镜筒的轴线方向，通过准线观察反射镜内是否有标尺的像，如果看不到标尺的像，则可以左右移动底座或松开手轮调整望远镜，直到反射镜内出现标尺的像为止。

(7)旋转目镜，再对分划板十字叉丝进行聚焦。从望远镜内观察光杠杆反射镜内标尺的像，调节调焦手轮，直到清楚对准标尺由光杠杆镜面反射出的某一刻度，并在砝码盘上放一定质量的砝码，使钢丝自然伸直，此时可通过望远镜读出标尺的刻度值 A_0。

(8)依次加砝码(每次 1000 g)，从望远镜观察标尺刻度的变化，并依次记下相应的刻度值 A_m。

(9)计算 k 值：

由 $k = (A_m - A_0)\frac{1}{m}$，得 $(A_m - A_0) = km$，令 $Y = (A_m - A_0)$，$x = m$，则 $y = a + bx$，用一元线性

回归分析可求得 b,即 k 值。

(10)将所测数据代入式(2-17)计算出金属丝的杨氏模量 Y。

【数据处理】

1.金属丝的有效长度

$$L= \qquad\qquad 金属丝的直径\ d=$$

2.测量 k 值

表 2-1

	砝码的改变量	0	1	2	3	4	5	6	7
增加砝码	A_i								
	$\lvert A_i - A_{i-1} \rvert$								
	$\lvert A_i - A_0 \rvert$								
减少砝码	A_i								
	$\lvert A_i - A_{i-1} \rvert$								
	$\lvert A_i - A_0 \rvert$								

利用表中的数据线性回归处理可得

$$k=$$

又

$$d_1=$$

$$Y=\frac{8gLd_2}{\pi d^2 k d_1}=$$

钢丝的杨氏模量: $\qquad Y_0=2.16\times10^{11}\ (\mathrm{N\cdot m^{-2}})$

其相对误差为: $\qquad E_r=\dfrac{Y_0-Y}{Y_0}\times100\%$

【注意事项】

(1)负荷不可超过钢丝的弹性限度(不超过仪器所备砝码),否则计算公式不成立。

(2)被测钢丝的长度调整好后,一定要用锁紧螺钉将钢丝紧固在钢丝夹头之中,防止钢丝偏斜与滑长。

(3)光杠杆和望远镜标尺调整好后,整个实验中防止位置变动。

(4)保持被测钢丝在整个实验中处于垂直状态。

(5)加取砝码时要轻取轻放,待钢丝不动时再观测数据。

(6)观测标尺时眼睛要正对望远镜,不得忽高忽低引起视差。

(7)L 为钢丝两固定端的距离。

【思考题】

1.本实验过程中怎样减少实验误差?

2.用光杠杆来测量微小伸长量应注意些什么?

实验 5　杨氏模量的测定（梁弯曲法）

【实验目的】

用梁的弯曲法测定金属的杨氏模量。

【实验仪器】

攸英装置,光杠杆,望远镜及直尺,螺旋测微计,游标卡尺,米尺,千分表。

【实验原理】

将厚为 a、宽为 b 的金属棒放在相距为 l 的两刀刃上,如图 2-8 所示,在棒上两刀刃的中点处挂上质量为 m 的砝码,棒被压弯,设挂砝码处下降 λ,称此 λ 为弛垂度,这时棒材的杨氏模量为

$$Y = \frac{mgl^3}{4a^3b\lambda} \tag{2-18}$$

下面推导式(2-18)。图 2-9 为沿棒方向的纵断面的一部分。在相距 dx 的 O_1O_2 两点上的横断面,在棒弯曲前互相平行,弯曲后则成一小角度 $d\varphi$。显然在棒弯曲后,棒的下半部呈现拉伸状态,上半部为压缩状态,而在棒的中间有一薄层虽然弯曲但长度不变,称为中间层。

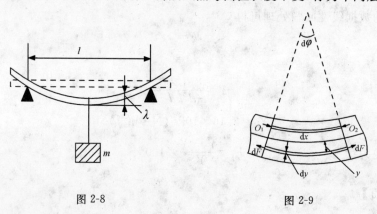

图 2-8　　　　　　　　　图 2-9

计算与中间层相距为 y、厚为 dy、形变前长为 dx 的一段,弯曲后伸长了 $yd\varphi$,它受到的拉力为 dF,根据胡克定律有

$$\frac{dF}{dS} = Y\frac{yd\varphi}{dx}$$

式中 dS 表示形变层的横截面积,即 $dS = bdy$。于是

$$dF = Yb\frac{d\varphi}{dx}ydy$$

此力对中间层的转矩为 dM,即

$$dM = Yb\frac{d\varphi}{dx}y^2dy$$

而整个横断面的转矩 M 应是

$$M = 2Yb\frac{d\varphi}{dx}\int_0^{\frac{a}{2}}y^2dy = \frac{1}{12}Ya^3b\frac{d\varphi}{dx} \tag{2-19}$$

如果将棒的中点 C 固定,在中点两侧各为 $\frac{l}{2}$ 处分别施以向上的力 $\frac{1}{2}mg$(见图 2-10),则棒的弯曲情况应当和图 2-8 所示的完全相同。棒上距中点 C 为 x、长为 $\mathrm{d}x$ 的一段,由于弯曲产生的下降 $\mathrm{d}\lambda$ 等于

$$\mathrm{d}\lambda = \left(\frac{l}{2} - x\right)\mathrm{d}\varphi \qquad (2\text{-}20)$$

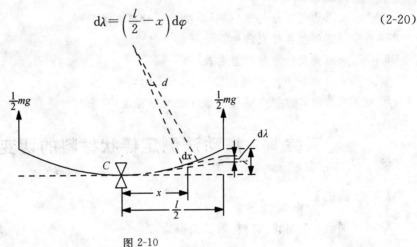

图 2-10

当棒平衡时,由外力 $\frac{1}{2}mg$ 对该处产生的力矩 $\frac{1}{2}mg\left(\frac{l}{2} - x\right)$ 应当等于由式(2-19)求出的转矩 M,即

$$\frac{1}{2}mg\left(\frac{l}{2} - x\right) = \frac{1}{12}Ya^3 b\frac{\mathrm{d}\varphi}{\mathrm{d}x}$$

由此式求出 $\mathrm{d}\varphi$ 代入式(2-20)中并积分,可求出弛垂度

$$\lambda = \frac{6mg}{Ya^3 b}\int_0^{\frac{l}{2}}\left(\frac{l}{2} - x\right)^2 \mathrm{d}x = \frac{mgl^3}{4Ya^3 b} \qquad (2\text{-}21)$$

即

$$Y = \frac{mgl^3}{4a^3 b\lambda}$$

此式即为式(2-18)。

【仪器介绍】

攸英装置如图 2-11 所示,在两支架上设置互相平行的钢制刀刃,其上放置待测棒和辅助棒。在待测棒上两刀刃间的中点处,挂上有刀刃的挂钩和砝码托盘,往托盘上加砝码时待测棒将被压弯,通过在待测棒和辅助棒上放置的千分表测量出棒弯曲的情况,从而求出棒材的杨氏模量。

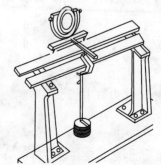

【实验内容】

(1)按图 2-11 所示安置好仪器,用千分表直接测出。

(2)用螺旋测微计在棒的各处测厚度 a,要测 10 次取平均值。

(3)用游标卡尺在棒的各处测宽度 b(测 4 次)。

(4)用米尺测两刀刃间的距离 l,测 4 次。

(5)将测得的量代入式(2-18)中,求出棒材的杨氏模量,单位

图 2-11

用 $N \cdot m^{-2}$。

（6）求测量结果的误差。

【思考题】

1.调节仪器的程序分几步,每一步要达到什么要求?

2.测量叫哪些量要特别仔细? 为什么?

3.什么是弛垂度? 怎样测量它?

4.如果被测物是半径为 R 的圆棒,式(2-18)将是什么样子的?

5.如果用读数显微镜或螺旋测微计去测弛垂度,应当怎样进行测量?

实验 6　摆动法测定棒状材料的切变模量

【实验目的】

学习用摆动法测量棒状材料的切变模量。

【实验仪器】

扭摆,圆环,游标卡尺,螺旋测微计,米尺。

【实验原理】

1.切变模量

用力 F 作用在一立方形物体的上面,并使其下面固定(见图 2-12),物体将发生形变成为斜的平行六面体,这种形变称为切变。出现切变后,距底面不同距离处的绝对形变不同($\overline{AA'} > \overline{BB'}$),而相对形变则相等,即 $\dfrac{\overline{AA'}}{\overline{OA}} = \dfrac{\overline{BB'}}{\overline{OB}} = \tan \varphi$,实验表明,在一定限度内,切变角 φ 与切应力 $\dfrac{F}{S}$ 成正比,此 S 为立方体平行于底的截面积,现以符号 τ 表示切应力 $\dfrac{F}{S}$,则

$$\tau = G\varphi \tag{2-22}$$

式中,φ 代替 $\tan \varphi$,比例系数 G 称为切变模量,单位为 $N \cdot m^{-2}$。

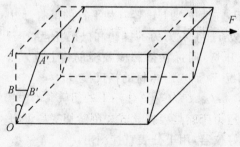

图 2-12

2.棒的扭转和扭转力矩

如图 2-13 所示,将半径为 R、长为 l 的圆棒的上端面固定,于其下端面施以扭力矩 M,使其对

中心轴 O_1O_2 扭转 θ 角。此时距上端面 z 到 $z+\mathrm{d}z$、距中心轴为 r 到 $r+\mathrm{d}r$ 圆环的一段 $\overline{abcdefgh}$，在圆棒扭转后成为 $\overline{a'b'c'd'e'f'g'h'}$。此时切变角 φ 是 $abfe$ 面和 $a'b'f'e'$ 面所夹之角，如图 2-14 所示，设此小部分的上端面和下端面的扭转角分别为 Ψ 和 $\Psi+\mathrm{d}\Psi$，则切变角

$$\varphi = \frac{r(\Psi+\mathrm{d}\Psi) - r\Psi}{\mathrm{d}z} = \frac{r\mathrm{d}\Psi}{\mathrm{d}z} \tag{2-23}$$

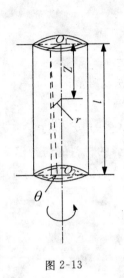

图 2-13　　　　　　　　　　　图 2-14

因为棒是均匀的，所以 $\dfrac{\mathrm{d}\Psi}{\mathrm{d}z}$ 是常数，应等于 $\dfrac{\theta}{l}$，将式(2-23) 和 $\dfrac{\mathrm{d}\Psi}{\mathrm{d}z} = \dfrac{\theta}{l}$ 代入式(2-22)，得

$$\tau = \frac{G r \theta}{l} \tag{2-24}$$

因此，作用在半径 r 厚 $\mathrm{d}r$ 的圆管的下端面的力为

$$\mathrm{d}F = \tau 2\pi r \mathrm{d}r = \frac{2\pi G\theta}{l} r^2 \mathrm{d}r \tag{2-25}$$

在圆棒中取内半径为 r，外半径为 $r+\mathrm{d}r$ 的圆管，其下端面扭转 θ 角，扭转力矩 $\mathrm{d}M$ 应为

$$\mathrm{d}M = r\mathrm{d}F = \frac{2\pi G\theta}{l} r^3 \mathrm{d}r \tag{2-26}$$

所以圆棒的整个下端面的扭力矩

$$M = \int \mathrm{d}M = \frac{2\pi G\theta}{l} \int_0^R r^3 \mathrm{d}r = \frac{\pi G R^4}{2l} \theta \tag{2-27}$$

式中，$\dfrac{\pi G R^4}{2l}\theta$ 对于一定的金属棒（或线）是定值，称为圆棒（或线）的扭转系数。此式又可写成

$$G = \frac{2l}{\pi R^4} \frac{M}{\theta} \tag{2-28}$$

它表示测出金属棒的半径 R、长 l 及在力矩 M 作用下的扭转角 θ，就可用此式算出该金属的切变模量 G 之值。扭力床就是根据此式去测量切变模量的。

3. 扭摆

将一细金属棒（线）的上端固定，下端连接一转动惯量为 I 的物体，以金属棒为轴将物体扭转一小角度后松开，物体将左右扭动，这就是扭摆（见图 2-15）。其运动方程为

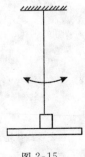

图 2-15

$$I \frac{\mathrm{d}^2 \theta}{\mathrm{d}t^2} = -c\theta \tag{2-29}$$

式中，c 为金属棒的扭转系数。它的扭动周期为

$$T = 2\pi \sqrt{\frac{I}{c}}$$

将 $c = \frac{\pi G R^4}{2l}$ 代入上式，得

$$T = 2\pi \sqrt{\frac{2lI}{\pi G R^4}} \tag{2-30}$$

则可知切变模量 G 等于

$$G = \frac{8\pi lI}{R^4 T^2} \tag{2-31}$$

因此当物体的转动惯量已知时，测出扭摆的周期，就能求出棒的材料的切变模量之值。

又当金属棒下连接转动惯量为 I_1 的物体时的扭转周期为 T_1，在其上叠加上转动惯量为 I_2 的物体后的扭转周期为 T_2，则有

$$T_1^2 = \frac{8\pi lI_1}{GR^4}, \qquad T_2^2 = \frac{8\pi l(I_1 + I_2)}{GR^4}$$

两式相减，并用直径 d 代替半径 R，经整理得

$$G = \frac{128\pi lI_2}{d^4(T_2^2 - T_1^2)} \tag{2-32}$$

此式和式(2-31)不同之处在于，不必求金属棒下端第一个联结物的转动惯量，这对于第一个连接物的转动惯量不易测准时最为适用。

【实验内容】

根据式(2-32)组织测量时，试料的直径适当大一些有利，因为式中的直径 d 是 4 次方；其次，叠加上的物体的转动惯量要尽量大一些，好使 T_1 和 T_2 两个周期有较大差异，以保证括号 $(T_2^2 - T_1^2)$ 之值有足够多的有效位数。

图 2-16 所示扭摆是在圆盘上叠加一圆环去测量，实际上也可以不放圆环，而是在盘上对称地放置两个质量外形都相同的圆柱体(见图 2-17)。

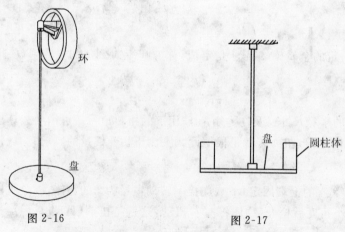

图 2-16 　　　　　　　　　　　　　　　　图 2-17

自己选择仪器去测 l 和 d，对 I_2 要测量叠加物的质量和外形尺寸。如为圆环，则

$$I_2 = \frac{1}{8} M(D_1^2 + D_2^2)$$

式中，M 是环的质量，D_1、D_2 为环内外直径。如果是二圆柱体放在盘上，则

$$I_2 = \frac{1}{4} M D^2 + \frac{1}{2} M D_0^2$$

式中，M 为一圆柱体的质量，D 为柱的直径，D_0 为二圆柱体的中心轴间距离。

T_1 和 T_2 要从测量扭动 n 次的时间去计算，n 取多大，要看 T_1、T_2 本身的大小和测量仪器去确定，但是要使 $(T_2^2 - T_1^2)$ 的有效位数和其他被测量的有效位数大体一致。

最后算出试料的 G 值及其不确定度（或标偏差）。

【思考题】

1. 有两个长度相同的圆棒 A 和 B，A 的直径是 B 的 1.2 倍，将它们的一端固定，另一端施加相同的扭力矩，如果它们的扭转角相同，试问 A 和 B 的扭转系数之比是多少？

2. 已知铜的切变模量为 4.83×10^{10} N·m^{-2}，弹性限度为 3×10^7 N·m^{-2}。当用一长 1 m、半径为 2 mm 的圆铜棒做扭转实验时，为了不超过弹性限度，扭转角不应超过多少？

实验 7 单摆及自由落体运动

【实验目的】

(1) 利用单摆测重力加速度 g 的值。
(2) 考查单摆的系统误差对测量重力加速度的影响。
(3) 利用自由落体测重力加速度 g 的值，对两种情况进行分析比较。

【实验仪器】

单摆，单摆计时（数）仪（DB-2A），钢球 1（直径 25 mm），钢球 2（直径 18 mm），木球（直径 25 mm），钢卷尺，三角板，游标卡尺，自由落体实验仪，数字毫秒计，光电门。

【实验原理】

1. 利用单摆测重力加速度

用一根不可伸长的轻线悬挂一小球，当 $\theta < 5°$ 时就组成一单摆。设小球的质量为 m，其质心到摆的支点 O 的距离为 l（摆长）。当单摆偏离平衡位置为 θ 时，作用在小球上的切向力的大小为 $mg\sin\theta$，且它总是指向平衡点 O。当 θ 很小时，$\sin\theta \approx \theta$，切向力的大小为 $mg\theta$。根据牛顿第二定律，质点运动方程为：

$$m\, a_{切} = -mg\theta$$

$$m l \frac{\mathrm{d}^2\theta}{\mathrm{d}t^2} = -mg\theta$$

$$\frac{\mathrm{d}^2\theta}{\mathrm{d}t^2} + \frac{g}{l}\theta = 0$$

此式为简谐运动方程,其角频率 $\omega^2 = \dfrac{g}{l}$,由此得出

$$\omega = \frac{2\pi}{T} = \sqrt{\frac{g}{l}}$$

$$T = 2\pi\sqrt{\frac{l}{g}}$$

$$g = \frac{4\pi^2 l}{T^2} \tag{2-33}$$

g 的不确定度传递公式为:

$$U(g) = g\sqrt{\left(\frac{u(l)}{l}\right)^2 + \left(\frac{2u(T)}{T}\right)^2}$$

由此式可知,当 $u(l)$ 和 $u(T)$ 一定时,增大 l 对测量 g 有利(即可减少不确定度)。

2.利用自由落体测量重力加速度

(1)根据自由落体公式 $h = \dfrac{1}{2}gt^2$ 可以得到

$$g = \frac{2h}{t^2} \tag{2-34}$$

只要测出物体下落的距离 h 和对应的下落时间 t,就可以计算出重力加速度 g。

(2)对初速度不为零的落体运动,其公式为 $h = v_0 t + \dfrac{1}{2}gt^2$。将两光电门置于 A、B 两点处。钢球从零点开始自由下落,设刚球在 A 点的速度为 v_1,从 A 点到达 B 点的时间为 t_1 后钢球到达 B 点,设 A、B 两点间的距离为 h_1,则有

$$h_1 = v_0 t_1 + \frac{1}{2}gt_1^2 \tag{2-35}$$

将光电门 B 下移至 B_0 点,重复上述实验。设钢球从 A 点经过时间 t_2 后到达 B_0 点,A、B_0 两点间的距离为 h_2,则有

$$h_2 = v_0 t_2 + \frac{1}{2}gt_2^2 \tag{2-36}$$

由式(2-35)、式(2-36)得

$$g = \frac{2\left(\dfrac{h_2}{t_2} - \dfrac{h_1}{t_1}\right)}{t_2 - t_1} \tag{2-37}$$

【实验内容】

1.用单摆测重力加速度 g

(1)确定摆线长度,将摆线上端固定在支架的上方,调整挡光条与光电门的位置,使挡光条能顺利通过光电门的中间。

(2)用米尺测出摆长,摆长 l 应等于摆线长加摆球半径。

(3)将光电门和单摆记(时)数仪输入口连接起来。

(4)接通单摆记(时)数仪的电源,仪器进入自检状态,板面显示"88　888888"四次后进入初始状态,显示"P0164",表明每输入一个脉冲,计一次时间,共计 64 个时间数据。本实验测量

周期,应将其设定为 P0211,可以记录 10 个周期。

（5）使小球摆动起来(注意摆角和摆动要在同一竖直面内)。按"→"键或"←"键,面板显示"00　000000",此时仪器处于待计时状态,当摆球经过光电门即开始计时,记完数后自动停止。板面显示 10 个周期的总时间。

（6）按"9"键两次,仪器又处于新的待计时状态,并把前次数据消除。

（7）重复测量 4 次,求出周期的平均值,计算重力加速度 g。

（8）增大摆长,重复上内容,并比较两次的结果,说明摆长对测量重力加速度的影响。

（9）考查空气浮力对测 g 的影响。为了显示浮力的影响,可将小钢球换为小木球来进行测量,与小钢球测得的结果进行分析比较。

2. 用自由落体测重力加速度

（1）调垂直度。将仪器所配重锤悬挂在电磁铁吸球器的铁芯中心孔中,将两光电门分别置于立柱的 30 cm 和 100 cm 处,调节三角支架上的调节螺栓,使重锤线处于两光电门的正中。(从主体正面观察使重锤线与光电门中间的凹形槽处白线重合,从主体侧面观察使重锤线与光电门两侧白线重合。)

（2）将自由落体仪的光电门插头插入后盖上的自由落体插座。接上 220 V 的交流电源,打开电源开关。按"功能"键,选择"g"挡。

（3）将光电门移至标尺某处,记下 h 值。

（4）把"6V/同步"键拨到"6V"处,这时自由落体仪的电磁铁电源被接通,吸住钢球。按"清零"键,清除所有数据。把"6V/同步"键拨到"同步"处,这时自由落体仪的电磁铁电源被断开,钢球释放,计时器同步计时。待钢球通过其中一个光电门后记时结束,屏幕上循环显示钢球从 0 cm 处下落 h 到光电门时所用时间 t 和钢球通过光电门的时间。按"清零"键,清除所有数据后,重复 4 次,取 t 的平均值。

（5）改变光电门的位置(即改变 h 的值),重复上述步骤。利用式(2-36)计算重力加速度 g。

（6）将两光电门移至标尺某两处,记下 h_1 的值。按"功能"键,选择"sz"挡,重复步骤(4),待钢球通过第二个光电门后记时结束,屏幕显示钢球经过两个光电门的时间 t_1,重复 4 次,取 t_1 的平均值。

（7）改变下光电门的位置,此时两个光电门间的距离为 sz,重复上述步骤,取 t_2 的平均值。

（8）用线性回归法计算重力加速度 g,并与用式(2-34)计算的结果相比较。

【数据处理】

1. 利用单摆测重力加速度 g

材料	摆线长（　）	时间	1	2	3	4	平均值
铁球		$T_1(s)$					
铁球		$T_2(s)$					
铁球		$T_3(s)$					
木球		$T_4(s)$					

2.利用自由落体测量重力加速度 g

初速度为零的情况

h	t			平均值

初速度不为零的情况

h	t			平均值

【思考题】

1.单摆摆长的长短对测量周期有何影响？

2.用式(2-34)计算重力加速度 g 和用式(2-37)计算重力加速度 g 在实验误差方面有什么不同？

实验 8　　刚体转动的研究

【实验目的】

(1)测定刚体的转动惯量。

(2)验证转动定律及平行轴定理。

【实验仪器】

1.测底盘的转动惯量

转动惯量实验仪,通用电脑式毫秒计,游标卡尺,天平,待测物(圆盘、圆环、球、圆柱),砝码块。

【实验原理】

如图 2-18 所示,图中 1 为均匀的横杆,2 为可移动的圆柱形重物,3 为塔轮,4 为引线,5 为滑轮,6 为砝码。横杆、重物和塔轮构成一个转动系统,在砝码重力作用下可做匀角加速度运动。若系统不加外力矩,则只受摩擦力矩 L 的作用,由转动定律有：

$$-L = I_0\beta_1 \tag{2-38}$$

其中, I_0 为本底盘转动惯量, β_1 为角加速度。

若系统通过砝码加一外力矩,则有：

$$mg - T = ma \tag{2-39}$$

$$T \cdot r - L = I_0\beta_2 \tag{2-40}$$

$$a = r\beta_2 \tag{2-41}$$

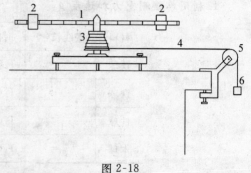

图 2-18

由式(2-38)、式(2-39)、式(2-40)、式(2-41)联立求解得:

$$I_0 = \frac{mgr}{\beta_2 - \beta_1} - \frac{\beta_2}{\beta_2 - \beta_1} mr^2 \qquad (2-42)$$

式中,r 为塔轮半径,m 为所加砝码的质量,β_1 为只在摩擦力矩作用下的角加速度,β_2 为在摩擦力矩和外力矩共同作用下的角加速度,本实验可直接根据通用电脑式毫秒计测 β_1、β_2。

2. 测试件的转动惯量

在底盘上放试件,利用式(2-42)可测出加试件后的转动惯量 I_0,根据转动惯量的叠加原理,试件的转动惯量

$$I' = I - I_0 \qquad (2-43)$$

3. 验证平行轴定理

设两重物离转轴的距离为 x_1 和 x_2 时,I_0 为两重物在转轴上时的转动惯量,则根据平行轴定理有:

$$\left. \begin{array}{l} I_1 = I_0 + 2m_0 x_1^2 \\ I_2 = I_0 + 2m_0 x_2^2 \end{array} \right\} \qquad (2-44)$$

在保证两次测量外力矩不变的条件下,有:

$$I_1 \beta_1 = I_2 \beta_2 \qquad (2-45)$$

由式(2-44)、式(2-45)得

$$\frac{\beta_1}{\beta_2} = 1 + \frac{2m_0(x_2^2 - x_1^2)}{I_1}$$

【实验内容】

1. 测底盘的转动惯量

(1)调节转动惯量实验仪底座水平,将通用电脑式毫秒计设置为 0130。

(2)将砝码挂钩钩在线的一端,线的另一端打个结,将打结的一端塞入塔轮的狭缝中,将线全部绕在塔轮上,然后放开砝码让其自由落下,从通用电脑式毫秒计读出 β_1、β_2。

(3)代入式(2-42)计算 I_0。

2. 测待测件(圆盘、圆环、球)的转动惯量

(1)将待测件分别放在底盘,重复上面内容,可测得 I_1、I_2 和 I_3。

(2)利用式(2-43)计算出 I_1'、I_2' 和 I_3',并与理论值比较。

3. 验证平行轴定理

(1)将两小圆柱体放在环上最外侧,测出柱体的中心轴到圆转轴的距离 x_1(用游标卡尺测),测出 β_2(注意:为防止因转动过快使柱体在盘上滑动,可用小滑块代替砝码,且将线绕在直径最小的轮上)。

(2)改变柱体的位置,测其中心轴到回转轴的距离 x 以及 I(改变 5 次 x)。

(3)验证关系 $\dfrac{\beta}{\beta_2} = 1 + \dfrac{2m_0(x^2 - x_1^2)}{I_1}$。

【数据处理】

1.测底盘的转动惯量 I_0

砝码质量 $m =$　　　　　　　塔轮半径 $r = \dfrac{d}{2}$

β_2						
β_1						

2.测圆盘的转动惯量 $I_盘$

$m_盘 =$　　　　　　$R_盘 = D_盘/2 =$

β_2						
β_1						

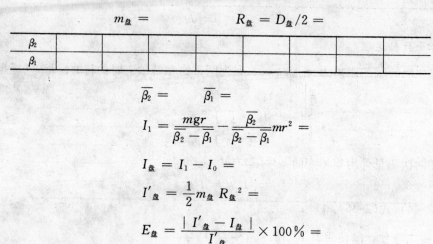

$$\overline{\beta_2} = \qquad \overline{\beta_1} =$$

$$I_1 = \frac{mgr}{\overline{\beta_2} - \overline{\beta_1}} - \frac{\overline{\beta_2}}{\overline{\beta_2} - \overline{\beta_1}} mr^2 =$$

$$I_盘 = I_1 - I_0 =$$

$$I'_盘 = \frac{1}{2} m_盘 R_盘{}^2 =$$

$$E_盘 = \frac{|I'_盘 - I_盘|}{I'_盘} \times 100\% =$$

3.测圆环的转动惯量 $I_环$

$m_环 =$　　　　　$R_内 = D_内/2 =$　　　　　$R_外 = D_外/2 =$

β_2						
β_1						

$$\overline{\beta_2} = \qquad \overline{\beta_1} =$$

$$I_1 = \frac{mgr}{\overline{\beta_2} - \overline{\beta_1}} - \frac{\overline{\beta_2}}{\overline{\beta_2} - \overline{\beta_1}} mr^2 =$$

$$I_环 = I - I_0 =$$

$$I'_环 = \frac{1}{2} m_环 (R_内^2 + R_外^2) =$$

$$E_环 = \frac{|I'_环 - I_环|}{I'_环} \times 100\% =$$

4.测球的转动惯量 $I_球$

$m_球 =$　　　　　　$R_球 = D_球/2 =$

β_2						
β_1						

$$\overline{\beta_2} = \qquad \overline{\beta_1} =$$

$$I_1 = \frac{mgr}{\overline{\beta_2} - \overline{\beta_1}} - \frac{\overline{\beta_2}}{\overline{\beta_2} - \overline{\beta_1}} mr^2 =$$

$$I_球 = I - I_0 =$$

$$I'_球 = \frac{2}{5} m_球 R^2 =$$

5. 验证平行轴定理

β_2									
β_1									

$m =$ 塔轮半径 $r = D/2$ $x_1 =$

$\overline{\beta_2}$

$I_1 =$

x	β	$\overline{\beta}$	$\frac{\beta_1}{\beta}$	$x^2 - x_1^2$

通用电脑式毫秒计的使用：

(1)打开电源开关,板面出现 F0164。

(2)将板面数值设为 0130(从后往前出现)(每输入一个脉冲作为 1 次计时单元)。

(3)按"OK"键,进入待测状态,使盘转动。

(4)测量和计算完毕,显示"EE"。

(5)按"β"键,然后再按"OK"键,即可得各组 β_1 和 β_2(β_1、β_2 转换时有 5 组数据不能使用)。

【思考题】

1. 如果重物对回转轴的分布不是对称的,这对实验是否有影响?

2. β_2 是否应取后面接近 β_1 的值?

3. β_1 和 β_2 各组测得值大小的变化应该是增大还是减小,为什么?

实验 9 惯 性 秤

【实验目的】

(1)掌握用惯性秤测定物体质量的原理和方法。

(2)了解仪器的定标和使用。

【实验仪器】

惯性秤,周期测定仪,定标用标准质量块(共 10 块,每块约 25 g),待测圆柱体,水平仪。

【实验原理】

如图 2-19 所示,惯性秤的主要部分是两根弹性钢片连成的一个悬臂振动体 A,振动体的下端是秤台 B,秤台的槽中可插入定标用的标准质量块。A 的另一端是平台 C,通过固定螺栓 D 把 A 固定在 E 座上,旋松固定螺栓 D,则整个悬臂可绕固定螺栓转动,E 座可在立柱 F 上移动,挡光片 G 和光电门 H 是测量周期用的,光电门和周期测试仪用导线相连,立柱顶上的吊杆 I 用以悬挂待测物。

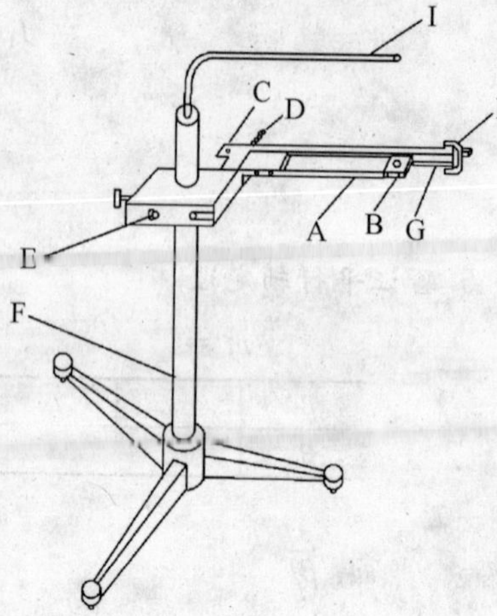

当惯性秤的悬臂在水平方向做微小振动时,其振动周期为

$$T = 2\pi \sqrt{\frac{m_0 + m_i}{k}} \qquad (2\text{-}46)$$

图 2-19

式中,m_0 为振动体空载时的等效质量,m_i 为秤台上插入的附加质量块的质量,k 为悬臂振动体的劲度系数。将式(2-46)改写为

$$m_i = -m_0 + \frac{k}{4\pi^2} T^2 \qquad (2\text{-}47)$$

令 $y = m_i$, $x = T^2$, $a = -m_0$, $b = \dfrac{k}{4\pi^2}$,则

$$y = a + bx$$

用一元线性回归法处理数据,可得 a 和 b,这样可求得等效质量 m_0 和秤臂的弹性系数 k。

【实验内容】

(1)调节惯性秤平台水平。

(2)检查计时系统:

①将光电门和周期测定仪输入口连接起来。

②接通电源,板面显示"P0164",为测振动 11 个周期的时间,通过数字键设定为 P0211。

③按"←"键或"→"键,面板显示"00 000000",此时仪器处于待计时状态。

④按"9"键两次,仪器又处于新的待计时状态,并把前次数据消除。

⑤按"复位"按钮,仪器重新启动(即消除)。

(3)分别将片状砝码插入平台中,测量它们的周期,若各个周期差异不超过 1%,可认为它们具有相同的惯性质量,可以取一个砝码作为惯性质量单位。

(4)测空秤的周期 T_0,再依次把片状砝码插入平台中,记下对应周期(共 11 组数据)。

(5)把待测圆柱体置右平台中央圆孔中,测定它们的周期,代入式(2-47)即可求出待测物的质量。

(6)研究重力对惯性秤的影响。

①惯性秤平台仍水平放置,用约 50 cm 长的细线,通过吊杆上挂钩将大圆柱体铅直悬吊在平台中央圆孔中,测定其摆动周期,与原来直接置在圆孔中的周期进行比较,有何不同?

②惯性秤竖直放置,测量空秤加 1、3、5 个砝码的周期,将测定结果与水平放置时的周期比较,两者有何不同?

【数据处理】

1.不同片状砝码的周期(只加一个)

次数	1	2	3	4	5	6	7	8	9	10
周期(s)										

2.空秤以及依次加片状砝码的周期

次数	1	2	3	4	5	6	7	8	9	10	11
m_i	0	1个	2个	3个	4个	5个	6个	7个	8个	9个	10个
$T(s)$											

$$a= \qquad b= \qquad r=$$
$$m_0=$$

3.测待测物体的质量

$$k=4\pi b$$

	T			平均值
待测物 1				
待测物 2				

$$m_1 =- m_0+\frac{k}{4\pi^2}T_1^2 =$$
$$m_2 =- m_0+\frac{k}{4\pi^2}T_2^2 =$$

4.研究重力对惯性秤的影响

(1)将大圆柱体悬挂置于平台中,测定并比较惯性秤两种状态的周期。

悬线状态	周期 T		
悬线松弛时			
悬线拉直时			

(2)惯性秤竖直放置,测定空秤和加标准质量块时的周期。

次数	1	2	3	4	5	6	7
m_i	0	1	2	3	4	5	6
$T(s)$							

【思考题】

1.说明惯性秤称衡质量的特点。

2.能否设计出其他的测量惯性质量的方案?

实验 10　弹簧振子的简谐振动

【实验目的】

(1)在焦利秤上检验弹簧振子周期与质量的关系。

(2)测量弹簧的有效质量。

【实验仪器】

秒表,砝码托盘及砝码若干,焦利秤。

【实验原理】

如图 2-20 所示,将一质量为 m 的物体系在弹簧的一端,而将另一端固定,在不计弹簧质量与阻力的条件下,物体的振动为简谐振动。其振动方程为

$$x = A\cos(\omega t + \varphi)$$

式中,A 为振幅,$(\omega t + \varphi)$ 为位相,$\omega = \sqrt{\dfrac{k}{m}}$ 为振动的圆频率。振动周期为

$$T = \frac{2\pi}{\omega} = 2\pi\sqrt{\frac{m}{k}} \qquad (2\text{-}48)$$

若考虑弹簧质量的影响,则振动周期为

$$T = 2\pi\sqrt{\frac{m + m_0}{k}} \qquad (2\text{-}49)$$

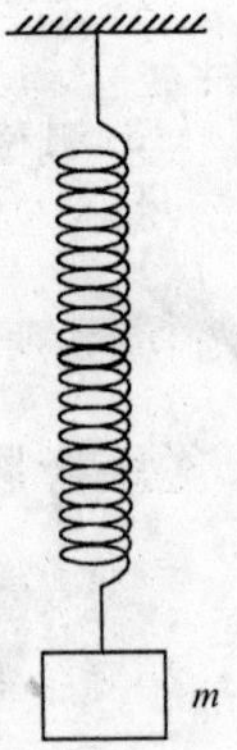

m_0 为弹簧的有效质量。上式两边平方得

$$T^2 = \frac{4\pi^2 m}{k} + \frac{4\pi^2 m_0}{k} \qquad (2\text{-}50)$$

对式(2-50)作 $T^2\text{-}m$ 图,则应为一条直线。其斜率为:$a = \dfrac{4\pi^2}{k}$,截距为:$b = \dfrac{4\pi^2 m_0}{k}$,此时,$k = \dfrac{4\pi^2}{a}$,

弹簧的有效质量为:$m_0 = \dfrac{kb}{4\pi^2} = \dfrac{b}{a}$。

图 2-20

【实验内容】

1.测定弹簧的倔强系数 k

(1)调节焦利秤,使弹簧处于静止状态,此时标尺读数即为零点 x_0。

(2)依次向砝码盘中增加质量相等的砝码(每次 1 g),共 10 次。逐次记录下各次标尺读数 x_1,x_2,…,x_{10}。标尺读数方法同游标卡尺。

(3)依次向砝码盘中减少质量相等的砝码(每次 1 g),共 10 次。逐次记录下各次标尺读数 x'_{10},x'_9,…,x'_1。

(4)为了消除系统误差,将增加砝码时的 x 值与减少砝码时的 x 值取平均,算出增加 Δm 所引起的形变 Δx,求出其平均值 $\overline{\Delta x}$。由 $\Delta mg = k\overline{\Delta x}$ 得:$k = \dfrac{\Delta m}{\overline{\Delta x}}g$。

2.测量弹簧悬挂不同质量时的振动周期

(1)在砝码盘上放上一定质量的砝码(2 g),并使其平衡,再使其在平衡位置附近做简谐振动。用秒表测出 50 个全振动的时间,求出周期 T。

(2)依次在砝码盘中增加质量相等的砝码(每次 2 g),重复上述步骤,测其周期并记下各次的质量。

【数据处理】

(1)自拟表格记录所测得的数据。

(2)作 T^2-m 图,计算出弹簧的倔强系数 k,并比较与前面所测结果是否一致。

(3)利用 T^2-m 图,求出弹簧的有效质量 m_0。

【注意事项】

(1)不能用手拉伸弹簧。

(2)本标尺主尺最小刻度为 1 mm,则副尺每格为 0.1 mm。

(3)本实验所用公式为:$T = 2\pi \sqrt{\dfrac{m + m_1 + m_0}{k}}$,即 $T^2 = \dfrac{4\pi^2}{k}(m + m_1 + m_0)$。

式中,m 为所加砝码的质量,m_1 为钩与盘的合质量,m_0 为弹簧的折合质量。

【思考题】

1.测量弹簧振子的振动周期时,为什么不能测一个周期而要测多个周期?如何选取周期数?

2.实验中如何减小测量误差?

实验 11   声速的测量(超声法)

【实验目的】

(1)超声中用振幅极值法或位相法测量声速。

(2)用空气中声速求空气的比热容。

【实验仪器】

低频信号发生器,数字频率计,压电陶瓷超声换能器(一对),游标卡尺,同轴电缆,示波器。

【实验原理】

声速是描述声波在媒质中传播快慢的一个物理量。其测量方法可分为两类:一类是根据公式 $v = \dfrac{s}{t}$,测出声波传播路程 s 和所需的时间 t,去求声速 v;另一类是利用公式 $v = f\lambda$,测量声波的频率 f 和波长 λ,去求声速 v。该实验用后一类方法。

由于现在常采用交流电讯号来激励发声器,这时的发声波频率即电讯号频率,可用频率计测量。声波波长的测量则采用振幅(指声压的振幅)极值法去测量。

1. 振幅极值法

振幅极值法测量是基于如下的原理,由发射器(声源)发出的平面波,经空气传播到相距一定距离的接收器,如果接收面与发射面平行,入射波即在接收面上垂直反射,在接收面上的反射波到达发射面上时又可反射回去,这样,在发射面和接收面之间,往返声波多次叠加。当发射面和接收面之间的距离 l 为 $\lambda/2$ 的整数倍时,其声压的极大值随距离呈周期性变化,相邻两声压极大值之间的距离为 $\lambda/2$。因此,若保持声源的频率 f 不变,改变接收器与发射源间的距离 l,则在一系列特定的距离上,可测得接收器处声压振幅为极大值的位置 $l_1, l_2, l_3, \cdots$,如图 2-21 所示,而相邻两次极大值之间的距离满足公式:

$$|l_{i+1} - l_i| = \lambda/2 \tag{2-51}$$

由此可以求出声波波长 λ,再结合频率 f 去计算声速 v。

图 2-21

2. 声速与气体比热容比之间的关系

声波在理想气体中的传播过程,可以认为是绝热过程,因此传播速度可以表示为

$$v = \sqrt{\frac{\gamma R T}{\mu}} \tag{2-52}$$

式中,R 为普适气体常量(8.314 J/mol·K),γ 是气体的比热容比,它是气体的比定压热容 C_p 比定容热容 C_v 之比,即 $\gamma = C_p/C_v$,μ 为气体的摩尔质量,由此式可得

$$\gamma = \frac{v^2 \mu}{R T} \tag{2-53}$$

测出热力学温度 T 时的声速,即可求出 γ 值。

若测量声速的目的不是求 γ,则由式(2-52)可计算某温度时,空气媒质中声速的理论值。以 t 表示摄氏温度,$T_0 = 273.15$ K,所以 $T = T_0 + t = T_0(1 + t/T_0)$ 代入式(2-53),则得

$$v = \sqrt{\frac{\gamma R T_0}{\mu}\left(1 + \frac{t}{T_0}\right)} = v_0\sqrt{1 + \frac{t}{T_0}} \tag{2-54}$$

v_0 为 0 ℃时的声速,对于空气媒质,$v_0 = 331.45$ m/s。若同时考虑到空气中水蒸气的影响,声速公式应为

$$v = v_0\left[\left(1 + \frac{t}{T_0}\right)\left(1 + \frac{0.3192 p_w}{p}\right)\right]^{\frac{1}{2}} \tag{2-55}$$

式中, p 为大气压, p_w 为空气中水蒸气分压强, 而 $p_w = e \cdot H$, 其中 e 为测量温度下空气中水蒸气的饱和蒸汽压, H 为相对湿度。实验室可以事先给出。

图 2-22 画出了实验装置图。压电式超声换能器是在压电陶瓷片的前后两表面胶粘上两块金属组成的夹心型振子。头部用轻金属做成喇叭形, 尾部用重金属做成锥形, 中部为压电陶瓷圆环, 环中间穿过螺丝固定。这种结构的换能器, 既能将正弦交流信号变成压电材料纵向的机械运动, 使压电陶瓷成为声波的波源; 反过来, 也可以使声压变化转换为电压的变化, 即用压电陶瓷作为声波的接收器。而用轻重金属做成的夹心结构, 增大了辐射面积, 增强了振子的耦合作用, 使发射的声波方向性强, 平面性好。

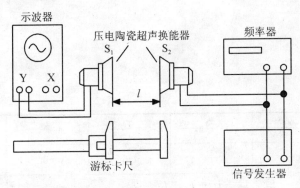

图 2-22

【实验内容】

1. 调整测试系统的谐振频率

按装置图连接电路, 其中信号发生器与频率计的连线要用衰减电缆, 以保证交流信号电压的幅度在频率计输入信号的幅度范围内。调整谐振频率的目的是为了接收器在此频率下能接收到最大的信号, 大致在 20～100 Hz 的范围内。

2. 用共振干涉法测声速

调试系统工作在谐振频率, 调节示波器, 在荧光屏上显示出稳定波形。连续改变接收器 S_2 到 S_1 的距离, 测出相继出现 10 个极大值的位置, 用分组求差法求出波长, 并记下频率计读数、室温、气压和相对湿度。

3. 用相位比较法测量声速

将接收器与示波器的 Y 输入相连接, 发射器与示波器的 X 输入连接, 即可利用李萨如图形观察发射波与接收波的相位差。由于发射器与接收器的电信号强度差别很大, 一般示波器的 X 输入又无衰减, 为防止 X 输入的电信号过大而损坏仪器, 必须经过衰减电缆向 X 轴输入。适当调节 Y 轴的灵敏度, 即能观察到比较满意的李萨如图形。由于两者频率相同, 观察到的李萨如图形将因相差从 0 到 π 的变化, 由正的直线经过各种椭圆变成负的直线。

测出 10 个相继出现的正、负直线图形的位置, 用分组求差法求出波长, 并记下频率计读数、室温、气压和相对湿度。

根据以上的测量, 分别求出两种方法测得的声速, 并和计算值相比较。估算声速测量的误差, 分析测量结果。

【数据记录】

1. 波长的测定(单位:cm)

2. 频率的测量

$$f=\qquad\qquad \text{kHz}$$

3. 室温

$$t=\qquad\qquad ℃$$

【数据处理】

1. 计算波长 λ

	$L_1=\dfrac{x_6-x_1}{5}$	$L_1=\dfrac{x_7-x_2}{5}$	$L_1=\dfrac{x_8-x_3}{5}$	$L_1=\dfrac{x_9-x_4}{5}$	$L_1=\dfrac{x_{10}-x_5}{5}$
$\lambda/2$ 值	cm	cm	cm	cm	cm
	$\dfrac{\bar\lambda}{2}=\dfrac{L_1+L_2+L_3+L_4+L_5}{5}=$　　cm　　$\bar\lambda\approx$　　m				

2. 声速

$$v=\lambda f$$

空气的

$$\mu=\qquad\qquad \text{kg·mol}^{-1}$$
$$R=\qquad\qquad \text{J·mol}^{-1}\text{·K}^{-1}$$
$$T=\qquad\qquad \text{K}$$

【结果与分析】

举例:声速的理论值计算 $v=v_0\sqrt{1+\dfrac{t}{273.15}}=331.45\sqrt{1+\dfrac{20.05}{273.15}}\approx343.4 \text{ m/s}$,则相对误差 $\delta=?$,误差是否在实验精度要求的范围内? 实验是否成功?

误差来源:

(1)有没有考虑到空气中水蒸气的影响,若考虑此因素,声速的理论值的计算公式中应增加一项气压项,会比本次计算出的 343.4 m/s 要大些,而实验资料为 351.09 大于 343.4;

(2)波长测定中信号极大值位置的确定过程会有偏差;

(3)各次读数中均会存在误差;

(4)仪器的精度对实验的影响。

【思考题】

1. 本实验前为什么要调整测试系统的谐振频率? 怎样调整谐振频率?

2. 用逐差法处理数据的优点是什么? 是否有更合适的数据处理方法通过测量得出波长?

实验 12　液体黏滞系数的测量

【实验目的】

(1)根据斯托克斯公式用落球法测定油的黏滞系数。

(2)领会黏滞系数的物理内涵,了解容器大小的限制和涡流修正方法。

【实验仪器】

玻璃圆筒(高约 50 cm,直径约 5 cm),停表,螺旋测微计,游标卡尺,分析天平,比重计,温度计,小球,镊子,漏勺,待测液体(蓖麻油)。

【实验原理】

当半径为 50 cm 的光滑圆球,以速度 5 cm/s 在均匀广阔的液体中运动时,在小速度、小球、无涡流的情况下,斯托克斯指出,球在液体中受到的阻力为

$$F = 6\pi\eta\, vr \qquad (2\text{-}56)$$

式中,η 为液体黏滞系数。

当质量为 m,体积为 V 的小球在密度为 ρ 的液体中下落时,作用在小球上的力有三个:一是重力 mg;二是液体的浮力 ρVg;三是液体的黏性阻力 $6\pi\eta vr$。这三个力都作用在同一铅直线上,重力向下,浮力和阻力向上(见图 2-23)。球刚开始下落时,速度 v 很小,阻力不大,小球作加速度下降。随着速度的增加,阻力逐渐加大,速度达到一定值时,阻力和浮力之和将等于重力,那时物体运动的加速度等于零,小球开始匀速下落,即

$$mg = \rho Vg + 6\pi\eta vr$$

此时的速度 v 称为终极速度。由此式可得

$$\eta = \frac{(m - \rho V)g}{6\pi r v}$$

将 $V = \dfrac{4}{3}\pi r^3$ 代入,则

$$\eta = \frac{\left(m - \dfrac{4}{3}\pi r^3 \rho\right)g}{6\pi r v} \qquad (2\text{-}57)$$

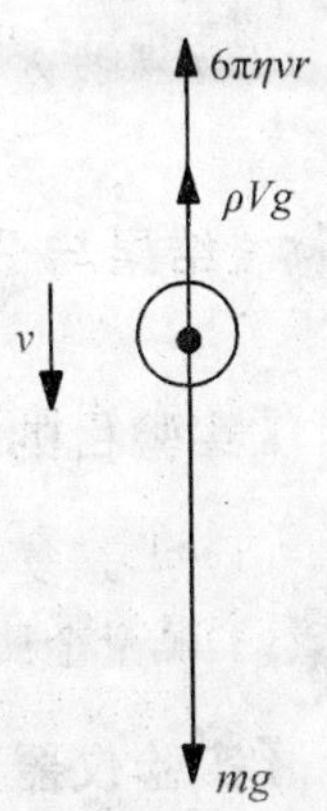

容器并非无限宽广,实测速度 v_0 和理想条件下的 v 满足

$$v = v_0\left(1 + 2.4\frac{r}{R}\right)\left(1 + 3.3\frac{r}{h}\right) \qquad (2\text{-}58)$$

式中,R 是圆筒内半径,h 是筒中液体深度,将式(2-58)代入式(2-57),得

$$\eta = \frac{\left(m - \dfrac{4}{3}\pi r^3 \rho\right)g}{6\pi r v_0\left(1 + 2.4\dfrac{r}{R}\right)\left(1 + 3.3\dfrac{r}{h}\right)} \qquad (2\text{-}59)$$

考虑有涡流,还须修正雷诺数

$$R_e = \frac{2r\, v_0 \rho}{\eta} \qquad (2\text{-}60)$$

图 2-23

当 $R_e < 10$ 时,式(2-56)修正为

$$F = 6\pi r v \eta \left(1 + \frac{3}{16}R_e - \frac{19}{1\,080}R_e^2\right) \tag{2-61}$$

黏滞系数值 η 修正为

$$\eta_0 = \eta \left(1 + \frac{3}{16}R_e - \frac{19}{1\,080}R_e^\eta\right)^{-1} \tag{2-62}$$

先由式(2-59)测得近似值 η,将其代入式(2-60),求出 R_e,最后由式(2-61)求出最佳值 η_0。

【实验内容】

(1)安装好实验装置。实验装置如图 2-24 所示,圆筒上、下方各留 7~8 cm,取中间段 l 为测速距离。用游标卡尺测油高 h 和圆筒直径 $D/2 = R$。

(2)蓖麻油的密度 ρ 用比重计测出或给出数值。

(3)小钢球质量和直径须干净测量,取约十个球算平均数,测后将其浸在和待测液相同的油中待用。

(4)用铅锤将其调到铅直方向。

(5)镊子取小球在油筒中心轴线处放入油中,用停表测出小球通过测量区域 l 的时间 t,逐一测出各小球的 t 值,求出平均值,求 v_0。

(6)测量前后各测一次浓度(浓度影响 η)。

(7)对表示结果的标准式作出分析。

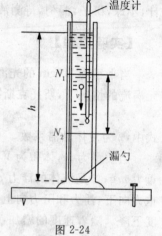

图 2-24

【思考题】

1.如何用实验的方法求补正项 $\left(1 + 2.4\dfrac{r}{R}\right)$ 的补正系数 2.4?应如何进行?

2.如果投入的小球偏离中心轴线,将出现什么影响?

实验 13　　金属线胀系数的测定

【实验目的】

(1)学习、复习微小长度的测量方法(光杠杆或百分表)。

(2)测量金属棒的线胀系数。

【实验仪器】

线胀系数测定装置,望远镜(光杠杆),百分表,温度计,半尺,游标卡尺,蒸汽锅及电炉,待测铜棒,待测铁棒。

【实验原理】

固体长度一般随温度的升高而增加,长度 l 和温度 t 之间的关系为

$$l = l_0(1 + \alpha t + \beta t^2 + \cdots) \tag{2-63}$$

其中,l_0 表示 $t = 0$ ℃时的长度,α、β 表示与物质有关的系数。常温下,取 $l = l_0(1 + \alpha t)$;α 表示线

胀系数(℃$^{-1}$)。设物体 t_1℃时长度为 l,升到 t_2℃时长度增加 δ,则

$$l = l_0(1 + \alpha t_1), \quad l + \delta = l_0(1 + \alpha t_2)$$

消去 l_0,整理后得

$$\alpha = \delta / [l(t_2 - t_1) - \delta t_1] \tag{2-64}$$

由于 $l \gg \delta$;$l(t_2 - t_1) \gg \delta t_1$,所以

$$\alpha = \delta / l(t_2 - t_1) \tag{2-65}$$

温度 t_1 选为室温,t_2 选为水的沸点,均可较稳定地测出,原长 l 较大,用半尺即可测出。关键是微小变化量 δ 的测定成为本实验的难点($\delta = \delta_2 - \delta_1$)。

测定 δ 采用光杠杆法(参考力学实验金属杨氏模量中钢丝伸长量的测定方法)。温度为 t_1℃ 时望远镜尺度读数 a_1,温度为 t_2℃时读数为 a_2,应有

$$\delta = \frac{(a_2 - a_1)d_1}{2d_2} \tag{2-66}$$

线胀系数公式改写为

$$\alpha = \frac{(a_2 - a_1)d_1}{2d_2 l(t_2 - t_1)} \tag{2-67}$$

式中,d_2 为光杠杆镜面到直尺的距离,d_1 为光杠杆后足尖到两前足尖连线的垂直距离。

本实验采用百分表可以简化测量工作,提高准确度。它可直接读出 t_1℃和 t_2℃时的示值,相差即可求出 $\delta = \delta_2 - \delta_1$。

【实验内容】

(1)仔细安装实验装置(先测出棒的原长 l),下端对准玻璃泡,上端露出筒外。

(2)安装好温度计、百分表或光杠杆,读出稳定的室温 t_1℃和百分表的初始值位置 δ_1 或光杠杆初始值。

(3)加热蒸汽锅(可由导气管开关控制),待百分表或光杠杆和温度计的指示稳定后记下 t_2℃和 δ_2 或光杠杆的对应值。

(4)取出金属棒和导气筒,换另一套装置重复同种方法测铁棒。

(5)计算铜、铁的线胀系数及标准不确定度。

【注意事项】

(1)装置上的金属筒不宜固定得太紧,否则金属筒受热膨胀引起仪器变形产生较大误差。

(2)温度计修正值作为已知。

(3)百分表的读数准确,差值 δ 不能找错。

【数据处理】

例子

	l	δ_1	δ_2	t_1(℃)	t_2(℃)
铜棒					
铁棒					

铁的线胀系数的计算:$\alpha'_{铁} = \dfrac{\delta_{铁}}{l_{铁}(t_2 - t_1)} = 1.208 \times 10^{-5}$ ℃$^{-1}$

$$u_{铁} = \delta_{铁}\sqrt{\left(\frac{u_\delta}{\delta}\right)^2 + \left(\frac{u_l}{l}\right)^2 + \left(\frac{u_t}{t}\right)^2}$$

$$= \sqrt{\left(\frac{0.01}{\sqrt{3}\times 0.451}\right)^2 + \left(\frac{1}{\sqrt{3}\times 502.0}\right)^2 + \left(\frac{1}{\sqrt{3}\times 74.4}\right)^2}\times 1.208\times 10^{-5}$$

$$= 0.1816\times 10^{-6}\ ℃^{-1}$$

$$\alpha_{铁} = (1.208\pm 0.019)\times 10^{-5}\ ℃^{-1}$$

【结果与分析】

例　查表知在 0 ℃～100 ℃时黄铜的理论值为 1.900×10^{-5} ℃$^{-1}$,铁的理论值为 1.220×10^{-5} ℃$^{-1}$,两套数据的相对误差为

$$\delta_{1铜} = \frac{|1.900-1.945|}{1.900}\times 100\% = 2.4\%\qquad \delta_{1铁} = \frac{|1.220\times 1.208|}{1.220} = 0.99\%$$

相对误差都小于 5%,资料都符合实验精度要求,它的误差来源有:线胀系数测定装置上的金属筒固定过紧,受热膨胀引起整个仪器的微小变形;百分表固定不太紧;再次测量时,金属筒的冷却没有达到室温。

【思考题】

将线胀系数为 α、重 W g 的金属块,悬在某液体中称量时,液温为 t_1 ℃时视重 W_1 g;液温为 t_2 ℃时视重 W_2 g,求液体的体胀系数。(固体的体胀系数是其线胀系数的 3 倍)

实验 14　　液体表面张力系数的测量

【实验目的】

(1)用拉脱法测量室温下水的表面张力系数。
(2)学习焦利秤的使用方法。

【实验仪器】

焦利秤,金属筐及线,砝码,玻璃皿,温度计,游标尺,蒸馏水。

【实验原理】

液体的表面有如紧张的弹性薄膜,都有收缩的趋势,所以液滴总是趋于球形。如图 2-25 中的肥皂薄膜,如果从中心将膜刺破,由于膜的收缩,线被拉成圆形。这说明液体表面有如紧张的弹性薄膜,在表面内存在一种张力。这种液体表面的张力作用,从性质上看,类似固体内部的拉伸胁强,只不过这种胁强存在于极薄的表面层内,而且不是由于弹性形变引起的,被称为表面张力。

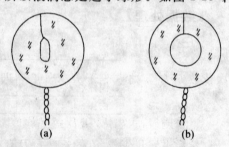

(a)　　　　　　(b)

图 2-25

设想在液面上作一长为 L 的线段,则张力的作用表现在线段两侧液面以一定的力 F 相互作用,而且力

的方向恒与线段垂直,其大小与线段长 L 成正比,即

$$F = TL \qquad (2\text{-}68)$$

比例系数 T 称为液体的表面张力系数,它表示单位长度线段两侧液体的相互作用力。表面张力系数的单位为 N·m^{-1}。

如图 2-26 所示,在一金属框 P 中间拉一金属细线 ab,将框及细线浸入水中后慢慢地将其拉出水面,在细线下面将带起一层水膜,当水膜将拉直时,则有

$$F = W + 2TL + Ldh\rho g \qquad (2\text{-}69)$$

式中,F 为向上的拉力,W 是框和细线所受重力和浮力之差,L 为细线金属的长度,d 为细线的直径即水膜的厚度,h 为水膜被拉断前的高度,g 为重力加速度,$Ldh\rho g$ 为水膜的重量,由于细线的直径 d 很小,所以这一项不大,水膜有前后两面,所以上式中表面张力为 $2TL$。从式(2-69)可得本实验用焦利测量 $(F-W)$ 之值,用上式计算表面张力系数之值。

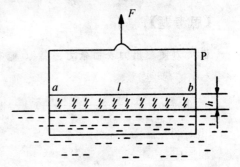

图 2-26

$$T = \frac{(F-W) - Ldh\rho g}{2L} \qquad (2\text{-}70)$$

【实验内容】

1.测量弹簧的倔强系数 k

如图 2-27 所示,将倔强系数大约为 $0.2 \sim 0.3$ N·m^{-1} 的弹簧挂在焦利秤上,调节支架的底脚螺旋,使十字线 G 的竖直线穿过平面镜支架上圆孔的中心,这时弹簧将与 A 柱平行。

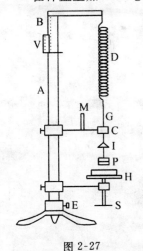

图 2-27

在秤盘上加 1.00 g 砝码,横线弹簧上升,当 G 的横线、横线的像及镜面标线三者相重合时为止(以上称三者相重合时 G 的位置为零点)。用游标读出标尺之值 L,以后每加 0.50 g 砝码测一次 L,直至加到 3.50 g 后再逐次减下来,将数据按加砝码的多少分成两组,用分组求差法,求出倔强系数 k 值。

2.测量 $(F-W)$ 和 h

扭动 E 使金属框 P 下降,P 上的横线 ab 刚要和玻璃皿 H 中的水面接触,从主柱上的游标 V 读出 B 柱上的刻度值为 L_0。旋转 S 使 H 中水面上升到横丝 ab 处(ab 和水面一平)。再扭动 E,轻轻向上拉起弹簧直到水膜破坏为止,再读游标 V 处 B 柱之值为 L,则两次读数的差值($L-L_0$),等于拉起水膜时弹簧的伸长加上水膜的高度,即

$$F - W = [(L-L_0) - h]k \qquad (2\text{-}71)$$

重复若干次,求出 L_0' 和 L' 的平均值。

用一细长金属杆代替弹簧,同上法做拉断水膜的操作,这时的两次读数 L_0' 和 L' 之差等于水膜高度 h,即

$$h = L' - L_0' \qquad (2\text{-}72)$$

重复测量,求出 L_0' 和 L' 的平均值。

然后再测量细丝 ab 的长度 L 及直径 d;计算水的表面张力系数 T 及标准偏差。测量时注明试验时的水温。

【注意事项】

(1)水的表面张力若有少许污染,其表面张力系数将有明显的变化,因此,玻璃皿中的水及金属丝必须保持十分洁净,不许用手触摸玻璃皿的里侧和金属框,也不要用手触及水面。每次实验前要用酒精擦拭玻璃皿和金属框,并用蒸馏水冲洗。

(2)测表面张力时,动作要慢,又要防止仪器受震动,特别是水膜要破裂时,更要注意。

【思考题】

说明为使测出的表面张力系数 T 能有三位有效数字,对所用弹簧的倔强系数应有何要求?

第3章　电磁学实验

实验 15　伏安法测电阻

【实验目的】

(1)掌握用伏安法测电阻的方法。
(2)正确使用伏特表、毫安表等,了解电表接入误差。
(3)学习用作图法处理数据。
(4)了解二极管的伏安特性。

【实验仪器】

直流稳压电源,滑线变阻器,伏特表,毫安表或微安表(或万用表),待测电阻,待测二极管等。

【实验原理】

所谓用伏安法测电阻,就是用电压表测量加于待测电阻 R_x 两端的电压 U,同时用电流表测量通过该电阻的电流强度 I,再根据欧姆定律 $R_x = U/I$ 计算该电阻的阻值。

1. 安培表的两种接法及其接入误差

用伏安法测电阻,可采用图 3-1(a)和 3-1(b)所示两种电路。但由于安培表的内阻为 R_A,伏特表的内阻为 R_V,所以上述两种电路无论哪一种,都存在接入误差(系统误差)。

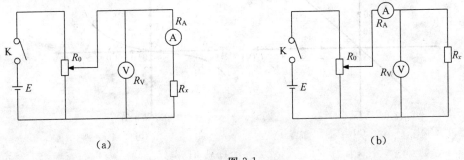

(a)   (b)

图 3-1

(1)安培表内接。如图 3-1(a)所示的电路,安培表测出的 I 是通过待测电阻 R_x 的电流 I_x,但伏特表测出的 U 就不只是待测电阻 R_x 两端的电压 U_x,而是 R_x 与安培表两端的电压之和,即为 $U_x + U_A$,若待测电阻的测量值为 R,则有

$$R = \frac{U}{I} = \frac{U_x + U_A}{I} = R_x + R_A = R_x\left(1 + \frac{R_A}{R_x}\right) \tag{3-1}$$

由此可知,这种电路测得的电阻值 R 要比实际值大。式(3-1)中的 R_A/R_x 是由于安培表内接给测量带来的接入误差(系统误差)。如果安培表的内阻已知,可用下式进行修正:

$$R_x = \frac{U - U_A}{I} = R - R_A = R\left(1 - \frac{R_A}{R}\right) \tag{3-2}$$

当 $R_x \gg R_A$ 时，相对误差 R_A/R_x 很小。所以，安培表的内阻小，而待测电阻大时，使用安培表内接电路较合适。

（2）安培表外接。如图 3-1(b) 所示的电路，伏特表测出的 U 是待测电阻 R_x 两端的电压 U_x，但安培表测出的 I 是流过 R_x 的电流 I_x 和流过伏特表的电流 I_V 之和，即 $I = I_x + I_V$。若待测电阻的测量值为 R，则有

$$R = \frac{U}{I} = \frac{U_x}{I_x + I_V} = \frac{U_x}{I_x\left(1 + \dfrac{I_V}{I_x}\right)} = \frac{R_x}{1 + \dfrac{R_x}{R_V}} \approx R_x\left(1 - \frac{R_x}{R_V}\right) \tag{3-3}$$

由式（3-3）可知，这种电路测得的电阻值 R 要比实际值 R_x 小。式（3-3）中的 R_x/R_V 是由于安培表外接带来的接入误差（系统误差）。若伏特表的内阻 R_V 已知，可用下式修正：

$$R_x = \frac{U}{I - I_V} = \frac{U}{I\left(1 - \dfrac{I_V}{I}\right)} = \frac{R_x}{1 - \dfrac{R}{R_V}} \tag{3-4}$$

当 $R_V \gg R_x$ 时，相对误差 R_x/R_V 很小。所以，伏特表的内阻大，而待测电阻小时，使用安培表外接较合适。

由以上分析可知，用伏安法测电阻时，由于安培表和伏特表都有一定的内阻，将它们接入电路后，就存在着接入误差（系统误差），所以测得的电阻值不是偏大就是偏小，两个相比较，当 $R_x \gg R_A$ 时，采用安培表内接电路有利；当 $R_V \gg R_x$ 时，采用安培表外接电路有利。一般情况下，都应根据式（3-2）和式（3-4）进行修正，求得待测电阻 R_x。

2. 线性电阻和非线性电阻的伏安特性曲线

若一个电阻元件两端的电压与通过电流成正比，则以电压为横轴，以电流为纵轴，所得到的图象是一条通过坐标原点的直线，如图 3-2(a) 所示，这种电阻称为线性电阻。

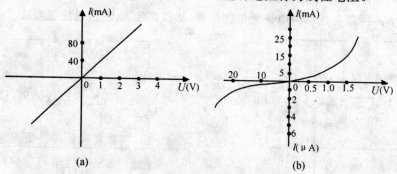

图 3-2

若电阻元件电压与电流不成比例，则由实验数据所描绘的 I-U 图线为非直线，这种电阻称为非线性电阻。晶体二极管的特性就属于这种非线性情况，如图 3-2(b) 所示。

2AP 型晶体二极管，它的结构和符号如图 3-3 所示。把电压加在二极管的两端，如它的正极接高电位点，负极接低电位点，即加正向电压，则电路中有较大的电流（毫安级）且电流随电压的增加而增加，但不成正比；若二极管的正极接低电位点，负极接高电位点，即加反向电压，则电流非常微弱（微安级），电流与电压也不成正比，当反向电压高到一定数值时，电位急剧增加，以致击穿，在使用二极管时，应了解允许通过它的最大正向电流和允许加于它两端的最高反向电压。

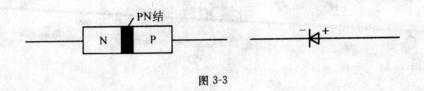

图 3-3

【实验内容】

1. 测量线性电阻

(1)根据待测电阻选择图 3-1(a)或图 3-1(b)接好线路,调节变阻器的滑动头,由小到大均匀地测量 8 个电压值,并记录对应的电流值,以电压值为横坐标,电流值为纵坐标,从图上得到一条直线,求出其斜率的倒数即为 R。

(2)根据所接线路,选择修正公式进行修正,最后求出待测电阻 R_x。

2. 测量二极管的伏安特性

(1)正向特性。按图 3-4(a)接好电路,把 K 接通。实验自 0 V 开始,每增加一个电压值,读取一次电流值,共读取 8～12 组数据,并填入事先准备好的数据表格内。注意在曲线拐弯处,电压间隔应取小一些。

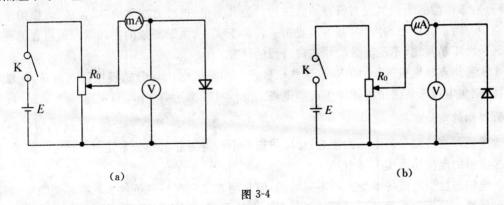

(a)　　　　　　　　　　　　　(b)

图 3-4

(2)反向特性。按图 3-4(b)接好电路,实验自 0 V 开始,每隔一定电压间隔,读取一组电压和电流的数据,共测若干组。

(3)画伏安特性曲线。以电压为横坐标,电流为纵坐标,根据实验所得的数据作出被测二极管的伏安特性曲线,无论横轴或纵轴,在其正向和反向都可取不同的坐标分度,如图 3-2(b)所示。

【思考题】

1. 在本实验中,能否用限流电路测量固定电阻?为什么?

2. 在安培表内接,$R_x \gg R_A$ 时,相对误差为 R_A/R_x;在安培表外接,$R_V \gg R_x$ 时,相对误差为 R_x/R_V。试推导这一结果。

3. 二极管的正向电阻是否为定值?与什么有关系?图 3-4(a)与图 3-4(b)的电表接法为什么采用不同形式?

实验 16　　用模拟法测绘静电场

【实验目的】

(1)学习用稳恒电流场模拟法测绘静电场的原理和方法。

(2)加深对电场强度和电位概念的理解。

(3)测绘点状电极、同心圆电极、聚焦电极的电场分布情况。

【实验仪器】

DZ-2 型静电场描绘仪。

【实验原理】

在科学研究和工程技术中,有时需要了解带电体周围静电场的分布情况。一般来说,带电体的形状比较复杂,很难用理论方法进行计算。由于仪表(或其探测头)放入静电场,总要使被测场原有分布状态发生畸变,用实验手段直接测绘真实的静电场也变得不可能。一个可能的方法是以相似原理为依据模仿实际情况。具体来说是构造一个与研究对象的物理过程或现象相似的模型,通过对该模型的测试实现对研究对象进行研究和测量,这种方法称为"模拟法"。模拟法在科学实验中有着极其广泛的应用,其本质是用一种易于实现、便于测量的物理状态或过程的研究去代替另一种不易实现、不便测量的状态或过程的研究。

本实验用点状电极、同心圆电极、聚焦电极产生的稳恒电流场分别模拟两点电荷、同轴柱面带电体、聚焦电极形状的带电体产生的静电场。

1. 模拟的理论依据

为了克服直接测量静电场的困难,可以仿造一个与待测静电场分布完全一样的电流场,用容易直接测量的电流场去模拟静电场。

静电场与稳恒电流场本是两种不同的场,但是两者之间在一定条件下具有相似的空间分布,即两种场遵守的规律在数学形式上相似。引入电位 U,则电场强度 $E=-\nabla U$;电场强度矢量 E 和电流密度都遵从高斯定理。对于静电场,电场强度在无源区域内满足以下积分关系:

$$\oint_S E \cdot dS=0 \qquad \oint_L E \cdot dl=0$$

对于稳恒电流场,电流密度矢量 J 在无源区域内也满足类似的积分关系:

$$\oint_S J \cdot dS=0 \qquad \oint_L J \cdot dl=0$$

由此可见,E 和 J 在各自区域中所遵从的物理规律有同样的数学表达形式。若稳恒电流场空间均匀充满了电导率为 σ 的不良导体,不良导体内的电场强度 E' 与电流密度矢量 J 之间遵循欧姆定律:

$$J = \sigma E'$$

因而,E 和 E' 在各自的区域中也满足同样的数学规律。在相同边界条件下,由电动力学的理论可以严格证明:具有相同边界条件的相同方程,解的形式也相同。因此,可以用稳恒电流场来模拟静电场。也就是说,静电场的电力线和等势线与稳恒电流场的电流线和等位线具有相似的分布,所以测定出稳恒电流场的电位分布,也就求得了与它相似的静电场的电场分布。

2. 模拟长同轴圆柱形电缆的静电场

利用稳恒电流场与相应的静电场在空间形式上的一致性,只要保证电极形状一定,电极电位不变,空间介质均匀,则在任何一个考察点,均应有"$U_{稳恒}=U_{静电}$"或"$E_{稳恒}=E_{静电}$"。以下以同轴圆柱形电缆的静电场和相应的模拟场——稳恒电流场来讨论这种等效性。

如图 3-5(a)所示,在真空中有一半径为 r_a 的长圆柱形导体 A 和一个内径为 r_b 的长圆筒形导体 B,它们同轴放置,分别带等量异号电荷。由对称性可知,在垂直于轴线的任一个截面 S 内,都有均匀分布的辐射状电力线,这是一个与轴向坐标无关而与径向坐标有关的二维场。取二维场中电场强度 E 平行于 xy 平面,则其等位面为一簇同轴圆柱面。因此,只需研究任一垂直横截面上的电场分布即可。距轴心 O 半径为 r 处[见图 3-5(b)]的各点电场强度为 $E=\dfrac{\lambda}{2\pi\varepsilon_0 r}r_0$,式中,$\lambda$ 为 A(或 B)的电荷线密度。其电位为

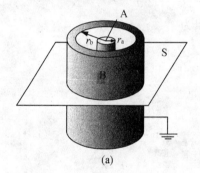
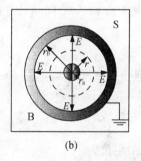

图 3-5

$$U_r = U_a - \int_{r_a}^{r} E \cdot dr = U_a - \frac{\lambda}{2\pi\varepsilon_0}\ln\frac{r}{r_a} \tag{3-5}$$

若 $r=r_b$ 时,$U_r=U_b=0$,则有

$$\frac{\lambda}{2\pi\varepsilon_0} = \frac{U_a}{\ln(r_b/r_a)}$$

代入式(3-5)得

$$U_r = U_a \frac{\ln(r_b/r)}{\ln(r_b/r_a)} \tag{3-6}$$

距中心 r 处电场强度为

$$E_r = -\frac{dU_r}{dr} = \frac{U_a}{\ln\dfrac{r_b}{r_a}}\frac{1}{r} \tag{3-7}$$

若上述圆柱形导体 A 与圆筒形导体 B 之间不是真空,而是均匀地充满了一种电导率为 σ 的不良导体,且 A 和 B 分别与直流电源的正负极相连(见图 3-6),则在 A、B 间将形成径向电流,建立起一个稳恒电流场 E'_r。可以证明,不良导体中的稳恒电流场 E'_r 与原真空中的静电场 E_r 是相同的。

取高度为 t 的圆柱形同轴不良导体片来研究。设材料的电阻率为 $\rho(\rho=1/\sigma)$,则从半径为 r 的圆周到半径为 $r+dr$ 的圆周之间的不良导体薄块的电阻为

$$dR = \frac{\rho}{2\pi t}\frac{dr}{r}$$

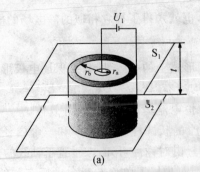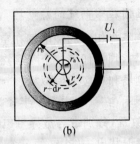

图 3-6

半径 r 到 r_b 之间的圆柱片电阻为

$$R_{rr_b} = \frac{\rho}{2\pi t}\int_r^{r_b} \frac{\mathrm{d}r}{r} = \frac{\rho}{2\pi t}\ln\frac{r_b}{r}$$

由此可知,半径 r_a 到 r_b 之间圆柱片的电阻为

$$R_{r_a r_b} = \frac{\rho}{2\pi t}\ln\frac{r_b}{r_a}$$

若 $U_b=0$,则径向电流为

$$I = \frac{U_a}{R_{r_a r_b}} = \frac{2\pi t U_a}{\rho\ln\dfrac{r_b}{r_a}}$$

距中心 r 处的电位为

$$U_r = IR_{rr_b} = U_a\,\frac{\ln(r_b/r)}{\ln(r_b/r_a)} \tag{3-8}$$

则稳恒电流场 E'_r 为

$$E'_r = -\frac{\mathrm{d}U'_r}{\mathrm{d}r} = \frac{U_a}{\ln\dfrac{r_b}{r_a}}\,\frac{1}{r} \tag{3-9}$$

由式(3-8)可见,柱面之间的电位 U_r 与 $\ln r$ 均为直线关系,并且 U_r/U_a 即相对电位仅是坐标的函数,与电场电位的绝对值无关。显而易见,稳恒电流场 E' 与静电场 E 的分布也是相同的,因为

$$E'_r = -\frac{\mathrm{d}U'_r}{\mathrm{d}r} = -\frac{\mathrm{d}U_r}{\mathrm{d}r} = E$$

实际上,并不是每种带电体的静电场及模拟场的电位分布函数都能计算出来,如本实验中两点电荷电场、聚焦电极电场的电位分布就不能得出具体的解析解,只有在 σ 分布均匀而且几何形状对称规则的特殊带电体的场分布才能用理论严格计算。上面只是通过一个特例,证明了用稳恒电流场模拟静电场的可行性。

3. 模拟条件

模拟方法的使用有一定的条件和范围,不能随意推广,否则将会得到荒谬的结论。用稳恒电流场模拟静电场的条件可以归纳为下列三点:

(1)稳恒电流场中的电极形状应与被模拟的静电场中的带电体几何形状相同;

(2)稳恒电流场中的导电介质应是不良导体且电导率分布均匀,并满足 $\sigma_{电极} \gg \sigma_{导电质}$ 才能保证电流场中的电极(良导体)的表面也近似是一个等位面。

(3)模拟所用电极系统与被模拟静电场的边界条件相同。

4. 静电场的测绘方法

由式(3-7)可知,场强 E 在数值上等于电位梯度,方向指向电位降落的方向。考虑到 E 是矢量,而电位 U 是标量,从实验测量来讲,测定电位比测定场强容易实现,所以可先测绘等位线,然后根据电力线与等位线正交的原理,画出电力线。这样就可由等位线的间距确定电力线的疏密和指向,将抽象的电场形象地反映出来。

【仪器描述】

本实验用 DZ-2 型静电场描绘仪来测量电流场中各点电位。描绘仪分为电源、电极架、同步探针和水槽电极等几部分,如图 3-7 所示。

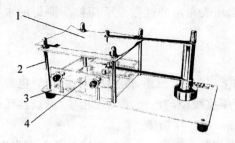

（a）电极

1—电极架上层及记录纸；2—支柱；

3—电极架下层；4—水槽电极

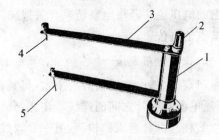

（b）同步探针

1—底座；2—接线柱；3—探针臂；

4—上探针；5—下探针

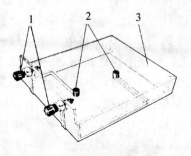

（c）点状水槽电极

1—接线柱；2—电极；3—有机玻璃水槽

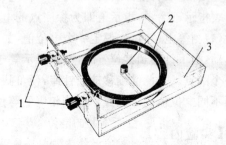

（d）同心圆水槽电极

1—接线柱；2—电极；3—有机玻璃水槽

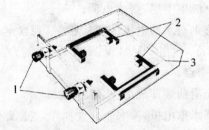

（e）聚焦电极

1—接线柱；2—电极；3—有机玻璃水槽

图 3-7

1. 仪器介绍

(1)电极架：电极架分为上、下两层。上层用来放记录纸,下层放待测水槽电极。

(2)水槽电极：水槽电极是将不同形状的金属电极固定在有机玻璃制成的水槽内,水槽的一侧装有一对接线柱,可与电源的两极相连。本实验用点状电极、同心圆电极、聚焦电极。

(3)同步探针：同步探针由装在底座上的两根同样长的弹性金属片(探针臂)和两根细而圆滑的探针构成。同步探针可以在电极架下层水平移动,下探针则在水槽内自由移动,由此可探测电流场中各点电位大小。上、下探针处在同一条垂直线上。当下探针探出等位点时,按"上探针"按钮,即可在上方的坐标纸上打下一个点,记下相应等电位的点。

(4)描绘仪电源：描绘仪电源可提供交流 0~20 V 连续可调电压和最大值为 300 mA 的输出电流。若将电表转换开关拨向"输出",此时电源可做常规电源使用。电压表指示的值即是电源输出的电压值。若将电表转换开关拨向"测量",此时电压表指示的读数是下探针所测得的水槽中某点的电位值。

2. 仪器使用方法

(1)在水槽中装适量的自来水,将其放入电极架的下层(要求放正、放平)。然后接好电源与电极、电源与探针之间的连线。注意：其中电源输出电压接线端与电极接线柱相接,测量接线端一接线柱与探针接线柱相接,另一接线柱与输出电压任一接线柱相接。

(2)开机前,输出电压调节旋钮逆时针旋到头,然后打开电源开关,将电表转换开关拨向"输出",调节电压调节旋钮,使电压表达到所需电压值 13 V。注意：转动电压调节旋钮时,不要用力过大,应缓慢均匀调节;数字电压表最高位显示为"1",其余数码管不亮,表示超量程。

(3)将电表转换开关拨向"测量",在电极架的上层压入坐标纸,将下探针置于水槽中,这时,电压表指示不为零,指示值即为探测点的电位值。

(4)测等电位时,先设定一个电位值(如 1 V、2 V…),右手握同步探针座在电极架下层做平稳移动,当下针移到某位置时,电表指示等于所设定值,用左手轻轻按上探针按钮,在坐标纸上打出一个细点。如此继续移动探针座,便可找出一个设定值下的若干等位点。取不同设定值,则得到不同电位值的等位点。连接相应的等位点就形成不同电位值的等位线。

【实验内容】

(1)熟悉仪器：熟悉电极架、同步探针、描绘仪电源等仪器的使用方法。

(2)测量：

①取点状水槽电极放入电极架下层,接通电源。

②令同步探针的下探针分别与水槽电极的两极接触,观察电压指示的变化。旋转电压调节旋钮,使两极间的电位差为 12 V,找出 2 V、4 V、6 V、8 V、10 V 电压值对应的等位点。每个设定电压值的等位点至少取 10 个点。

③将电位相等的点连成光滑曲线即成为一条等位线。

④将水槽电极改为同心圆水槽电极,换另一张坐标纸。重复步骤②、③,画等位线。

⑤将水槽电极改为聚焦水槽电极,换另一张坐标纸。重复步骤②、③,画等位线。

(3)画图：

①标出每条等位线代表的电压值,写图名。

②根据电力线场等位线正交的关系,画出电场线。

【注意事项】

(1)两电极间的电压调为 12 V 后,测量过程中要保持不变。

(2)水槽电极放置时位置要端正、水平,避免等位线失真。

(3)使用同步探针时,应轻移轻放,避免变形,以致上、下探针不同步。测量时,应轻轻正按上探针按钮,使探测点与描绘点对应。

(4)实验结束后,将水槽中的水倒掉并倒扣放置,避免电极氧化生锈。

【思考题】

1.如图 3-8 所示的测量简图,以同轴柱面水槽电极为例,理论上,探针与水槽电极相接时,电位值为零或电源输出电压。但实测怎样?为什么?试着用电压补偿法得出探测点电位的较准确值。

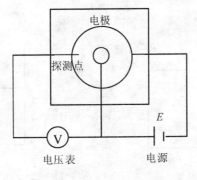

图 3-8

2.怎样由测得的等位线描绘出电场线?电场线的疏密和方向如何确定?

3.在实验中,如果两极电压增加或减小,等位线、电力线的形状是否变化?电场强度和电位分布是否变化?

实验 17　　用电位差计测量电池的电动势和内阻

【实验目的】

(1)掌握补偿法测电动势的原理和方法。

(2)测量干电池的电动势和内阻。

【实验仪器】

板式电位差计,检流计,滑线变阻器,标准电池,待测电池,标准电阻,电阻箱,直流稳压电源等。

【实验原理】

电位差计是根据补偿测量原理制成的精密测量电动势和电压的仪器。所谓补偿测量就是将待测电动势(电压)与电位差计上的已知电压相比较使之达到相互平衡(补偿)。它的优点是不从待测对象中取用电流而消耗其能量,相当于内阻为无限大的电压表。因一切电学量和一些非电参量都可化为电压来测量,又由于电位差计应用了标准电池和标准电阻,其准确性很高,故它不仅可以用来测量电学量（电流、电阻、功率等）和非电参量（温度、压力、位移、速度等），还可以用来校准精密电表和直流电桥等直读式仪表，在自动控制与调节中也得到了广泛应用。本实验讨论板式电位差计。

要测量一电源的电动势，若用电压表并联到电池 E 两端，如图 3-9 所示，由于电池本身有内阻 r，根据一段含源电路的欧姆定律，$U = E + Ir$，显然，只有当 $I = 0$ 时，电池两端的电压 U 才等于电动势 E_x。

怎样才能使电池内部没有电流通过而又能测定电池的电动势 E_x 呢？这就需要采用补偿法。

如图 3-10 中的 ab 为电位差计的已知电阻。使某一电流 I 通过电阻 ab，由于在 adE_0a 回路中 ad 段的电位差与 E_0 的方向相反，只要工作电池的电动势 E 大于标准电池的电动势 E_0，滑动点就可以找到平衡点（G 中无电流时对应的点），此时 ad 段的电位即为 E_0，因而其他各段的电位差就为已知，然后再用这已知电位差与待测量相比较。设此时 ad 段电阻为 r_1，则有

$$E_0 = Ir_1 \tag{3-10}$$

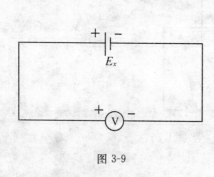

图 3-9

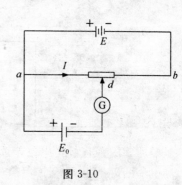

图 3-10

再将 E_0 换成待测电池 E_x，保持工作电流 I 不变，重新移动 d 点到 d'，G 仍为零。设此时 ad' 的电阻为 r_2，则有

$$E_x = Ir_2 \tag{3-11}$$

比较上两式得

$$E_x = \frac{Ir_2}{Ir_1} E_0$$

即

$$E_x = \frac{r_2}{r_1} E_0 \tag{3-12}$$

显见，只要 r_2/r_1 和 E_0 为已知，即可求得 E_x 的值。同理，若要测任意电路两点间的电位差，只需将待测两点接入电路代替 E_x 即可测出。

电位差计的准确度由式（3-12）决定，式中 r_1、r_2、E_0 的准确度对 E_x 的影响是明显的。检流计的灵敏度决定着式（3-12）近似成立的程度，若要在测量和校准的整个过程中工作电流始终恒定，这就必须要求工作电源的电动势较稳定。

为了定量地描述因检流计灵敏度限制给测量带来的影响，引入"电位差计电压灵敏度"这一概念。其定义为电位差计平衡时（G 指零）移动 d 点改变单位电压所引起检流计指针偏转的格数，即

$$S = \frac{\Delta n}{\Delta U} \quad （格/V） \tag{3-13}$$

如图 3-11 所示为板式电位差计实物线路图（包括测电池内阻的电路）。实验时，先用标准电池 E_0 调节工作电流，使电位差计的电阻丝单位长度上的电位差为 E_0/L_0，然后把 K_2 倒向待测电

动势 E_x,用滑键 D 找到平衡点,则 $E_x=\dfrac{E_0}{L_0}L_x$。

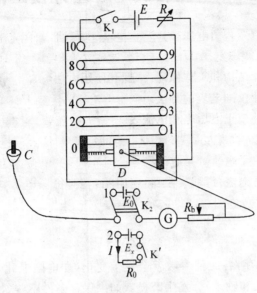

图 3-11

【实验内容】

(1)对照原理图考查板式电位差计实物,了解结构,弄懂用法。

(2)测电池的电动势 E_x。请参照"仪器描述"部分的说明,自拟具体操作步骤。

(3)测电池的内阻 $r_内$,将图 3-11 中的 K_2 和"2"点闭合,并闭合 K',移动 C、D 位置,当 G 为零时,C、D 间的电位差即待测电池的端电压 $U_x=E_x-I'r=I'R_0$(I' 是 $E_x K' R_0 E_x$ 回路中的电流),所以

$$r_内=\frac{E_x-U_x}{I'}=\frac{E_x-U_x}{\dfrac{U_x}{R_0}}=\left(\frac{E_x}{U_x}-1\right)R_0$$

测知 E_x、U_x 后,由此式便可算出电池内阻 $r_内$。

上述各项测量均重复 5 次,测量结果用不确定度表示,并将记录的数据和计算结果填入自行设计的表格之中。

【注意事项】

(1)未经教师检查线路不得连标准电池 E_0 的两个极,可以接一个极。

(2)接线时特别注意 E_0 和 E_x 接入电路的方向,不可接反。

(3)每次测量应把保护电阻 R_b 由最大开始,以保护 G 安全。

【思考题】

1.用电位差计测电动势的物理思想是什么?

2.电位差计能否测量高于工作电源的待测电源电动势?

3.在测量中如果检流计总是向一侧偏转,其原因可能有哪些?

4.本实验为什么要用 11 根电阻丝,而不是简单地只用 1 根?

实验 18　　用箱式电位差计校正电表

【实验目的】

(1)了解箱式电位差计结构和工作原理,掌握其使用方法。
(2)掌握使用电位差计校准电表的方法。
(3)运用箱式电位差计校正电压表和电流表。

【实验仪器】

箱式电位差计,带校正电表,滑线变阻器,电阻箱,直流稳压电源、标准电池、检流计、开关和导线。

【实验原理】

电表经长期使用和保存,各元件参数就会发生变化(如电阻老化、磁性减弱、金属部分锈蚀等),转动部分(主要是轴尖和轴承)会发生磨损。如果保存条件不善(如受潮)、使用不当(如过负荷、运输受震等)都会损坏电表特性,其准确度将降低,特别是在刻度读数产生相当大的偏差的情况下,实际上就不符合使用要求。因此,对电表必须进行定期检查,对误差大者要及时检修,对误差小者可以校准后使用。箱式电位差计是用来精确测量电池电动势或电势差的专门仪器。它给出准确可变的电势差并采用电势比较方法依据补偿原理进行测量,能精确地测量待测的电势差和电池的电动势。因而在实验室通常用箱式电位差计来加以校准,而作出校准曲线(见电表改装实验),以消除误差。

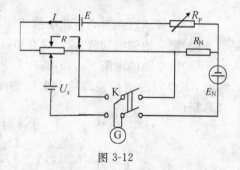

图 3-12

箱式电位差计的电路如图 3-12 所示,与板式电位差计的原理电路(见用电位差计测量电池的电动势和内阻)略有不同。

调节 R_P 阻值,当工作电流 I_N 在 R_N 上产生的电压降等于标准电池电动势 E_N 时,如开关 K 打入右边,检流计便指零,此时工作电流便准确地等于 3 mA。上述步骤称为对"标准"。

测量时,调节已知的电阻 R,使其工作电流 3 mA 产生的电压降等于被测值 $U_x = IR$,如果开关打入左边,检流计指零。从而可由已知的 R 阻值大小来反映 U_x 数值。

2. 用箱式电位差计校正电流表(mA)

用箱式电位差计校正电流表(mA),如图 3-13 所示。被校表与标准电阻 R_0 串联,调节滑动电阻 R_1 使被校表得到不同的指示值 I_x,相应的,标准电阻 R_0 两端有不同的电压值,并用电位差计将各个不同的电压值测出来,便可得被测电流的准确值 I_s,将各个 I_s 值相应的 I_x 值比较,得到电表各示值的误差 $\Delta I = I_x - I_s$。以 I_x 值为横轴,以指示值的误差 ΔI 为纵轴作校正曲线,并确定被标准校表的级别。

3. 用箱式电位差计校正电压表

用箱式电位差计校正电压表,如图 3-14 所示。由于电位差计量程很小,一般不能直接与待校表测量同一电压值,而是将两个相差较大的标准电阻 R_{01} 和 R_{02} 串联起来,电位差计只测量较小电阻 R_{02} 上两端电压,就可以计算出电压表两端电压。例如,若 $R_{02}=nR_{01}$,电位差计平衡时,读数为 U'_s,则电压表两端的电压为 $U_s=(n+1)U'_s$。对应的电压表读数作为 U_x,这样就可以校正电压表了。

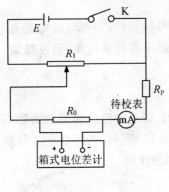

图 3-13　　　　　　　　　　　　　　　图 3-14

【实验内容】

1. 校正电流表

(1) 按图 3-13 接好电路,标准电阻 R_0 取适当值,标准电阻的两端接在电位差计的"未知"接线柱上。

(2) 计算室温下电池电动势之值,校准工作电流。

(3) 调节滑线电阻 R_1 的滑动触头,在被校表量程范围内均匀地从"0"开始,取 11 个电流值,用电位差计在 R_0 上分别测出这 11 个电流所对应的电压,并将这些电压值换算为对应的电流值。

(4) 将所测数据填入自拟的表格内,作出校正曲线。

(5) 计算被校表的实际级别。

2. 校正电压表

自己设计实验步骤和记录表格,完成实验。

【思考题】

1. 怎样用电位差计做一个精密的分压器,试画图说明。

2. 试设计一个简单的电路,用电位差计来测量未知电阻的阻值。

3. 如被测电压大于电位差计的量程,问:在不影响测量精度的情况下应采取什么措施?

实验 19　　示波器的使用

【实验目的】

(1) 了解示波器的主要结构和显示波形的基本原理。

(2) 学会使用信号发生器。

(3) 学会用示波器观察波形以及测量电压、周期和频率。

【实验仪器】

XJ4318 型二踪示波器，XD2 信号发生器等。

【实验原理】

电子示波器（简称示波器）能够简便地显示各种电信号的波形，一切可以转化为电压的电学量和非电学量及它们随时间作周期性变化的过程都可以用示波器来观测，示波器是一种用途十分广泛的测量仪器。

1. 示波器的基本结构

示波器的主要部分有示波管、带衰减器的 Y 轴放大器、带衰减器的 X 轴放大器、扫描发生器（锯齿波发生器）、触发同步和电源等，其结构方框图如图 3-15 所示。为了适应各种测量的要求，示波器的电路组成是多样而复杂的，这里仅就主要部分加以介绍。

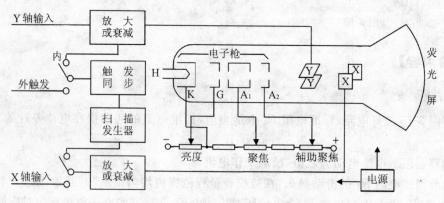

图 3-15

（1）示波管。如图 3-15 所示，示波管主要包括电子枪、偏转系统和荧光屏三部分，全都密封在玻璃外壳内，里面抽成高真空。下面分别说明各部分的作用。

①荧光屏。它是示波器的显示部分，当加速聚焦后的电子打到荧光屏上时，屏上所涂的荧光物质就会发光，从而显示出电子束的位置。当电子停止作用后，荧光剂的发光需经一定时间才会停止，称为余辉效应。

②电子枪。由灯丝 H、阴极 K、控制栅极 G、第一阳极 A_1、第二阳极 A_2 五部分组成。灯丝通电后加热阴极。阴极是一个表面涂有氧化物的金属筒，被加热后发射电子。控制栅极是一个顶端有小孔的圆筒，套在阴极外面。它的电位比阴极低，对阴极发射出来的电子起控制作用，只有初速度较大的电子才能穿过栅极顶端的小孔然后在阳极加速下奔向荧光屏。示波器面板上的"亮度"调整就是通过调节电位以控制射向荧光屏的电子流密度，从而改变了屏上的光斑亮度。阳极电位比阴极电位高很多，电子被它们之间的电场加速形成射线。当控制栅极、第一阳极、第二阳极之间的电位调节合适时，电子枪内的电场对电子射线有聚焦作用，所以第一阳极也称聚焦阳极。第二阳极电位更高，又称加速阳极。面板上的"聚焦"调节，就是调节第一阳极电位，使荧光屏上的光斑成为明亮、清晰的小圆点。有的示波器还有"辅助聚焦"，实际是调节第二阳极电位。

③偏转系统。它由两对相互垂直的偏转板组成，一对垂直偏转板 Y，一对水平偏转板 X。在偏转板上加以适当电压，电子束通过时，其运动方向发生偏转，从而使电子束在荧光屏上的光斑位置也发生改变。

容易证明,光点在荧光屏上偏移的距离与偏转板上所加的电压成正比,因而可将电压的测量转化为屏上光点偏移距离的测量,这就是示波器测量电压的原理。

（2）信号放大器和衰减器。示波管本身相当于一个多量程电压表,这一作用是靠信号放大器和衰减器实现的。由于示波管本身的 X 及 Y 轴偏转板的灵敏度不高（约 0.1～1 mm/V）,当加在偏转板上的信号过小时,要预先将小的信号电压加以放大后再加到偏转板上。为此设置 X 轴及 Y 轴电压放大器。衰减器的作用是使过大的输入信号电压变小以适应放大器的要求,否则放大器不能正常工作,使输入信号发生畸变,甚至使仪器受损。对一般示波器来说,X 轴和 Y 轴都设置有衰减器,以满足各种测量的需要。

（3）扫描系统。扫描系统也称时基电路,用来产生一个随时间作线性变化的扫描电压,这种扫描电压随时间变化的关系如同锯齿,故称锯齿波电压,这个电压经 X 轴放大器放大后加到示波管的水平偏转板上,使电子束产生水平扫描。这样,屏上的水平坐标变成时间坐标,Y 轴输入的被测信号波形就可以在时间轴上展开。扫描系统是示波器显示被测电压波形必需的重要组成部分。

2. 示波器显示波形的原理

如果只在竖直偏转板上加一交变的正弦电压,则电子束的亮点将随电压的变化在竖直方向来回运动,如果电压频率较高,则看到的是一条竖直亮线,如图 3-16 所示。要能显示波形,必须同时在水平偏转板上加一扫描电压,使电子束的亮点沿水平方向拉开。这种扫描电压的特点是:电压随时间成线性关系增加到最大值,最后突然回到最小,此后再重复地变化。这种扫描电压即前面所说的"锯齿波电压",如图 3-17 所示。当只有锯齿波电压加在水平偏转板上时,如果频率足够高,则荧光屏上只显示一条水平亮线。

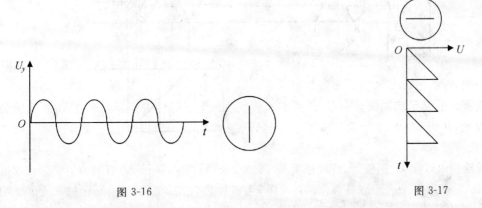

图 3-16　　　　　　　　　　　　　　　　　　　图 3-17

如果在竖直偏转板上（简称 Y 轴）加正弦电压,同时在水平偏转板上（简称 X 轴）加锯齿波电压,电子受竖直、水平两个方向的力的作用,电子的运动就是两相互垂直的运动的合成。当锯齿波电压比正弦电压变化周期稍大时,在荧光屏上将能显示出完整周期的所加正弦电压的波形图,如图 3-18 所示。

3. 同步的概念

如果正弦波和锯齿波电压的周期稍微不同,屏上出现的是一个移动着的不稳定图形。这种情形可用图 3-19 说明。设锯齿波电压周期 T_x 比正弦波电压周期 T_y 稍小,如 $T_x/T_y=7/8$。在第一扫描周期内,屏上显示正弦信号 0～4 点之间的曲线段;在第二周期内,显示 4～8 点之间的曲线段,起点在 4 处;第三周期内,显示 8～11 点之间的曲线段,起点在 8 处。这样,屏上显示的

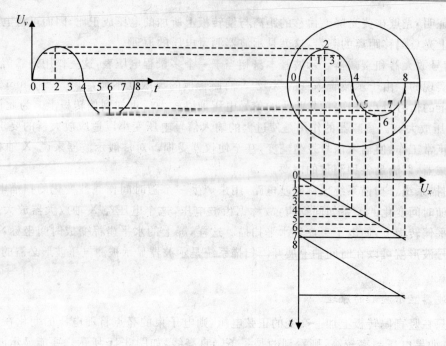

图 3-18

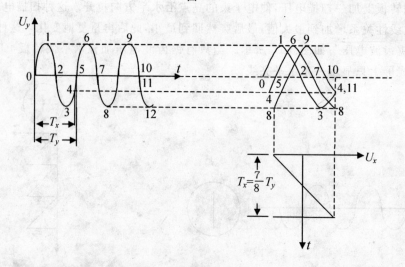

图 3-19

波形每次都不重叠,好像波形在向右移动。同理,如果 T_x 比 T_y 稍大,则好像在向左移动。以上描述的情况在示波器使用过程中经常会出现。其原因是扫描电压的周期与被测信号的周期不相等或不成整数倍,以致每次扫描开始时波形曲线上的起点均不一样所造成的。为了使屏上的图形稳定,必须使 $T_x/T_y = n(n=1,2,3,\cdots)$,$n$ 是屏上显示完整波形的个数。

　　为了获得一定数量的波形,示波器上设有"扫描时间"(或"扫描范围")、"扫描微调"旋钮,用来调节锯齿波电压的周期 T_x(或频率 f_x),使之与被测信号的周期 T_y(或频率 f_y)成合适的关系,从而在示波器屏上得到所需数目的完整的被测波形。输入 Y 轴的被测信号与示波器内部的锯齿波电压是互相独立的。由于环境或其他因素的影响,它们的周期(或频率)可能发生微小的改变。这时,虽然可通过调节扫描旋钮将周期调到整数倍的关系,但过一会儿又变了,波形又移动起来。在观察高频信号时这种问题尤为突出。为此,示波器内装有扫描同步装置,让锯齿波电压的扫描起点自动跟着被测信号改变,这就称为整步(或同步)。有的示波器中,需要让扫描电压与外部某一信号同步,因此设有"触发选择"键,可选择外触发工作状态,相应设有"外触发"信号输入端。

【仪器描述】

1. XJ4318 型示波器

XJ4318 型示波器如图 3-20 所示,各旋钮的用途及使用方法如下:

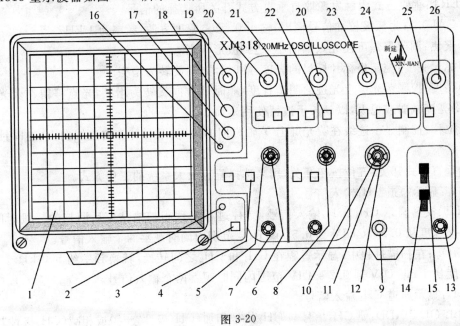

图 3-20

(1)内刻度坐标线:它消除了光迹和刻度线之间的观察误差,测量上升时间的信号幅度和测量点位置在左边指出。

(2)电源指示器:它是一个发光二极管,在仪器电源通过时发红光。

(3)电源开关:它用于接通和关断仪器的电源,按入为接通,弹出为关断。

(4)AC、⊥、DC 开关:可使输入端成为交流耦合、接地、直流耦合。

(5)偏转因数开关:改变输入偏转因数 5 mV/DIV～5 V/DIV,按 1—2—5 进制,共分 10 个挡级。

(6)PULL×5:改变 Y 轴放大器的发射极电阻,使偏转灵敏度提高 5 倍。

(7)输入:做垂直被测信号的输入端。

(8)微调:调节显示波形的幅度,顺时针方向增大,顺时针方向旋足并接通开关为"标准"位置。

(9)仪器测量接地装置。

(10)PULL×10:改变水平放大器的反馈电阻,使水平放大器放大量提高 10 倍,相应的也使扫描速度及水平偏转灵敏度提高 10 倍。

(11)t/DIV 开关:扫描时间因数挡级开关,从 0.2 μs～0.2 s/DIV,按 1—2—5 进制,共 19 挡,当开关顺时针旋足是 X-Y 或外 X 状态。

(12)微调:用以连续改变扫描速度的细调装置。顺时针方向旋足并接通开关为"校准"位置。

(13)外触发输入:供扫描外触发输入信号的输入端用。

(14)触发源开关:选择扫描触发信号的来源,内为内触发,触发信号来自 Y 放大器;外为外触发,信号来自外触发输入;电源为电源触发,信号来自电源波形,当垂直输入信号和电源频率成倍数关系时这种触发源是有用的。

(15)内触发选择开关:是选择扫描内触发信号源。

①CH_1:加到 CH_1 输入连接器的信号,是触发信号源。

②CH_2:加到 CH_2 输入连接器的信号,是触发信号源。

③VERT·垂直方式内触发源取自垂直方式开关所选择的信号。

(16)CAL0.5:为探极校准信号输出,输出 $0.5U_{pp}$ 幅度方波,频率为 1 kHz。

(17)聚焦:调节聚焦可使光点圆而小,达到波形清晰。

(18)标尺亮度:控制坐标片标尺的亮度,顺时针方向旋转为增亮。

(19)亮度:控制荧光屏上光迹的明暗程度,顺时针方向旋转为增亮,光点停留在荧光屏上不动时,宜将亮度减弱或熄灭,以延长示波器使用寿命。

(20)位移:控制显示迹线在荧光屏上 Y 轴方向的位置,顺时针方向迹线向上,逆时针方向迹线向下。

(21)垂直方式开关:五位按钮开关,用来选择垂直放大系统的工作方式。

①CH_1:显示通道 CH_1 输入信号。

②ALT:交替显示 CH_1、CH_2 输入信号,交替过程出现于扫描结束后回扫的一段时间里,该方式在扫描速度从 $0.2~\mu s/DIV$ 到 $0.5~ms/DIV$ 范围内同时观察两个输入信号。

③CHOP:在扫描过程中,显示过程在 CH_1 和 CH_2 之间转换,转换频率约 500 kHz。该方式在扫描速度从 1 ms/DIV 到 0.2 s/DIV 范围内同时观察两个输入信号。

④CH_2:显示通道 CH_2 输入信号。

⑤ALL OUT ADD:使 CH_1 信号与 CH_2 信号相加(CH_2 极性"+")或相减(CH_2 极性"-")。

(22)CH_2 极性:控制 CH_2 在荧光屏上显示波形的极性"+"或"-"。

(23)X 位移:控制光迹在荧光屏 X 方向的位置,在 X 方式用做水平位移。顺时针方向光迹向右,逆时针方向光迹向左。

(24)触发方式开关:五位按钮开关,用于选择扫描工作方式。

①AUTO:扫描电路处于自激状态。

②NORM:扫描电路处于触发状态。

③TV—V:电路处于电视场同步。

④TV—H:电路处于电视行同步。

(25)+、-极性开关:供选择扫描触发极性,测量正脉冲前沿及负脉冲后沿宜用"+",测量负脉冲前沿及正脉冲后沿宜用"-"。

(26)电平锁定:调节和确定扫描触发点在触发信号上的位置,电平电位器顺时针方向旋足并接通开关为锁定位置,此时触发点将自动处于被测波形中心电平附近。

2.XD2 信号发生器

这是一种正弦信号发生器,它能产生频率 1 Hz～1 MHz 的正弦电压。它的频率比较稳定,输出幅度可调。面板上的电压表指示是在输出衰减前的信号电压有效值。面板布置如图 3-21 所示。

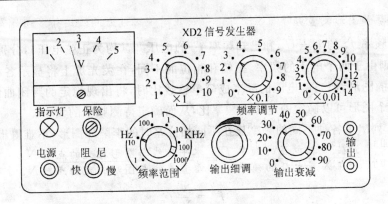

图 3-21

频率范围共分六挡,每一挡中,又由右上方三个旋钮来调节信号频率。例如,当各旋钮的位置处于图 3-21 中位置时,输出信号频率的读数为

$$f=(4\times1+3\times0.1+4\times0.01)\times10 \text{ Hz}=43.4 \text{ Hz}$$

信号发生器的输出电压是经过内部衰减器后输出的。输出信号的大小由面板上电压表读数和衰减倍数的大小决定。由于衰减倍数范围较大,故取其对数值刻在"输出衰减"旋钮周围。衰减倍数用分贝(dB)值表示,其定义为

$$分贝值=20\lg\frac{U}{U_{出}}\frac{n!}{r!\ (n-r)!}$$

其中,U 为未经衰减器的电压,由面板上电压表读出,示值为有效值;$U_{出}$ 为经过衰减器后的输出电压有效值。

【实验内容】

1. 观察信号发生器波形

(1)将信号发生器的输出端接到示波器 Y 轴输入端上。

(2)开启信号发生器,调节示波器(注意信号发生器频率与扫描频率),观察正弦波形,并使其稳定。

2. 测量正弦波电压

在示波器上调节出大小适中、稳定的正弦波形,选择其中一个完整的波形,先测算出正弦波电压峰-峰值 $U_{\text{p-p}}$,即

$$U_{\text{p-p}}=(垂直距离 \text{ DIV})\times(挡位 \text{ V/DIV})\times(探头衰减率)$$

然后求出正弦波电压有效值 U 为

$$U=\frac{0.71\times U_{\text{p-p}}}{2}$$

3. 测量正弦波周期和频率

在示波器上调节出大小适中、稳定的正弦波形,选择其中一个完整的波形,先测算出正弦波的周期 T,即

$$T=(水平距离 \text{ DIV})\times(挡位 \text{ t/DIV})$$

然后求出正弦波的频率 $f=\frac{1}{T}$。

4. 利用李萨如图形测量频率

设将未知频率 f_y 的电压 U_y 和已知频率 f_x 的电压 U_x（均为正弦电压），分别送到示波器的 Y 轴和 X 轴，则由于两个电压的频率、振幅和相位的不同，在荧光屏上将显示各种不同波形，一般得不到稳定的图形，但当两电压的频率成简单整数比时，将出现稳定的封闭曲线，称为李萨如图形。根据这个图形可以确定两电压的频率比，从而确定待测频率的大小。

如图 3-22 列出了各种不同的频率比在不同相位差时的李萨如图形，不难得出：

$$\frac{\text{加在 Y 轴电压的频率 } f_y}{\text{加在 X 轴电压的频率 } f_x} = \frac{\text{水平直线与图形相交的点数 } N_x}{\text{垂直直线与图形相交的点数 } N_y}$$

所以未知频率

$$f_y = \frac{N_x}{N_y} f_x$$

但应指出水平、垂直直线不应通过图形的交叉点。

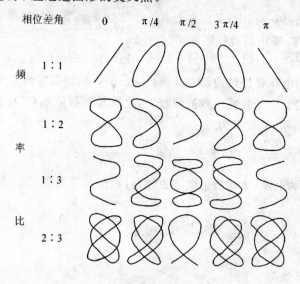

图 3-22

测量方法如下：

（1）将一台信号发生器的输出端接到示波器 Y 轴输入端上，并调节信号发生器输出电压的频率为 50 Hz，作为待测信号频率。把另一信号发生器的输出端接到示波器 X 轴输入端上作为标准信号频率。

（2）分别调节与 X 轴相连的信号发生器输出正弦波的频率 f_x 约为 25 Hz、50 Hz、100 Hz、150 Hz、200 Hz 等。观察各种李萨如图形，微调 f_x 使其图形稳定时，记录 f_x 的确切值，再分别读出水平线和垂直线与图形的交点数。由此求出各频率比及被测频率 f_y，记录于表 3-1 中。

表 3-1

标准信号频率 f_x (Hz)	25	50	100	150	200
李萨如图形（稳定时）					
频比 = $\dfrac{\text{水平线交点数 } N_x}{\text{垂直线交点数 } N_y}$					
待测电压频率 $f_y = f_x \cdot N_x / N_y$					
f_y 的平均值（Hz）					

(3)观察时图形大小不适中,可调节"V/DIV"和与 X 轴相连的信号发生器输出电压。

【思考题】

1.示波器为什么能显示被测信号的波形?

2.荧光屏上无光点出现,有几种可能的原因? 怎样调节才能使光点出现?

3.荧光屏上波形移动,可能是什么原因引起的?

实验 20　磁场的描绘

【实验目的】

(1)掌握感应法测量磁场的原理。

(2)研究载流圆线圈轴向磁场的分布。

(3)描绘亥姆霍兹线圈的磁场均匀区。

【实验仪器】

磁场描绘仪,磁场描绘仪信号源,晶体管毫伏表,探测线圈等。

【实验原理】

1.圆电流轴线上的磁场分布

设一圆电流如图 3-23 所示。根据毕奥-萨伐尔定律,它在轴线上某点 P 的磁感应强度为

$$B_x = B_0 \left[1 + \left(\frac{x}{R} \right)^2 \right]^{-3/2} \tag{3-14}$$

或

$$\frac{B_x}{B_0} = \left[1 + \left(\frac{x}{R} \right)^2 \right]^{-3/2} \tag{3-15}$$

式中,$B_0 = \dfrac{\mu_0 I}{2R}$,是圆电流中心($x=0$ 处)的磁感应强度,也是圆电流轴线上磁场的最大值。当 I、R 为确定值时,B_0 为一常数。

2.亥姆霍兹线圈的磁场分布

亥姆霍兹线圈是由线圈匝数 N、半径 R、电流大小及方向均相同的两圆线圈组成(见图3-24)。两圆线圈平面彼此平行且共轴,二者中心距离等于它们的半径 R。若取两线圈中心连线的中点 O 为坐标原点,则此两线圈的中心 O_A 及 O_B 分别对应于坐标值 $R/2$ 及 $-R/2$。

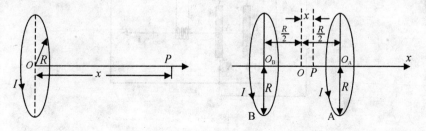

图 3-23　　　　　　　　　　　图 3-24

由于线圈中的电流方向相同,因而它们在轴线上任一点 P 处所产生的磁场同向。按照式(3-14),它们在 P 点产生的磁感应强度分别为

$$B_A = \frac{\mu_0 I R^2 N}{2\left[R^2 + \left(\frac{R}{2} - x\right)^2\right]^{3/2}}$$

和

$$B_B = \frac{\mu_0 I R^2 N}{2\left[R^2 + \left(\frac{R}{2} + x\right)^2\right]^{3/2}}$$

故 P 点的合磁场 $B(x)$ 为

$$B(x) = B_A + B_B \tag{3-16}$$

在 $x = 0$ 处(即两线圈中点处)

$$B(0) = \frac{\mu_0 N I}{R}\left(\frac{8}{5^{3/2}}\right) \tag{3-17}$$

计算表明,当 $|x| < R/10$ 时,$B(x)$ 和 $B(0)$ 间相对差别约万分之一,因此亥姆霍兹线圈能产生比较均匀的磁场。在生产和科研中,若所需磁场不太强时,常用这种方法来产生较均匀的磁场。

3.测量磁场的方法

磁感应强度是一个矢量,因此磁场的测量不仅要测量磁场的大小而且要测出它的方向。测定磁场的方法很多,本实验采用感应法测量磁感应强度的大小和方向。感应法是利用通过一个探测线圈(见图 3-25)中磁通量变化所感应的电动势大小来测量磁场。

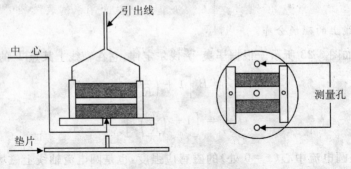

图 3-25

测量线路如图 3-26 所示。图中 A、B 是两圆电流线圈;mV 是交流毫伏表;s 是磁场描绘仪信号源,输出频率 1 000 Hz,测量过程中它的输出电压要保持恒定。

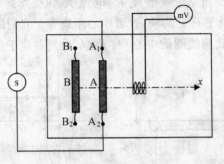

图 3-26

当圆线圈中通入正弦交流电后,在它周围空间产生一个按正弦变化的磁场,其值 $B = B_x \sin \omega t$。

根据式(3-15),在线圈轴线上的 x 点处,B 的峰值

$$B_{\max} = \frac{B_{m0}}{\left[1 + \left(\dfrac{x}{R}\right)^2\right]^{3/2}}$$

式中,B_{m0} 是 $x=0$ 处的 B 的峰值。

当把一个匝数为 n、面积为 S 的探测线圈放到 x 处,设此线圈平面的法线与磁场方向的夹角为 θ,则通过它的磁通量为

$$\Phi = nSB\cos\theta = nSB_m\cos\theta\sin\omega t \tag{3-18}$$

在此线圈中产生的感应电动势为

$$\varepsilon = -\frac{d\Phi}{dt} = -nSB_m\omega\cos\theta\cos\omega t = -\varepsilon_m\cos\omega t \tag{3-19}$$

式中,$\varepsilon_m = nSB_m\omega\cos\theta$ 是感应电动势的峰值。由于探测线圈输出端与毫伏表相连接,毫伏表测量的电压是用有效值表示,因此毫伏表测得的探测线圈输出电压为

$$U = \frac{\varepsilon_m}{\sqrt{2}} = \frac{nS\omega B_m}{\sqrt{2}}\cos\theta \tag{3-20}$$

由此可见,U 随 $\theta(0\leqslant\theta\leqslant90°)$ 的增加而减少。当 $\theta=0$ 时,探测线圈平面的法线与磁场 B 的方向一致,线圈中的感应电动势达最大值:

$$U_{\max} = \frac{nS\omega B_m}{\sqrt{2}} \tag{3-21}$$

由于 n、S 及 ω 均是常数,所以 B_m 与 $U_{\max}$ 成正比。从而用毫伏表读数的最大值就能测定磁场的大小。

实验中为减小误差,常采用比较法。在圆电流轴线上任一点 x 处测得电压值 $U_{\max}$ 与圆心处 $U_{0\max}$ 值之比,根据式(3-21)及式(3-15)得

$$\frac{U_{\max}}{U_{0\max}} = \frac{B_{mx}}{B_{m0}} = \left[1 + \left(\frac{x}{R}\right)^2\right]^{-3/2} \tag{3-22}$$

此式表明,$U_{\max}/U_{0\max}$ 和 B_{mx}/B_{m0} 的变化规律完全相同。因此只要实验表明 $\dfrac{U_{mx}}{U_{m0}} = \left[1 + \left(\dfrac{x}{R}\right)^2\right]^{-3/2}$ 成立,从而也就证明了毕奥-萨伐尔定律的正确性。

磁场的方向如何来确定呢? 磁场的方向本来可用探测线圈输出端毫伏表读数最大时探测线圈平面的法线方向来确定磁场方向,但是用这种方法测定的磁场方向误差较大,原因在于这时磁通量 Φ 变化率小,所产生的感应电动势引起毫伏表的读数变化不易察觉。如果这时把探测线圈平面旋转 $90°$,磁场方向与线圈平面法线垂直,那么磁通量变化率最大。线圈方向稍有变化,就能引起毫伏表的读数明显变化,从而测量误差较小。因此,实验上是以毫伏表读数最小时来确定磁场的方向。

【实验内容】

1.测量载流圆线圈轴向磁场的分布

(1)粘贴毫米方格坐标纸。仪器工作平台右半部已按规定粘有一张坐标纸,如需更新时,在坐标纸上定出 O_A、O_B 及 O 点的位置,再标出轴线方向。

(2)按图 3-26 连接电路,注意把电压输出调节逆时针旋至最小,把探测线圈与晶体管毫伏表相连接。

(3)置探测线圈中心孔于右边圆线圈中心点上,水平缓慢转动探测线圈保持在毫伏表读数最大位置,细调信号源输出电压,使毫伏表读数达 10.0 mV,记为 U_0 值。

(4)保持信号源输出电压不变,将探测线圈依次移到其他测量点上,缓慢转动探测线圈使毫伏表读数达到最大。沿轴线方向每隔 20 mm 测量一次,数据填入记录表 3-2 中。

表 3-2

R=　　　　(mm)

x(mm)	0	20	40	60	80	100	120	140	160	180	200
U(mV)											
$\dfrac{B}{B_0}_{实} = -\dfrac{U}{U_0}$											
$\dfrac{B}{B_0}_{理} = \left[1+\left(\dfrac{x}{R}\right)^2\right]^{-\frac{3}{2}}$											
相对误差											

(5)根据记录表数据以 x 为横坐标,U/U_0 为纵坐标作圆电流沿轴线的磁场分布曲线。

2.描绘亥姆霍兹线圈中的磁场均匀区

(1)把左右两只线圈串联后接信号源,调节信号源输出电压至 8 V 保持不变。把探测线圈接通毫伏表置于两圆线圈之间的坐标纸上,测出中央一点 O 的最大感应电压 U_{max} 值。

(2)用探测线圈在 O 点周围找出最大感应电压等于 U_{max} 值的各点,由此画出均匀磁场区域(必须画在实验者自备的坐标纸上)。

【思考题】

1.圆电流轴线上的磁场分布有什么特点?实验中如何测定磁场的大小和方向?

2.亥姆霍兹线圈能产生强磁场吗?为什么?

3.磁场是符合叠加原理的,简述用实验证明的方法和步骤。

实验 21　　电子束的电偏转和磁偏转

【实验目的】

(1)研究带电粒子在电场和磁场中偏转的规律。

(2)了解电子束线管的结构和原理。

【实验仪器】

SJ-SS-2 型电子束实验仪。

【实验原理】

在大多数电子束线管中,电子束都在互相垂直的两个方向上偏移,以使电子束能够到达电子接收器的任何位置,通常运用外加电场和磁场的方法实现,如示波管、显像管等器件就是在这个基础上运用相同的原理制成的。

1. 电偏转原理

电偏转原理如图 3-27 所示。通常在示波管（又为称电子束线管）的偏转板上加上偏转电压 U，当加速后的电子以速度 v 沿 Z 方向进入偏转板后，受到偏转电场 E（Y 轴方向）的作用，使电子的运动轨道发生偏移。假定偏转电场在偏转板 l 范围内是均匀的，电子做抛物线运动，在偏转板外，场为零，电子不受力，做匀速直线运动。在偏转板之内

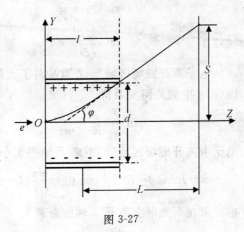

图 3-27

$$Y = \frac{1}{2}at^2 = \frac{1}{2}\frac{eE}{m}\left(\frac{Z}{v}\right)^2 \qquad (3\text{-}23)$$

式中，v 为电子初速度，Y 为电子束在 Y 方向的偏转。

电子在加速电压 U_A 的作用下，加速电压对电子所做的功全部转为电子动能，则 $\frac{1}{2}mv^2 = eU_A$。

将 $E = U/d$ 和 v^2 代入式（3-23），得

$$Y = \frac{UZ^2}{4U_A d}$$

电子离开偏转系统时，电子运动的轨道与 Z 轴所成的偏转角 φ 的正切为

$$\tan\varphi = \frac{dY}{dZ}\bigg|_{x=l} = \frac{Ul}{2U_A d} \qquad (3\text{-}24)$$

设偏转板的中心至荧光屏的距离为 L，电子在荧光屏上的偏离为 S，则

$$\tan\varphi = \frac{S}{L}$$

代入式（3-24），得

$$S = \frac{UlL}{2U_A d} \qquad (3\text{-}25)$$

由式（3-25）可知，荧光屏上电子束的偏转距离 S 与偏转电压 U 成正比，与加速电压 U_A 成反比，由于式（3-25）中的其他量是与示波管结构有关的常数，故可写成

$$S = k_e \frac{U}{U_A} \qquad (3\text{-}26)$$

式中，k_e 为电偏常数。可见，当加速电压 U_A 一定时，偏转距离与偏转电压成线性关系。为了反映电偏转的灵敏程度，定义

$$\delta_{电} = \frac{S}{U} = k_e\left(\frac{1}{U_A}\right) \qquad (3\text{-}27)$$

式中，$\delta_{电}$ 称为电偏转灵敏度，单位为 mm/V。$\delta_{电}$ 越大，表示电偏转系统的灵敏度越高。

2. 磁偏转原理

磁偏转原理如图 3-28 所示。通常在示波管的电子枪和荧光屏之间加上一均匀横向偏转磁场，假定在范围内是均匀的，在其他范围都为零。当电子以速度 v 沿 Z 方向垂直射入磁场 B 时，将受到洛仑兹力的作用，在均匀磁场 B 内，电子做匀速圆周运动，轨道半径为 R，电子穿出磁场后，将沿切线方向做匀速直线运动，最后打在荧光屏上，由牛顿第二定律得

$$f = evB = m\frac{v^2}{R}$$

或

$$R = \frac{mv}{eB}$$

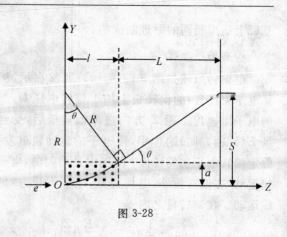

电子离开磁场区域与 Z 轴偏斜了 θ 角度，由图 3-28 中的几何关系得

$$\sin\theta = \frac{l}{R} = \frac{leB}{mv}$$

电子束离开磁场区域时，距离 Z 轴的大小 a 是

$$a = R - R\cos\theta = R(1 - \cos\theta) = \frac{mv}{eB}(1 - \cos\theta)$$

电子束在荧光屏上离开 Z 轴的距离为

图 3-28

$$S = L\tan\theta + a$$

如果偏转角度足够小，则可取下列近似

$$\sin\theta = \tan\theta = \theta \ \text{和} \ \cos\theta = 1 - \frac{\theta^2}{2}$$

则总偏转距离

$$S = L \cdot \theta + R\left(1 - 1 + \frac{\theta^2}{2}\right) = L \cdot \theta + \frac{R\theta^2}{2} = L \cdot \theta + \frac{mv}{eB} \cdot \frac{\theta^2}{2}$$

$$= L \cdot \frac{leB}{mv} + \frac{mv}{eB} \cdot \frac{1}{2}\left(\frac{leB}{mv}\right)^2 = L\frac{leB}{mv} + \frac{l^2 eB}{2mv} = \frac{leB}{mv}\left(L + \frac{l}{2}\right) \tag{3-28}$$

又因为电子在加速电压 U_A 的作用下，加速场对电子所做的功全部转变为电子的动能，则

$$\frac{1}{2}mv^2 = eU_A \quad \text{即} \quad v = \sqrt{\frac{2eU_A}{m}}$$

代入式（3-28），得

$$S = \frac{leB}{\sqrt{2meV_A}}\left(L + \frac{1}{2}l\right) \tag{3-29}$$

该式说明，磁偏转的距离与所加磁感应强度 B 成正比，与加速电压的平方根成反比。

由于偏转磁场是由一对平行线圈产生的，所以有

$$B = KI$$

式中，I 是励磁电流，K 是与线圈结构和匝数有关的常数。代入式（3-29），得

$$S = \frac{KleI}{\sqrt{2meU_A}}\left(L + \frac{1}{2}l\right) \tag{3-30}$$

由于式中其他量都是常数，故可写成

$$S = k_m \frac{1}{\sqrt{U_A}} \tag{3-31}$$

其中，k_m 为磁偏常数。可见，当加速电压一定时，位移与电流成线性关系。为了描述磁偏转的灵敏程度，定义

$$\delta_磁 = \frac{S}{I} = k_m \frac{1}{\sqrt{U_A}} \tag{3-32}$$

$\delta_磁$ 称为磁偏转灵敏度，单位为 mm/A。同样，$\delta_磁$ 越大，磁偏转的灵敏度越高。

【仪器描述】

本实验所采用仪器是SJ-SS-2型电子束实验仪,如图 3-29 所示。该仪器主要由示波管、显示电路、励磁电路、测量电路、电源等部分组成。仪器板面上各旋钮、电表的作用如下:

◆辉度:用来改变加在控制栅板 G 上的电压,以调节屏上亮点的亮度。

◆聚焦:用来改变加在第一阳极 A_1 上的电压,以调节屏上亮点的粗细。

◆辅助聚焦:用来改变加在第二阳极 A_2 上的电压与"聚焦"旋钮配合使用,调节屏上亮点的粗细。

◆高压调节:用来改变示波管各电极的电压大小,但不改变各电极的电压比。

◆电偏转:用来改变加在垂直(或水平)偏转板上的电压,以调节屏上亮点的上下(或左右)位置。

功能选择:用于选择实验项目。

◆励磁电流:用于调节磁聚焦线圈中,或磁偏转线圈中的电流大小。

◆KV 表:用以直接指示 U_2 电压的大小。

◆mA—V 表:经"功能选择"开关的转换,可以分别测量聚焦电压 U_1(量程为 $0\sim50$ V$\times15$),电偏电压(量程为 $0\sim50$ V$\times3$),磁聚励磁电流($0\sim50$ mA$\times20$),磁偏励磁电流(量程为 $0\sim50$ mA$\times1$)。

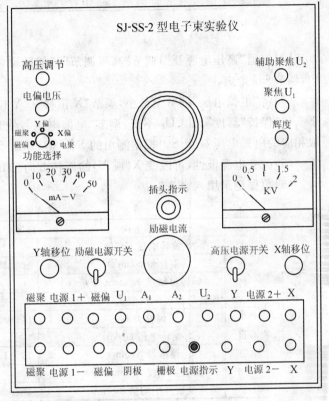

图 3-29

插头指示(安全指示):用于指示仪器是否处于安全使用状态,其作用与验电笔相似,手触指示灯管时,若指示灯发亮,则表明是安全的。

本仪器使用时,周围应无其他强磁场存在,仪器应南北方向测试,避免地磁场的影响。

【实验内容】

1. 电偏转

(1)将"功能选择"置于 X 或 Y 电偏位置,按图 3-30(X 电偏接线)或图 3-31(Y 电偏接线)插入导联线。

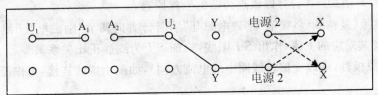

图 3-30

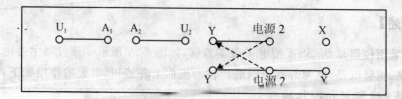

图 3-31

（2）接通"高压电源开"，调节"高压调节"、"辅助聚焦 U_2"，将 U_2 调节至最大值，保持辉度适中，调节 U_1 聚焦。

（3）将"电偏电压"调节至最小，调节"X 位移"、"Y 位移"，使光点移至坐标原点。

（4）保持"辉度"、U_1、U_2 不变，调节"电偏电压"，使光点朝 X（或 Y）方向偏转，每偏 5 mm 读取相应的电偏电压 U 及 S。根据测出的 S、U 值，作出 S-U 图线，验证 S-U 为线性正比关系。

（5）改变电源极性，可改变 X（或 Y）的偏转方向，如图中虚线连接，分别测出 S、U 数据。

（6）数据记录填入表 3-3 中。

表 3-3

水平偏转 X	偏移方向	自屏中心向左					自屏中心向右				
	偏转电压 U(V)										
	偏移量 S(mm)	5	10	15	20	25	5	10	15	20	25
	偏转灵敏度 $\delta_{电}$(mm/V)										
	偏转灵敏度平均值 $\overline{\delta_{电}}$(mm/V)										
垂直方向 Y	偏移方向	自屏中心向上					自屏中心向下				
	偏转电压 U(V)										
	偏移量 S(mm)	5	10	15	20	25	5	10	15	20	25
	偏转灵敏度 $\delta_{电}$(mm/V)										
	偏转灵敏度平均值 $\overline{\delta_{电}}$(mm/V)										

2. 磁偏转

（1）将"功能选择"置于磁偏转位置，按图 3-32 插入导联线。

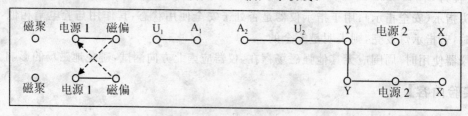

图 3-32

（2）接通"高压电源开"，将 U_2 调至最大，调节 U_1 使光点聚焦，保持辉度适中，调节 X 位移，使光点位于坐标 Y 轴某点 Y_s，并以该点为新的坐标原点。

（3）"励磁电流"复位到零，接通"励磁电源开"顺时针方向调节"励磁电流"使光点偏转，读取不同偏转量 S 及其对应的 I 值，作出 S-I 图线，验证 S-I 为线性正比关系。

（4）改变电源极性（即改变偏转线圈中的电流方向），如图中虚线连接，可作反向磁偏转，测出 S、I 数据。

（5）由测出的各组 S、I 值，求出各组的偏转灵敏度，然后再求其算术平均值，得出本仪器的

偏转灵敏度 $\bar{\delta}_磁$。

(6)记录数据填入表 3-4 中。

表 3-4

偏转方向	自屏中心向上		自屏中心向下	
励磁电流 I(mA)				
偏移量 S(mm)				
磁偏转灵敏率 $\delta_磁$(mm/mA)				
偏转灵敏度平均值 $\bar{\delta}_磁$(mm/mA)				

【思考题】

1.偏转量的大小改变时,光点的聚焦是否改变?为什么?

2.偏转量的大小与光点的亮度是否有关?为什么?

3.在偏转板上加交流信号时,会观察到什么现象?

实验 22　铁磁物质动态磁滞回线的测定

【实验目的】

(1)了解用示波法测铁磁物质动态磁滞回线的基本原理。

(2)进一步了解磁性材料的特性。

(3)测定样品的基本磁化曲线,并在坐标纸上作出 μ_-H 曲线。

(4)测定样品的 H_c、B_r、B_S 等参数。

【实验仪器】

音频信号发生器,示波器,MF-20 型万用表,标准互感器,电阻,电容。

【实验原理】

磁性材料应用广泛,从常用的永久磁铁、变压器铁芯到录音、录像、计算机存储的磁盘等都采用磁性材料。磁滞回线和基本磁化曲线反映了磁性材料的主要特征。通过实验不仅能掌握用示波器观察磁滞回线以及基本磁化曲线的基本测量方法,而且能从理论和实际应用上加深对铁磁材料的认识。

铁磁材料分为硬磁和软磁两大类,其根本区别在于矫顽磁力 H_c 的大小不同。硬磁材料的磁滞回线宽,剩磁和矫顽力大(达 120～20 000 A/m 以上),因而磁化后,其磁性可长久保持,适宜做永久磁铁。软磁材料的磁滞回线窄,矫顽力 H_c 一般小于 120 A/m,但其磁导率和饱和磁感应强度大,容易磁化和去磁,故广泛用于电机、电器和仪表制造等工业部门。磁化曲线和磁滞回线是铁磁材料的重要特性,是设计电磁机构和仪表的重要依据之一。

磁学量的测量一般比较困难,通常利用一定物理规律,将磁学量转换为易于测量的电学量。这种转换测量法是物理实验中常用的基本测量方法。

1. 磁化曲线

如果在由电流产生的磁场中放入铁磁物质,则磁场将明显增强,此时铁磁物质中的磁感应强度比没放入铁磁物质时电流产生的磁感应强度增大百倍,甚至在千倍以上。铁磁物质内部的磁场强度 H 与磁感应强度 B 有如下的关系:

$$B = \mu H$$

对于铁磁物质而言,磁导率 μ 并非常数,而是随 H 的变化而变化的物理量,即 $\mu = f(H)$,为非线性函数。所以 B 与 H 也是非线性关系,如图 3-33 所示,铁磁材料的磁化过程为:其未被磁化时的状态称为去磁状态,这时若在铁磁材料上加一由小到大变化的磁化场,则铁磁材料内部的磁场强度 H 与磁感应强度 B 也随之变大。但当 H 增加到一定值（H_s）后,B 几乎不再随着 H 的增加而增加,说明磁化达到饱和,如图 3-33 中的 OS 段曲线所示。从未磁化到饱和磁化的这段磁化曲线称为材料的起始磁化曲线。

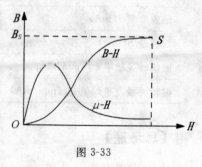

图 3-33

2. 磁滞回线

当铁磁材料的磁化达到饱和之后,如果将磁场减小,则铁磁材料内部的 B 和 H 也随之减小。但其减小的过程并不是沿着磁化时的 OS 段退回。显然,当磁场撤销,$H=0$ 时,磁感应强度仍然保持一定数值 $B=B_r$,称为剩磁（剩余磁感应强度）。

若要使被磁化的铁磁材料的磁感应强度 B 减小到 0,必须加上一个反向磁场并逐步增大。当铁磁材料内部反向磁场强度增加到 $H=H_c$ 时（图 3-34 上的 c 点）,磁感应强度 B 才为 0,达到退磁。图 3-34 中的 bc 曲线段为退磁曲线,H_c 为矫顽力。如图 3-34 所示,H 按 $O \to H_s \to O \to -H_s \to -H_c \to O \to H_c \to H_s$ 的顺序变化时,B 相应沿 $O \to B_s \to B_r \to O \to -B_s \to O \to B_s$ 的顺序变化。图中的 Oa 曲线段称起始磁化曲线,所形成的封闭曲线 $abcdefa$ 称为磁滞回线。

由图 3-34 可知:

（1）当 $H=0$ 时,$B \neq 0$,这说明铁磁材料还残留一定值的磁感应强度 B_r,通常称 B_r 为铁磁物质的剩余感应强度（剩磁）。

（2）若要使铁磁物质完全退磁,即 $B=0$,必须加一个反向磁场 H_c。这个反向磁场强度 H_c 称为该铁磁材料的矫顽力。

（3）图中 bc 曲线段称为退磁曲线。

（4）B 的变化始终落后于 H 的变化,这种现象称为磁滞现象。

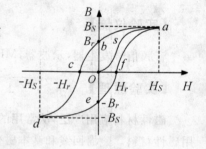

图 3-34

（5）H 上升与下降到同一数值时,铁磁材料内部的 B 值并不相同,即磁化过程与铁磁材料过去的磁化经历有关。

（6）当从初始状态 $H=0,B=0$ 开始周期性地改变磁场强度的幅值时,在磁场由弱到强单调增加的过程中,可以得到面积由大到小的一簇磁滞回线,如图 3-35 所示。其中最大面积的磁滞回线称为极限磁滞回线。

（7）由于铁磁材料磁化过程的不可逆性及具有剩磁的特点,在测定磁化曲线和磁滞回线时,首先须将铁磁材料预先退磁,以保证外加磁场 $H=0$ 时,$B=0$;其次,磁化电流在实验过程中只允许单调增加或减少,不能时增时减。在理论上,要消除剩磁 B_r,只需改变磁化电流方向,使外加磁场正好等于铁磁材料的矫顽力即可。实际上,矫顽力的大小通常并不知道,因而无法确定退磁电流的大小。我们从磁滞回线得到启示,如果使铁磁材料磁化达到磁饱和,然后不断改变磁化电流的方向,与此同时逐渐减小磁化电流,直至为零。则该材料的磁化过程就是一连串逐渐缩小而最终趋于原点的环状曲线,如图 3-36 所示。

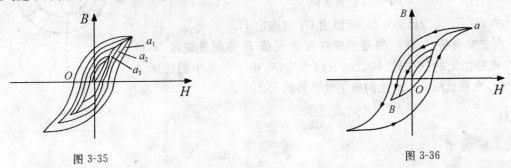

图 3-35　　　　　　　　　　　　　　　　　　图 3-36

　　实验表明,经过多次反复磁化后,B-H 的量值关系形成一个稳定的闭合的"磁滞回线"。通常以这条曲线来表示该材料的磁化性质。这种反复磁化的过程称为"磁锻炼"。本实验采用 50 Hz 的交变电流,所以每个状态都是经过充分的"磁锻炼",随时可以获得磁滞回线。

　　我们把图 3-35 中原点 O 和各个磁滞回线的顶点 $a_1, a_2, a_3, \cdots, a_n$ 所连成的曲线,称为铁磁材料的基本磁化曲线。不同的铁磁材料其基本磁化曲线是不同的。为了使样品的磁特性可以重复出现,也就是指所测得的基本磁化曲线都是由原始状态($H=0, B=0$)开始,在测量前必须进行退磁,以消除样品中的剩余磁性。

　　磁化曲线和磁滞回线是铁磁材料分类和选用的主要依据,其中软磁材料的磁滞回线狭长,矫顽力、剩磁和磁滞损耗均较小,是制造变压器、电机和交流磁铁的主要材料。而硬磁材料的磁滞回线较宽,矫顽力大,剩磁强,可用来制造永久磁体。

　3. 示波器显示 B-H 曲线的原理和线路

　　示波器测量 B-H 曲线的实验线路如图 3-37 所示。

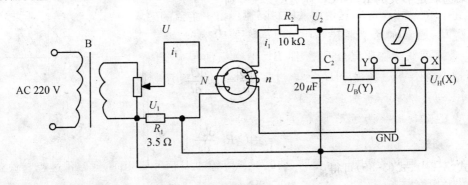

图 3-37

　　本实验研究的铁磁物质为环型和 EI 型矽钢片,N 为励磁绕组,n 为用来测量磁感应强度 B 而设置的绕组。R_1 为励磁电流取样电阻,设通过 N 的交流励磁电流为 i_1,根据安培环路定律,样品的磁化场强为:

$$H = \frac{Ni_1}{L}$$

其中 L 如图 3-38 所示。

因为 $i_1 = \dfrac{U_1}{R_1}$，所以

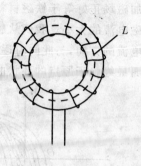

图 3-38

$$H = \frac{Ni_1}{L} = \frac{N}{LR_1} \times U_1 \qquad (3\text{-}33)$$

式中，N、L、R_1 均为已知常数，所以由 U_1 可确定 H。

在交变磁场下，样品的磁感应强度瞬时值 B 是测量绕组 N 和 R_2C_2 电路给定的，根据法拉第电磁感应定律，由于样品中的磁通 Φ 的变化，在测量线圈中产生的感生电动势的大小为：

$$\varepsilon_2 = n\frac{\mathrm{d}\Phi}{\mathrm{d}t}$$

$$\Phi = \frac{1}{n}\int \varepsilon_2 \,\mathrm{d}t$$

$$B = \frac{\Phi}{S} = \frac{1}{nS}\int \varepsilon_2 \,\mathrm{d}t \qquad (3\text{-}34)$$

式中，S 为样品的截面积。

如果忽略自感电动势和电路损耗，则回路方程为

$$\varepsilon_2 = i_2 R_2 + U_2$$

式中，i_2 为感生电流，U_2 为积分电容 C_2 两端电压，设在 Δt 时间内，i_2 向电容 C_2 的充电电量为 Q，则

$$U_2 = \frac{Q}{C_2}$$

所以

$$\varepsilon_2 = i_2 R_2 + \frac{Q}{C_2}$$

如果选取足够大的 R_2 和 C_2，使 $i_2 R_2 \gg \dfrac{Q}{C_2}$，则

$$\varepsilon_2 = i_2 R_2$$

因为

$$i_2 = \frac{\mathrm{d}Q}{\mathrm{d}t} = C_2 \frac{\mathrm{d}U_2}{\mathrm{d}t}$$

所以

$$\varepsilon_2 = C_2 R_2 \frac{\mathrm{d}U_2}{\mathrm{d}t} \qquad (3\text{-}35)$$

由式(3-34)、式(3-35)可得

$$B = \frac{C_2 R_2}{nS} U_2 \qquad (3\text{-}36)$$

式中，C_2、R_2、n 和 S 均为已知常数，所以由 U_2 可确定 B。

综上所述，将图 3-37 中的 $U_1(U_H)$ 和 $U_2(U_B)$ 分别加到示波器的"X 输入"和"Y 输入"便可观察样品的动态磁滞回；接上数字电压表则可以直接测出 $U_1(U_H)$ 和 $U_2(U_B)$ 的值，即可绘制出 B-H 曲线，通过计算可测定样品的饱和磁感应强度 B_s、剩磁 B_r、矫顽力 H_c、磁滞损耗 (BH) 以及磁导率 μ 等参数。

【实验内容】

(1)电路连接。选择样品 2,按实验仪上所给的电路接线图连接好线路。开启仪器电源开关,调节励磁电压 $U=0$,U_H 和 U_B 分别接示波器的"X 输入"和"Y 输入",插孔"⊥"为接地公共端。

(2)样品退磁。开启仪器电源开关,对样品进行退磁,顺时针方向转动电压 U 的调节旋钮,观察数字电压表可看到 U 从 0 逐渐增加至最大,然后逆时针方向转动电压 U 的调节旋钮,将 U 逐渐从最大值调为 0,这样做的目的是消除剩磁,确保样品处于磁中性状态,即 $B=H=0$,如图 3-39 所示。

(3)观察样品在 50 Hz 交流信号下的磁滞回线。开启示波器电源,断开时基扫描,调节示波器上"X"、"Y"位移旋钮,使光点位于坐标网格中心,调节励磁电压 U 和示波器的 X 和 Y 轴灵敏度,使显示屏上出现大小合适、美观的磁滞回线图形(若图形顶部出现编织状的小环,如图 3-40 所示,这时可降低 U 予以消除)。

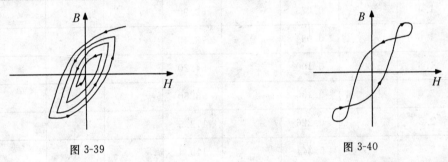

图 3-39　　　　　　　　　　　　　　　　图 3-40

(4)观察基本磁化曲线,按步骤(2)对样品 2 进行退磁,从 $U=0$ 开始,逐渐提高励磁电压,将在显示屏上得到面积由小到大一个套一个的一簇磁滞回线。这些磁滞回线顶点的连线,就是样品的基本磁化曲线,借助长余辉示波器,便可观察到该曲线的轨迹。

(5)测绘基本磁化曲线,并据此描绘 μ-H 曲线。接通实验仪的电源,对样品进行退磁后,依次测定 $U=0,0.2,0.4,0.6,\cdots,3.0$ V 时的若干组 H 值,作 B-H 曲线和 μ-H 曲线。

(6)令 $U=3.00$ V,观测动态磁滞回线。从已标定好的示波器上读取 $U_X(U_H)$、$Y_Y(U_B)$ 值(峰值),计算相应的 H 和 B,逐点描绘而成。再由磁滞回线测定样品 2 的 B_S、B_r 和 H_c 等参数。

(7)同法观察样品 1 和样品 3 的磁化性能。

【数据记录】

1.作 B-H 基本磁化曲线与 μ-H 曲线

选择不同的 U 值,分别记录 U_X、U_Y 并填入记录表 3-5 中。因为本实验仪的输出 $U_Y=U_B$,$U_X=U_H$,可先作出 U_Y-U_X 曲线如图 3-41 所示。

据公式:

$$B=\frac{C_2 R_2}{nS}U_2 \quad (其中\ U_2=U_B)$$

$$H=\frac{Ni_1}{L}=\frac{N}{LR_1}U_1 \quad (其中\ U_1=U_H)$$

可分别计算出 B 和 H,作出 B-H 基本磁化曲线与 μ-H 曲线。

表 3-5

U(V) 0~6 V	X 轴格数 乘灵敏度	U_r(V)	Y 轴格数 乘灵敏度	U_r(mV)	$H \times 10^4$ (A/m)	$B \times 10^2$(T)	$\mu = B/H$ (H/m)
0.0		0.000		0.000			
0.2		0.150		8.900			
0.4		0.026		17.40			
0.6		0.036		26.30			
0.8		0.044		34.10			
1.0		0.054		44.00			
1.2		0.063		53.00			
1.4		0.073		62.90			
1.6		0.084		73.40			
1.8		0.100		84.20			
2.0		0.135		98.80			
2.2		0.226		112.5			
2.4		0.344		119.4			
2.6		0.462		122.9			
2.8		0.582		125.5			
3.0		0.708		126.8			

U_y-U_x 图线

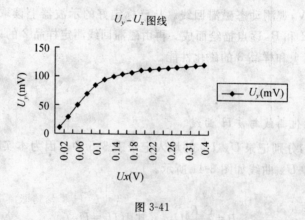

图 3-41

2. 动态磁滞回线的描绘

在示波器荧光屏上调出美观的磁滞回线,测出磁滞回线不同点所对应的格数,然后将数据填入表 3-6 中。

表 3-6

X（格）	−3.6	−3.4	−3	−2.8	−2.6	−2.2	−2	−1.8	−1.6	−1.4	−1.2
Y_1（格）	−2.1	−2.1	−2	−1.9	−1.8	−1.6	−1.38	−1	0	1	1.5
Y_2（格）	−2.1	−2.1	−2.1	−2.06	−2	−2	−1.95	−1.9	−1.9	−1.85	−1.8

X（格）	−1	0	1	1.6	1.8	2	2.2	2.4	2.6	3	3.4
Y_1（格）	1.7	1.85	1.95	2	2.01	2.03	2.04	2.06	2.1	2.1	2.1
Y_2（格）	−1.75	−1.64	−1.3	0	0.8	1.2	1.6	1.82	1.9	1.98	2.1

在坐标纸上绘出动态磁滞回线，如图 3-42 所示。

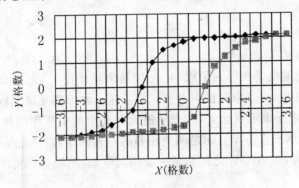

图 3-42

从图 3-42 中可知：

(1)Y 最大值即 U_2（峰值），据此计算出磁性材料的饱和磁感应强度 B_S。

(2)$X=0$ 时，据 Y 方向上的格数计算出对应的剩磁 B_r。

(3)$Y=0$ 时，据 X 方向上的格数计算出 U_1（峰值）计算出矫顽力 H_c。

B_S 的计算：

由式(3-36)得

$$B_S=\frac{C_2 R_2}{nS}U_2=KU_2=K\times Y\,\text{轴格数}\times\text{灵敏度}\times\frac{\sqrt{2}}{2}$$

B_r 的计算：

$$B_r=\frac{C_2 R_2}{nS}U_2（\text{此时}\,U_1=0）=KU_2=K\times Y\,\text{轴格数}\times\text{灵敏度}\times\frac{\sqrt{2}}{2}$$

H_c 的计算：

由式(3-33)得

$$H_c=\frac{Ni_1}{L}=\frac{N}{LR_1}\times U_1（\text{此时}\,U_2=0）=K'\times U_1=K'\times X\,\text{轴格数}\times\text{灵敏度}\times\frac{\sqrt{2}}{2}$$

【思考题】

1.磁滞回线包围面积的大小有何意义？

2.说明本实验的退磁原理。

实验 23　　电子束的电聚焦和磁聚焦

【实验目的】

（1）研究带电粒子在电场和磁场中聚焦的规律。

（2）了解电子束线管的结构和原理。

（3）掌握测量电子荷质比的一种方法。

【实验仪器】

SJ-SS-2 型电子束实验仪。

【实验原理】

1. 电聚焦原理

从示波管阴极发射的电子在第一阳极 A_1 的加速电场作用下，先会聚于控制栅孔附近一点（见图 3-43 中 O 点），往后，电子束又散射开来。为了在示波管荧光屏上得到一个又亮又小的光点，必须把散射开来的电子束汇聚起来，与光学透镜对光束的聚焦作用相似，由第一阳极 A_1 和第二阳极 A_2 组成电聚焦系统。A_1、A_2 是两个相邻的同轴圆筒，在 A_1、A_2 上分别加上不同的电压 U_1、U_2，当 $U_1 > U_2$ 时，在 A_1、A_2 之间形成一非均匀电场，电场分布情况如图 3-44 所示，电场对 Z 轴是对称分布的。

电子束中某个散离轴线的电子沿轨迹 S 进入聚焦电场，图 3-45 画出了这个电子的运动轨迹。

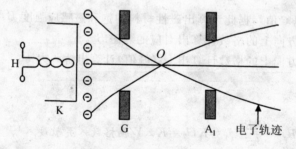

图 3-43

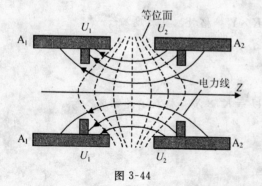

图 3-44

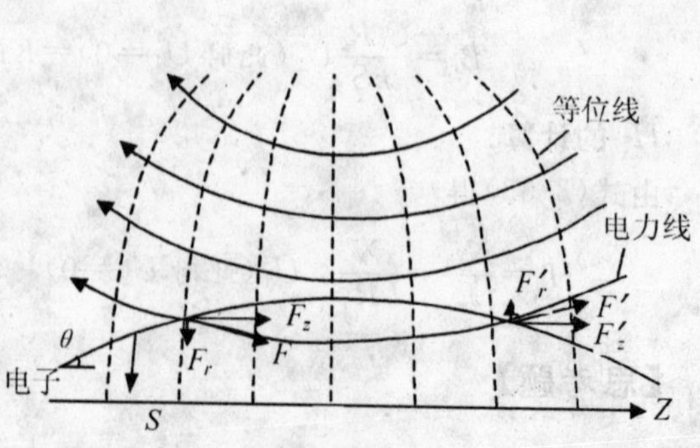

图 3-45

　　在电场的前半区,这个电子受到与电力线相切方向的作用力 F。F 可分解为垂直指向轴线的分力 F_r 与平行于轴线的分力 F_z。F_r 的作用是使电子向轴线靠拢,F_z 的作用是使电子沿 Z 轴得到加速度。电子到达电场后半区时,受到的作用力 F' 可分解为相应的 F_r' 和 F_z' 两个分量。F_z' 分力仍使电子沿 Z 轴方向加速,而 F_r' 分力却使电子离开轴线。但因为在整个电场区域里电子都受到同方向的沿 Z 轴的作用力(F_z 和 F_z'),由于在后半区的轴向速度比前半区的大得多。因此,在后半区电子受 F_r' 的作用时间短得多。这样,电子在前半区受到的拉向轴线的作用大于在后半区受到离开轴线的作用,因此总效果是使电子向轴线靠拢,最后会聚到轴上某一点。调节阳极 A_1 和 A_2 的电压可以改变电极间的电场分布,使电子束的会聚点正好与荧光屏重合,这样就实现了电聚焦。

　　2. 磁聚焦原理

　　将示波管的第一阳极 A_1、第二阳极 A_2,水平、垂直偏转板全连在一起,相对于阴极板加一电压 U_A,这样电子一进入 A_1 后,就在零电场中做匀速运动,这时来自交叉点(图 3-43 中 O 点)的发散的电子束将不再会聚,而在荧光屏上形成一个面积很大的光斑。下面介绍用磁聚焦的方法使电子束聚焦的原理。

　　在示波管外套一载流长螺线管,在 Z 轴方向即产生一均匀磁场 B,电子离开电子束交叉点进入第一阳极 A_1 后,即在一均匀磁场 B(电场为零)中运动,如图 3-46 所示。v 可分解为平行 B 的分量 $v_{//}$ 和垂直于 B 的分量 $v_\perp$,磁场对 $v_{//}$ 分量没有作用力,$v_{//}$ 分量使电子沿 B 方向做匀速直线运动;$v_\perp$ 分量受洛仑兹力的作用,使电子绕 Z 轴做匀速圆周运动。因此,电子的合成运动轨道是螺旋线(见图 3-46),螺旋线的半径为

$$R = \frac{mv_\perp}{eB} \tag{3-37}$$

式中,m 是电子的质量,e 是电子的电荷量。

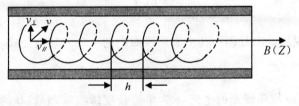

图 3-46

　　电子做圆周运动的周期为

$$T = \frac{2\pi R}{v_\perp} = \frac{2\pi n}{eB} \tag{3-38}$$

　　从式(3-38)看出,T 与 $v_\perp$ 无关,即在同一磁场下,不同速度的电子绕圆一周所需的时间是相等的,只不过速度大的电子绕的圆周大,速度小的电子绕的圆周小而已。

　　螺旋线的螺距为

$$h = Tv_{//} = \frac{2\pi m}{eB} v_{//} \tag{3-39}$$

　　在示波管中,由电子束交叉点射入均匀磁场中的一束电子流中,各电子与 Z 轴的夹角 θ 是不同的,但是夹角 θ 都很小,则

$$v_{//} = v\cos\theta \approx v \qquad v_\perp = v\cos\theta \approx v\theta$$

　　由于 $v_\perp$ 不同,在磁场的作用下,各电子将沿不同半径的螺旋线前进,见式(3-37),但由于各

电子的 $v_{//}$ 分量近似相等,其大小由阳极所加的电压 U_A 决定,因为

$$\frac{1}{2}mv_{//}^2 = eU_A$$

即

$$v_{//} = \sqrt{\frac{2eU_A}{m}}$$

所以各螺旋线的螺距是相等的[见式(3-39)]。这样,由同一点 O 出发的各电子沿不同半径的螺旋线,经过同一距离 h 后,又重新会聚在轴线上的一点,如图 3-47 所示。调节磁场 B 的大小,使 $l/h = n'$ 为一整数(l 是示波管中电子束交叉点到荧光屏的距离),会聚点就正好与荧光屏重合,这就是磁聚焦。

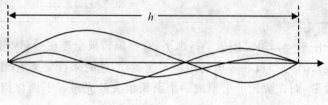

图 3-47

3. 电子荷质比 $\frac{e}{m}$ 的测定

利用磁聚焦系统,调节磁场 B,当螺旋线的螺距 h 正好等于示波管中电子束交叉点到荧光屏之间的距离 l 时,在屏上将得到一个亮点(聚焦点)。这时

$$l = h = \frac{2\pi n v_{//}}{eB} = \frac{2\pi m}{eB}\sqrt{\frac{2eU_2}{m}}$$

即得

$$\frac{e}{m} = \frac{8\pi^2 U_2}{l^2 B^2} \tag{3-40}$$

式中,l、B 由每台实验仪器给出数据。其中聚焦线圈中的平均磁场由公式

$$B = \frac{1}{2}\mu_0 nI(\cos\alpha - \cos\beta) \tag{3-41}$$

求出。式中的 I 为流过磁聚焦线圈的电流,n 为单位长度螺线管圈数,B 的单位为特斯拉。为了减小 I 的测量误差,可利用一次、二次、三次聚焦时对应的励磁电流求平均 $\bar{I}$,因为第一次聚焦时的电流为 I_1,二次聚焦的电流为 $2I_1$,即磁场强一倍,相应电子在示波器内绕 Z 轴转两圈。同理,三次聚焦的电流 I_3 应为 $3I_1$…所以有

$$\bar{I} = \frac{I_1 + I_2 + I_3 + \cdots}{1 + 2 + 3 + \cdots} \tag{3-42}$$

将 $\bar{I}$ 代入实验仪器给出的 B 计算式中,求出 B。再将 U_2、l、B 值代入式(3-40)中,即可求出不同加速电压 U_2 时的电子荷质比 e/m,与标准值相比较,即可求出相对误差。

对于 SJ-SS-2 型电子束实验仪,螺线管中心部分的磁场视为均匀的平均磁场,则有

$$B = \frac{4\pi N \bar{I} \times 10^{-7}}{\sqrt{D^2 + L^2}}$$

$$\frac{e}{m} = \frac{D^2 + L^2}{2l^2 N^2 \times 10^{-14}} \cdot \frac{U_2}{\bar{I}^2}$$

式中,D 为螺线管平均直径,L 为螺线管长度,N 为螺线管线圈匝数。

【实验内容】

1. 观察电聚焦现象

(1)将"功能选择"置于"电聚"位置,按图 3-48 插入导联线。

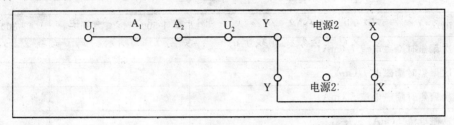

图 3-48

(2)接通"高压电源开"保持辉度适中(不可太亮,以免烧坏荧光屏),置 U_2 旋钮于最大值,调节 U_1,使光点聚焦,读取 U_2 及 U_1 的数值,求出电压比 U_2/U_1。

(3)保持 U_2、U_1 旋钮不变,调节"高压调节"旋钮,使 U_2、U_1 同时按比例变化,观察光点不应散焦,并读取不同组合聚焦时的 U_2、U_1 数值,计算出相应的电压比。

(4)数据记录填入表 3-7 中。

表 3-7

加速极电压 U_2(V)	1 500	1 400	1 300	1 200	110
聚焦极电压 U_1(V)					
电压比 U_2/U_1					

2. 观察磁聚焦现象

(1)将"功能选择"置于"磁聚"位置,按图 3-49 插入导联线,并松开示波管尾部导轨两定位螺钉,将示波管往后拉到定位板处,使示波管处于螺线管中间位置。

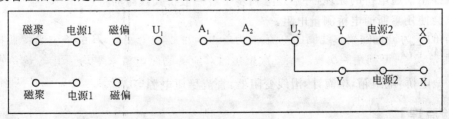

图 3-49

(2)接通"高压电源开",调节辉度,使荧光屏上出现稍暗的散焦光斑,调节 X、Y 位移旋钮,将光斑移到坐标中心,调节"高压调节"及"辅助聚焦"旋钮,使 U_2 值最大。

(3)检查"励磁电流"旋钮,反时针复位到零,接通"励磁电源开",顺时针调节"励磁电流",使荧光屏上光斑聚焦,并记下聚焦点位置。反时针调节"励磁电流"降到零后,重调 X、Y 位移,使光斑中心落于聚焦点位置上。

(4)保持 X、Y 位移不变,调节"励磁电流"使光斑进行第一次聚焦,并从 mA-V 表及 KV 表读取 I_1 值及 U_2 值。继续增加励磁电流使已聚焦的光点→散焦→聚焦→散焦→聚焦,并读取相应聚焦时的电流 I_2、I_3。

（5）调节"辅助聚焦 U_2"及"高压调节"旋钮，使 $U_2 \geqslant 1\ 000\ V$ 的另一数值，重复方法（4），读取相应 U_2 时的聚焦电流 I_1、I_2、I_3。

（6）数据记录填入表3-8中。

表 3-8

实验仪器编号：　　参数：$l=$　　　　$D=$　　　　$I_c=$　　　　$N=$

加速电压（V）	1 500	1 400	1 300
第一次聚焦时励磁电流 I_1（mA）			
第二次聚焦时励磁电 I_2（mA）			
第三次聚焦时励磁电流 I_3（mA）			
平均励磁电流 I（mA）			
电子荷比 e/m（C/kg）			
相对误差			

【思考题】

1. 磁聚焦和电聚焦有什么区别？

2. 对聚焦的磁场和电场各有什么要求？

3. 当螺线管电流 I 逐渐增加，电子束线从一次聚焦到二次、三次聚焦，荧光屏上的亮斑怎样运动？请解释之。

实验 24　惠斯通电桥

【实验目的】

（1）掌握惠斯通电桥的原理，并通过它初步了解一般桥式线路的特点。

（2）学会使用惠斯通电桥测量电阻。

【实验仪器】

QJ23 型电桥，电阻箱，检流计，滑线变阻器，直流稳压电源等。

【实验原理】

前面我们介绍的伏安法测量电阻，其精度不够高。这一方面是由于线路本身存在缺点，另一方面是由于电压表和电流表本身的精度有限。所以，为了精确测量电阻，必须对测量线路加以改进。

惠斯通电桥（也称为单臂电桥）的电路如图 3-50 所示，四个电阻 R_1、R_2、R_b、R_x 组成一个四边形的回路，每一边称为电桥的"桥臂"，在一对对角 AD 之间接入电源，而在另一对角线 BC 之间接入检流计，构成所谓"桥路"。所谓"桥"本身的意思就是指这条对角线 BC。它的作用就是把"桥"的两端点联系起来，从而将这两点的电位直接进行比较。B、C 两点的电位相等时称为电桥平衡；反之，称为电桥不平衡。检流计是为了检查电桥是否平衡而设的，平衡时检流计无电流通过。用于指示电桥平衡的仪器，除了检流计外，还有其他仪表，它们称为"示零器"。

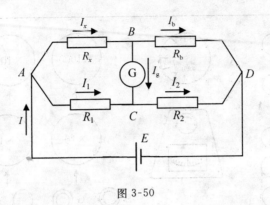

图 3-50

当电桥平衡时，B 和 C 两点的电位相等，故有

$$U_{AB}=U_{AC} \qquad U_{BD}=U_{CD} \tag{3-43}$$

由于平衡时 $I_g=0$，所以 B、C 间相当于断路，故有

$$I_1=I_2 \qquad I_x=I_b \tag{3-44}$$

所以

$$I_xR_x=I_1R_1 \qquad I_bR_b=I_2R_2$$

可得

$$R_1R_b=R_2R_x \tag{3-45}$$

或

$$R_x=\frac{R_1}{R_2}R_b \tag{3-46}$$

这个关系式是由"电桥平衡"推出的结论。反之，也可以由这个关系式推证出"电桥平衡"来。因此式(3-45)称为电桥平衡条件。

如果在四个电阻中的三个电阻值是已知的，即可利用式(3-45)求出另一个电阻的阻值。这就是应用惠斯通电桥测量电阻的原理。

上述用惠斯通电桥测量电阻的方法，也体现了一般桥式线路的特点，主要优点如下：

(1)平衡电桥采用了示零法，即根据示零器的"零"或"非零"的指标，即可判断电桥是否平衡而不涉及数值的大小。因此，只需示零器足够灵敏就可以使电桥达到很高灵敏度，从而为提高它的测量精度提供了条件。

(2)用平衡电桥测量电阻方法的实质是将已知的电阻和未知的电阻进行比较。这种比较测量法简单而精确。如果采用精确电阻作为桥臂，可以使测量的结果达到很高的精确度。

(3)由于平衡条件与电源电压无关，故可避免因电压不稳定而造成的误差。

【仪器描述】

箱式惠斯通电桥的基本特征是，在恒定比值 R_1/R_2 下，变动 R_b 的大小，使电桥达到平衡。它的线路结构和滑线式电桥相似，只是把各个仪表都装在木箱内，便于携带，因此叫箱式电桥，其形式多样。现介绍 QJ23 型携带式直流单臂电桥。

图 3-51 为其面板布置图，右边四个电阻是比较臂 R_b，左上角是比例臂 R_1/R_2，共分七挡，右下角两只接线柱是接待测电阻，左上角一对接线柱是外接电源用的。左下角三只接线柱是用来接电流计的，当接线片把下面两接线柱相连时，是使用内部电流计，当接线片把上面两接线柱相连时，内部电流计被短路，然后在下面两接线柱间外接电流计。中间下面两个按钮分别是电源开关(B)、电流计开关(G)，使用时要注意，测量时应先按 B 后按 G，断开时要先放开 G 后放开 B。电流计上的旋钮是调节指针零点的，叫做机械调零器。

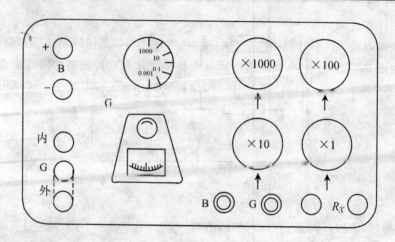

图 3-51

【实验内容】

1.用自组电桥测量电阻

用电阻箱连成桥路如图 3-52 所示,接到桥臂的导线应该比较短,与图 3-50 不同之处在于增加了保护电阻 R_b、开关 K_g 和 K_b,开始操作时,电桥一般处于很不平衡的状态,为了防止过大的电流通过检流计,应将 R_h 拨至最大。随着电桥逐步接近平衡,R_h 也逐渐减小直至零。

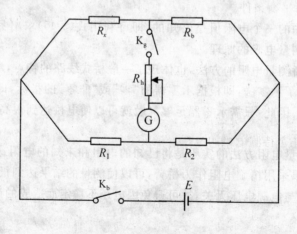

图 3-52

为了保护检流计,开关的顺序应注意先合 K_b、后合 K_g,先断开 K_g、后断开 K_b,即电源 K_b 要先合后断。

在电桥接近平衡时,为了更好地判断检流计电流是否为零,应反复开合开关 K_g(跃接法)细心观察检流计指针是否有摆动。

测量几十、几百、几千欧姆的电阻各一个,分别取 $R_1/R_2 = 500\ \Omega/500\ \Omega$ 及 $50\ \Omega/500\ \Omega$。每次更换 R_x 前均要注意:增大 R_h;切断 K_g。

2.用箱式电桥测量电阻

这里用内接电源和内接检流计法测量。

（1）将检流计指针调到零。

（2）接上被测电阻 R_x，估计被测电阻近似值，然后将比例臂旋钮转动到适当倍率。

（3）轻而快地先后按 B、G（一触即离），同时观察检流计指针的偏转方向。若指针向右（即正向）表示 R_b 值太小，需增加，若指针向左（即负向）表示 R_b 值太大，需减小。这样几次调节 R_b，直至检流计无偏转为止。这时

$$R_x = （比例臂读数）\times（比较臂读数之和）$$

（4）重复上述步骤测量另外两个电阻。

3. 测量计算电桥的灵敏度

公式 $R_x = R_1 R_b / R_2$ 是在电桥平衡的条件下推导出来的。而电桥是否平衡，实验上是看检流计有无偏转来判断的。当我们认为电桥已达到平衡时 $I_g = 0$，而 I_g 不可能绝对等于零，而仅是 I_g 小到无法用检流计检测而已。例如，有一惠斯通电桥上的检流计偏转一格所对应的电流大约为 10^{-6} A，当通过它的电流为 10^{-7} A 时，指针偏转 1/10 格，我们是可以察觉出来的；当通过它的电流小于 10^{-7} A 时，指针的偏转小于 1/10 格，我们就很难察觉出来了。为了定量地表示检流计不够灵敏带来的误差，可引入电桥灵敏度 S_i 的概念，它的定义是

$$S_i = \frac{\Delta n}{\dfrac{\Delta R_x}{R_x}} \tag{3-47}$$

式中，ΔR_x 是当电桥平衡后把 R_x 改变一点的数量，而 Δn 是因为 R_x 改变了 ΔR_x，电桥略失平衡引起的检流计偏转格数。

从误差来源看，只要仪器选择合适，用电桥测电阻可以达到很高的精度。在测灵敏度时，由于 R_x 是不可变的，故可以用改变 R_b 的办法来代替。计算表明

$$S_i = \frac{\Delta n}{\dfrac{\Delta R_1}{R_1}} = \frac{\Delta n}{\dfrac{\Delta R_x}{R_x}} = \frac{\Delta n}{\dfrac{\Delta R_b}{R_b}} = \frac{\Delta n}{\dfrac{\Delta R_2}{R_2}}$$

可见，任意改变一臂测出的灵敏度，都是一样的。

用箱式电桥测量三个待测电阻的电桥灵敏度。

【思考题】

1. 能否用惠斯通电桥测毫安表或伏特表的内阻？测量时要特别注意什么问题？

2. 电桥测电阻时，若比率臂的选择不好，对测量结果有何影响？

3. 如果按图 3-52 连成电路，接通电源后，检流计指针始终向一边偏转、不偏转，试分析这两种情况下电路故障的原因。

实验 25　万用电表改装

【实验目的】

（1）了解磁电式电表的基本结构。

（2）掌握电表扩大量程的方法。

（3）掌握电表的校准方法。

【实验仪器】

待改装的表头,毫安表与伏特表(做标准表用),电阻箱,滑线变阻器,直流稳压电源等。

【实验原理】

电流计(表头)一般只能测量很小的电流和电压,如果要用它来测量较大的电流或电压,就必须进行改装,扩大其量程。

1. 将电流计改装为安培表

电流计的指针偏转到满刻度时所需要的电流 I_g 称为表头量程。这个电流越小,表头灵敏度越高。表头线圈的电阻 R_g 称为表头内阻。表头能通过的电流很小,要将它改装成能测量大电流的电表,必须扩大它的量程,方法是在表头两端并联一分流电阻 R_S,如图 3-53 所示。这样就能使表头不能承受的那部分电流流经分流电阻 R_S,而表头的电流仍在原来许可的范围之内。

设表头改装后的量程为 I,由欧姆定律得

$$(I - I_g)R_S = I_g R_g$$

$$R_S = \frac{I_g R_g}{I - I_g} = \frac{R_g}{\dfrac{I}{I_g} - 1} \tag{3-48}$$

式中,I/I_g 表示改装后电流表扩大量程的倍数,可用 n 表示,则有

$$R_S = \frac{R_g}{n-1}$$

可见,将表头的量程扩大 n 倍,只要在该表头上并联一个阻值为 $R_g/(n-1)$ 的分流电阻 R_S 即可。

在电流计上并联不同阻值的分流电阻,便可制成多量程的安培表,如图 3-54 所示。

同理可得

$$\begin{cases} (I_1 - I_g) \cdot (R_1 + R_2) = I_g R_g \\ (I_2 - I_g)R_1 = I_g(R_g + R_2) \end{cases}$$

则

$$R_1 = \frac{I_g R_g I_1}{I_2(I_1 - I_g)} \qquad R_2 = \frac{I_g R_g(I_2 - I_1)}{I_2(I_1 - I_g)}$$

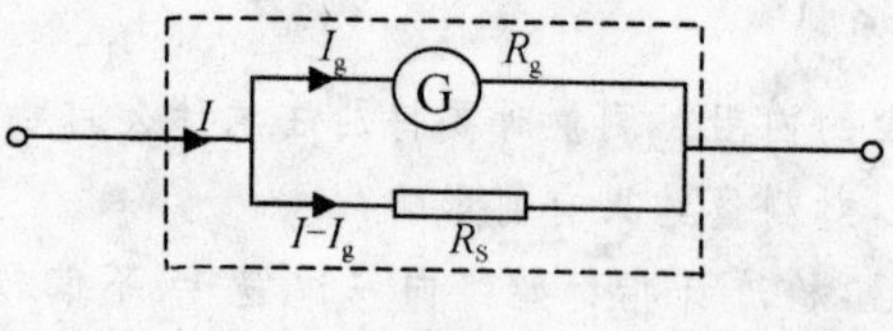

图 3-53

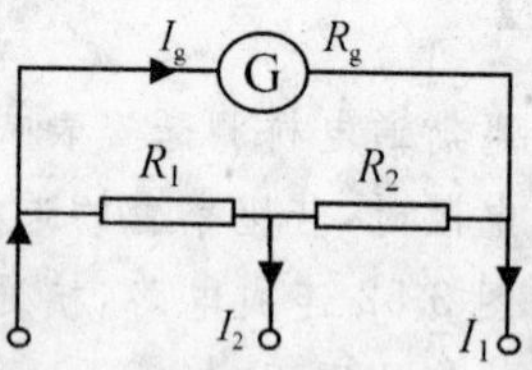

图 3-54

2. 将电流计改装为伏特表

电流计本身能测量的电压 U_g 是很低的。为了能测量较高的电压,可在电流计上串联一个扩程电阻 R_p,如图 3-55 所示,这时电流计不能承受的那部分电压将降落在扩程电阻上,而电流计上仍降落原来的量值 U_g。

设电流计的量程为 I_g,内阻为 R_g,改装成伏特表的量程为 U,由欧姆定律得到

$$I_g(R_g + R_p) = U$$

$$R_p = \frac{U}{I_g} - R_g = \left(\frac{U}{U_g} - 1\right) R_g \tag{3-49}$$

式中, U/U_g 表示改装后电压表扩大量程的倍数, 可用 m 表示, 则有

$$R_p = (m-1) R_g$$

可见, 要将表头测量的电压扩大 m 倍时, 只要在该表头上串联阻值为 $(m-1) R_g$ 扩程电阻 R_p。在电流计上串联不同阻值的扩程电阻, 便可制成多量程的电压表, 如图 3-56 所示。

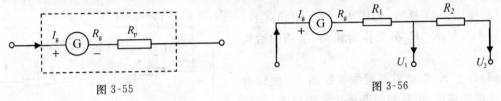

图 3-55　　　　　　　　　　　　　　　　图 3-56

同理可得

$$I_g (R_g + R_1) = U_1$$

$$R_1 = \frac{U_1}{R_g} - R_g$$

$$I_g (R_g + R_1 + R_2) = U_2$$

$$R_2 = \frac{U_2}{I_g} - R_g - R_1$$

3. 电表的校准

电表扩程后要经过校准方可使用。方法是将改装表与一个标准表进行比较, 当两表通过相同的电流(或电压)时, 若待校表的读数为 I_x, 标准表的读数为 I_0, 则该刻度的修正值为 $\Delta I_x = I_0 - I_x$。将该量程中的各个刻度都校准一遍, 可得到一组 I_x、ΔI_x(或 U_x、ΔU_x)值, 将相邻两点用直线连接, 整个图形呈折线状, 即得到 I_x-ΔI_x(或 U_x-ΔU_x)曲线, 称为校准曲线, 如图 3-57 所示, 以后使用这个电表时, 就可以根据校准曲线对各读数值进行校准, 从而获得较高的准确度。

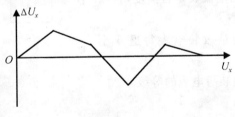

图 3-57

根据电表改装的量程和测量值的最大绝对误差, 可以计算改装表的最大相对误差, 即

$$最大相对误差 = \frac{最大绝对误差}{量程} \times 100\% \leqslant a\%$$

其中, $a = \pm 0.1$、± 0.2、± 0.5、± 1.0、± 1.5、± 2.5、± 5.0 是电表的等级, 所以根据最大相对误差的大小就可以定出电表的等级。

例如: 校准某电压表, 其量程为 $0 \sim 30$ V, 若该表在 12 V 处的误差最大, 其值为 0.12 V, 试确定该表属于哪一级?

$$最大相对误差 = \frac{最大绝对误差}{量程} \times 100\% = \frac{0.12}{30} \times 100\% = 0.4\% < 0.5\%$$

因为 $0.2 < 0.4 < 0.5$, 故该表的等级属于 0.5 级。

【实验内容】

1.把 0—3 V—15 V 电压表（当做待改装的电流表）中的 3 V 挡，改装成 0～45 mA 的毫安表，并校准

（1）原 3 V 挡的内阻约为 1 kΩ，所以该表头的量程为 $I_g=3$ mA 左右。根据已知的 I_g、R_g 代入公式算出 R_S。

（2）按图 3-58 接线，图中 R_S 用电阻箱代替，电源用 4.5 V，R_1、R_2 分别作为粗调、细调的滑线变阻器。

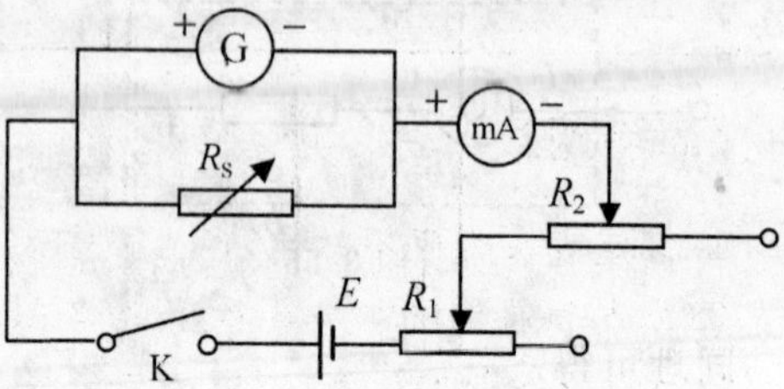

（3）合上 K，移动粗调滑线变阻器 R_1 使标准毫安表接近满度，再移动细调滑线变阻器 R_2 使之满度。检查被改装的电流表是否恰好满度。若不刚好满度就要略为改变 R_S，使其恰好满度。

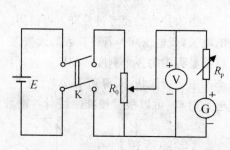

图 3-58

（4）移动滑线变阻器 R_1、R_2，使被改装电流表每退 6 小格，记下标准毫安表示数。

（5）画校准曲线和定出改装后电表的等级。

2.把 0—3 V—15 V 电压表（当做待改装的电流表）中的 3 V 挡，改装成 0～15 V 的电压表，并校准

（1）根据已知的 R_g 代入公式算出扩程电阻 R_p 的值。

（2）按图 3-59 接线，图中 R_p 用电阻箱代替，电源用 18 V，注意考虑滑线变阻器应选用图中 R_1 还是 R_2。

（3）合上 K，移动滑线变阻器直到标准伏特表指示 15 V 为止。检查被改装的电流表是否满度，否则要略为改变 R_p 使之恰好满度。

（4）移动滑线变阻器，使被改装电表每退 6 小格，记下标准伏特表示数。

（5）画校准曲线和定出改装后电表的等级。

图 3-59

【数据记录】

待改装电表编号 _____，量程 _____，内阻 _____，扩大倍数 _____，$R_{S理}$ _____，$R_{S实}$ _____。

待改装电表格数	6.0	12.0	18.0	24.0	30.0
待改装电表示数 I_x(mA)	9.0	18.0	27.0	36.0	45.0
标准表示数 I_0(mA)					
$\Delta I_x=I_0-I_x$(mA)					

（其中 $R_{S理}$ 为计算值，$R_{S实}$ 为改变后的实际值，下面的 $R_{p理}$ 和 $R_{p实}$ 相同）。

电压表扩大倍数＿＿＿＿＿＿＿＿，$R_{p理}$ ＿＿＿＿＿＿＿＿，$P_{p实}$ ＿＿＿＿＿＿＿＿。

待改装电表格数	6.0	12.0	18.0	24.0	30.0
待改装电表示数 U_x(V)	3.0	6.0	9.0	12.0	15.0
标准表示数 U_0(V)					
$\Delta U_x = U_0 - U_x$(V)					

【思考题】

1. 假定表头内阻不知道, 你能否在改变电压的同时确定表头的内阻?

2. 零点和满度校准好后, 之间的各刻度仍然不准, 试分析可能产生这一结果的原因。

3. 在图 3-55 中用了两个滑线变阻器 R_1 和 R_2, 为什么要用两个? 这样做有什么好处? 如果 $R_1 : R_2 = 10 : 1$, 那么哪个电阻为粗调, 哪个电阻为细调? 试以实验事实证明。

实验 26　霍 尔 效 应

【实验目的】

(1) 了解霍尔效应的基本原理。

(2) 学习用霍尔效应测量磁场。

【实验仪器】

HL-4 霍尔效应仪, 稳流电源, 稳压电源, 安培表, 毫安表, 功率函数发生器, 特斯拉计, 数字万用表, 电阻箱等。

【实验原理】

1. 霍尔效应

若将通有电流的导体置于磁场 B 之中, 磁场 B(沿 z 轴)垂直于电流 I_H(沿 x 轴)的方向, 如图 3-60 所示, 则在导体中垂直于 B 和 I_H 的方向上出现一个横向电位差 U_H, 这个现象称为霍尔效应。

这一效应对金属来说并不显著, 但对半导体非常显著。霍尔效应可以测定载流子浓度及载流子迁移率等重要参数以及判断材料的导电类型, 是研究半导体材料的重要手段。还可以用霍尔效应测量直流或交流电路中的电流强度和功率以及把直流电流转成交流电流并对它进行调制、放大。用霍尔效应制作的传感器广泛用于磁场、位置、位移、转速的

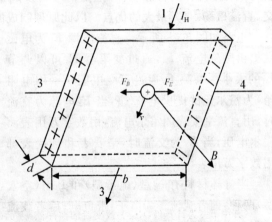

图 3-60

测量。

霍尔电势差是这样产生的：当电流 I_H 通过霍尔元件（假设为 P 型）时，空穴有一定的漂移速度 v，垂直磁场对运动电荷产生一个洛仑兹力

$$F_B = q(v \times B) \tag{3-50}$$

式中，q 为电子电荷。洛仑兹力使电荷产生横向的偏转，由于样品有边界，所以有些偏转的载流子将在边界积累起来，产生一个横向电场 E，直到电场对载流子的作用力 $F_E = qE$ 与磁场作用的洛仑兹力相抵消为止，即

$$q(v \times B) = qE \tag{3-51}$$

这时电荷在样品中流动时将不再偏转，霍尔电势差就是由这个电场建立起来的。

如果是 N 型样品，则横向电场与前者相反，所以 N 型样品和 P 型样品的霍尔电势差有不同的符号，据此可以判断霍尔元件的导电类型。

设 P 型样品的载流子浓度为 p，宽度为 b，厚度为 d。通过样品电流 $I_H = pqvbd$，则空穴的速度 $v = I_H / pqvbd$，代入式（3-51）有

$$E = |v \times B| = \frac{I_H B}{pqbd} \tag{3-52}$$

式（3-52）两边各乘以 b，便得到

$$U_H = Eb = \frac{I_H B}{pqd} = R_H \frac{I_H B}{d} \tag{3-53}$$

式中，$R_H = \dfrac{1}{pq}$ 称为霍尔系数。在应用中一般写成

$$U_H = K_H I_H B \tag{3-54}$$

比例系数 $K_H = R_H/d = 1/pqd$ 称为霍尔元件灵敏度，单位为 mV/(mA·T)。一般要求 K_H 越大越好。K_H 与载流子浓度 p 成反比。半导体内载流子浓度远比金属载流子浓度小，所以都用半导体材料作为霍尔元件。K_H 与片厚 d 成反比，所以霍尔元件都做得很薄，一般只有 0.3 mm 厚。

由式（3-54）可以看出，知道了霍尔片的灵敏度 K_H，只要分别测出霍尔电流 I_H 及霍尔电势差 U_H 就可算出磁场 B 的大小。这就是霍尔效应测磁场的原理。

2. 用霍尔效应法测量电磁铁的磁场

测量磁场的方法很多，如磁通法、核磁共振法及霍尔效应法等。其中霍尔效应法用半导体材料构成霍尔片作为传感元件，把磁信号转换成电信号，测出磁场中各点的磁感应强度。能测量交、直流磁场，是其最大的优点。以此原理制成的特斯拉计能简便、直观、快速地测量磁场。

电路如图 3-61 所示。直流电源 E_1 为电磁铁提供励磁电流 I_M，通过变阻器 R_1 可以调节 I_M 的大小。电源 E_3 通过可变电阻 R_3（用电阻箱）为霍尔元件提供电流 I_H，当 E_3 电源为直流时，用直流毫安表测霍尔电流，用数字万用表测霍尔电压；当 E_3 为交流时，毫安表和毫伏表都用数字万用表。

半导体材料有 N 型（电子型）和 P 型（空穴型）两种，前者载流子为电子，带负电；后者载流子为空穴，相当于带正电的粒子。由图 3-60 可

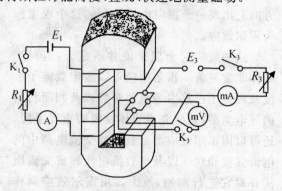

图 3-61

以看出,若载流子为电子,则 4 点电位高于 3 点电位,$U_{H3,4}<0$;若载流子为空穴,则 4 点电位低于 3 点电位 $U_{H3,4}>0$。如果知道载流子类型则可以根据 U_H 的正负定出待测磁场的方向。

由于霍尔效应建立电场所需时间很短(约 $10^{-14}\sim10^{-13}$ s),因此通过霍尔元件的电流用直流或交流都可以。若霍尔电流为交流 $I_H=I_0\sin\omega t$,则

$$U_H=K_HI_HB=K_HBI_0\sin\omega t \tag{3-55}$$

所得的霍尔电压也是交变的。在使用交流电情况下,式(3-54)仍可使用,只是式中的 I_H 和 U_H 应理解为有效值。

3. 消除霍尔元件负效应的影响

在实际测量过程中,还会伴随一些热磁负效应,它使所测得的电压不只是 U_H,还会附加另外一些电压,给测量带来误差。

这些热磁效应有埃廷斯豪森效应,是由于在霍尔片两端有温度差,从而产生温差电动势 U_E,它与霍尔电流 I_H、磁场 B 方向有关;能斯特效应,是由于当热流通过霍尔片(如 1、3 端)在其两侧(3、4 端)会有电动势 U_N 产生,只与磁场 B 和热流有关;里吉-勒迪克效应,是当热流通过霍尔片时两侧会有温度差产生,从而又产生温差电动势 U_R,它同样与磁场 B 及热流有关(见本实验附录)。

除了这些热磁负效应外还有不等位电势差 U_0,它是由于两侧(3、4 端)的电极不在同一等势面上引起的,当霍尔电流通过 1、3 端时,即使不加磁场,3 和 4 端也会有电势差 U_0 产生,其方向随电流 I_H 方向而改变。

因此,为了消除负效应的影响,在操作时我们要分别改变 I_H 的方向和 B 的方向,记下四组电势差数据(K_1、K_3 换向开关"上"为正):

当 I_H 正向,B 正向时,　　　　　$U_1=U_H+U_0+U_E+U_N+U_R$

当 I_H 负向,B 正向时,　　　　　$U_2=-U_H-U_0-U_E+U_N+U_R$

当 I_H 负向,B 负向时,　　　　　$U_3=U_H-U_0+U_E-U_N-U_R$

当 I_H 正向,B 负向时,　　　　　$U_4=-U_H+U_0-U_E-U_N-U_R$

作运算 $U_1-U_2+U_3-U_4$,并取平均值,有

$$\frac{1}{4}(U_1-U_2+U_3-U_4)=U_H+U_E \tag{3-56}$$

由于 U_E 方向始终与 U_H 相同,所以换向法不能消除它,但一般 $U_E\ll U_H$,故可以忽略不计,于是

$$U_H=\frac{U_1-U_2+U_3-U_4}{4} \tag{3-57}$$

温度差的建立需要较长时间(约几秒钟),因此如果采用交流电,使它来不及建立,就可以减小测量误差。

【实验内容】

1. 测量霍尔电流 I_H 与霍尔电压 U_H 的关系

将霍尔片置于电磁铁中心处,励磁电流 $I_M=0.6$ A,调节直流稳压电源 E_2 及制流电阻 R_2,使霍尔电流 I_H 依次为 3 mA、4 mA、6 mA、8 mA、10 mA,测出相应的霍尔电压,每次消除负效应,霍尔电流分别从 1、3 端(K_3 键)和 3、4 端(K_3 键)通入,测量相应的霍尔电压。作 U_H-I_H 图,验证 I_H 与 U_H 的线性关系。如按图 3-61 连接电路实验,K_1、K_3、K_3 应为换向开关。

2.测量 K_H

学会使用特斯拉计。特斯拉计是利用霍尔效应制成的磁强计。霍尔探头是由极薄的半导体材料制成,很脆、易碎,操作必须小心!用毕必须立即用套管保护好。

霍尔电流保持 $I_H=10$ mA,由1、3端输入。将特斯拉计的探头小心地伸入电磁铁间隙中心处,励磁电流 I_M 从 $0.1\sim1.0$ A,每隔0.1 A分别测出磁场 B 的大小和样品的霍尔电压 U_H(注意磁场方向要与探头霍尔片垂直,同学自己判断)。用式(3-54)算出相应 K_H。

3.测量磁化曲线

霍尔电流保持在 $I_H=10$ mA,由1、3端(K_3键)通入,通过电磁铁线圈的励磁电流 I_M 从0每隔0.2 A变到1.0 A,测量霍尔电压。用测得的 K_H 计算磁场 B,从而得到磁场与励磁电流的关系 B-I_M 曲线。测量霍尔电压时要消除负效应(励磁电流开关 K_1 及霍尔电流开关 K_3 "上"为正)。

励磁电流由稳流电源供给,电压调节钮要放到足够大的位置,调节电流控制钮,当面板上"CC"指示红灯亮时表示仪器处于稳流状态,在整个测量过程中必须保持稳流状态。

4.测量电磁铁磁场沿水平方向分布

调节支架旋钮,使霍尔片从电磁铁中心处移到支架的左端。励磁电流固定在 $I_M=0.6$ A,霍尔电流 $I_H=10$ mA,调节支架使霍尔片由电磁铁左边向右慢慢进入电磁铁间隙间,由左到右测量磁场随水平 x 方向分布的 B-x 曲线。x 位置由支架上水平标尺上读得(磁场随 x 方向分布不必考虑消除负效应)。

【注意事项】

(1)霍尔片又薄又脆,切勿用手摸。

(2)霍尔片允许通过电流很小,切勿与励磁电流接错!

(3)电磁铁通电时间不要过长,以防电磁铁线圈过热影响测量结果。

【思考题】

1.分析本实验主要误差来源,计算磁场 B 的合成不确定度。(分别取 $I_M=1.0$ A,$I_H=10$ mA)

3.以简图示意,用霍尔效应法判断霍尔片上磁场方向。

3.如何测量交变磁场?写出主要步骤。

第4章 光学实验

实验 27 薄透镜焦距的测定

【实验目的】

(1)学会调节光学系统使之共轴,并了解视差原理的实际应用。

(2)掌握薄透镜焦距的常用测定方法。

【实验仪器】

光具座,会聚透镜(两块),发散透镜,物屏,白屏,平面反射镜,尖头棒,T形辅助棒,光源。

【实验原理】

如图 4-1 所示,设薄透镜的像方焦距为 f',物距为 p,对应的像距为 p',则透镜成像的高斯公式为

$$\frac{1}{p'} - \frac{1}{p} = \frac{1}{f'} \tag{4-1}$$

故

$$f' = \frac{pp'}{p - p'} \tag{4-2}$$

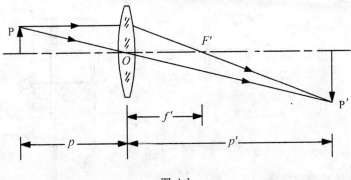

图 4-1

应用上式时,必须注意各物理量所适用的符号定则。本书规定:距离自参考点(薄透镜光心)量起,与光线进行方向一致时为正,反之为负。运算时已知量须添加符号,未知量则根据求得结果中的符号判断其物理意义。

1.测量会聚透镜焦距的方法

(1)测量物距与像距求焦距。因为实物作为光源,其发散的光经会聚透镜后,在一定条件下成实像,故可用白屏接取实像加以观察,通过测定物距和像距,利用式(4-2)即可算出 f'。

(2)由透镜两次成像求焦距。设保持物体与白屏的相对位置不变,并使其间距 l 大于 $4f'$,则

当会聚透镜置于物体与白屏之间时,可以找到两个位置,白屏上都能得到清晰的像,如图 4-2 所示,透镜两个位置(Ⅰ与Ⅱ)之间的距离的绝对值为 d。(思考:为何要求 $l>4f'$?)

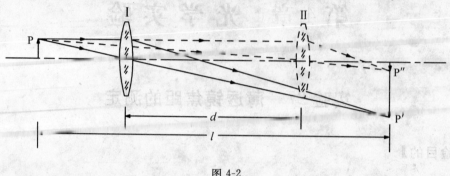

图 4-2

运用物像的共轭对称性质,容易证明

$$f' = \frac{l^2 - d^2}{4l} \tag{4-3}$$

式(4-3)表明,只要测出 d 和 l,就可以算出 f'。由于 f' 是通过透镜两次成像而求得的,因而这种方法称为二次成像法,或称为贝塞耳法。同时可以看出,利用式(4-1)、式(4-2)时,都是把透镜看成无限薄的,物距和像距都近似地用从透镜光心算起的距离来代替,而这种方法中则毋须考虑透镜本身的厚度。因此,用这种方法测出的焦距一般较为准确。

(3)由光的可逆性原理求焦距。如图 4-3 所示,当尖头棒 Q 放在透镜 L 的物方焦面上时,由 Q 发出的光经透镜后将成为平行光;如果在透镜后面放一与透镜光轴垂直的平面反射镜 M,则平行光经 M 反射后将沿原来的路线反方向进行,并成像 Q′于物平面上。Q 与 L 之间的距离,就是透镜 L 的像方焦距 f'。这个方法是利用调节实验装置本身使之产生平行光以达到焦距的目的,所以又称为自准直法。

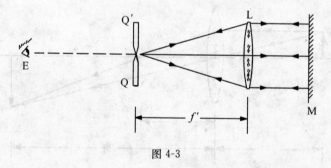

图 4-3

2.测定发散透镜焦距的方法

(1)由辅助透镜成像求焦距。如图 4-4 所示,设物 P 发出的光经辅助透镜 L_1 后成实像于 P′,而加上待测焦距的发散透镜 L 后使成实像于 P″,则 P′ 和 P″ 相对于 L 来说是虚物体和实像。分别测出 L 到 P′ 和 P″ 的距离,根据式(4-2)即可算出 L 的像方焦距 f'。(思考:加入凹透镜 L 后,一定有实像 P″吗?为什么?)

(2)由平面镜辅助确定虚像位置求焦距。如图 4-5 所示,物 P 经待测发散透镜 L 成正立的虚像于 P′。若在 L 前放置指针 Q 和平面镜 M,则观察者在 E 处可同时看到 P′ 与 Q 在 M 镜中的反射像 Q′,移动 Q 调节 Q′,用视差法使 P′ 与 Q′ 重合,从而根据平面镜成像的对称性求出虚像的像距 $\overline{OP'}$,再由式(4-2)算出 L 的像方焦距 f'。

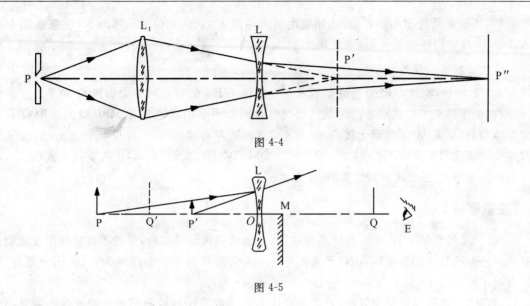

图 4-4

图 4-5

【实验内容】

1. 粗测待测凸透镜的焦距 f'

具体测量方法请读者自己思考。

2. 共轴调节

将照明光源、物屏、待测透镜和成像的白屏依次放在光具座的导轨上,调节各光学元件的光轴,使之共轴,并平行于导轨的基线(等高)。(思考:为什么要调共轴、等高呢?)

3. 物距像距法测凸透镜焦距

用具有箭形开孔的金属屏为物,用准单色光照明。如图 4-1 所示,使物屏与白屏之间距离大于 $4f'$,移动待测透镜,直至白屏上呈现出箭形物体的清晰像。记录物、像及透镜的位置,依式(4-2)算出 f'。改变屏的位置,重复几次,求其平均值。

4. 两次成像法测凸透镜焦距

将物屏与白屏固定在相距大于 $4f'$ 的位置,测出它们之间的距离 l,如图 4-2 所示。移动透镜,使屏上得到清晰的物像,记录透镜的位置。移动透镜至另一位置,使屏上又得到清晰的物像,再记录透镜的位置。由式(4-3)求出 f'。改变屏的位置,重复几次,求其平均值。

5. 自准直法测凸透镜焦距

按图 4-3 所示,以尖头棒为物 Q,移动透镜 L 并适当调整平面镜的方位,沿光轴方向可看到在尖头棒上方出现一倒立的尖头棒的像 Q',调整透镜位置用视差法使 Q 与 Q′对齐(无视差),测出尖头棒及透镜的位置,二者之差即透镜的焦距。重复几次(也可以不用尖头棒而用开孔的物屏去测)。(思考:如何根据视差法去判断 Q 和 Q′是否对齐,如果未对齐应如何根据视差去移动 Q?)

6. 辅助透镜法测凹透镜焦距

按图 4-4 所示,先用辅助会聚透镜 L_1 把物体 P 成像在 P′处的屏上,记录 P′的位置,然后将待测发散透镜 L 置于 L_1 与 P′之间的适当位置,并将屏向外移,使屏上重新得到清晰的像 P″,分别测出 P′、P″ 及发散透镜 L 的位置,求出物距 p 和像距 $p′$,代入式(4-2),算出 $f′$(注意物距 p 应取的符号)。改变凹透镜的位置,重复几次。

　　7.视差法测凹透镜的焦距

　　按图 4-5 所示,物体 P 经凹透镜 L 后成正立虚像于 P′,在 L 前另置尖头棒 Q 和平面反射镜 M(M 应略低于透镜 L),观察者在 L 前可以同时看到 L 中 P 的虚像 P′ 和 M 中 Q 的虚像 Q′。移动尖头棒 Q,直至 P′ 与 Q′ 之间无视差,即当观察者眼睛左右移动时,P′ 与 Q′ 无相对运动,这时 P′ 与 Q′ 共面。若测出距离 $\overline{QM}$ 和 $\overline{MO}$,则像距 $|p′| = \overline{QM} - \overline{MO}$,以物距 $|p| = \overline{OP}$ 和 $p′$ 代入式(4-2),求出 L 的焦距 $f′$。改变凹透镜的位置,重复几次。

【注意事项】

　　(1)进行几何光学实验,验证透镜成像规律,测定透镜焦距等实验,一般不直接使用发光物体或有三维分布的立体物为物体,而以平面的有一定几何形状的开孔金属屏为物(或用分划板、平面网格)。

　　(2)测量物、透镜及像的位置时,要检查滑块上的读数准线和被测平面是否重合。如果不一致,说明由这些位置算出的距离有误差,可用如图 4-6 所示的 T 形辅助棒去测,位置统一由辅助棒所在滑块的准线去读(见图 4-7),可防止上述不一致引入的误差。

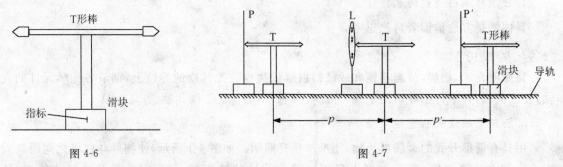

图 4-6　　　　　　　　　　　　　　　　　图 4-7

　　(3)人眼对成像的清晰度的分辨能力不是很强,因而像屏在一小范围 $\Delta p′$ 内移动时,人眼所见的像是同样清晰的,此范围为景深。为了减少由此引入的误差,可由近向远和由远向近移动白屏,去探测像的位置,并取二位置的平均值为像的位置。

　　(4)在透镜前加以口径 D 的光阑,可以满足近轴光线成像的条件,相对孔径($D/f′$)越小像差越小,但是景深将增大,因此是否要加光阑、加多大的光阑要全面考虑。

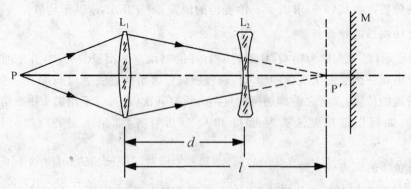

图 4-8

【思考题】

1.如会聚透镜的焦距大于光具座的长度,试设计一个实验,在光具座上能测定它的焦距。

2.点光源 P 经会聚透镜 L_1 成实像于 P' 点(见图 4-8),在会聚透镜 L_1 与 P' 之间共轴放置一发散透镜 L_2;垂直于光轴放一平面反射镜 M,移动发散透镜至一合适位置,使 P 通过整个系统后形成的像仍重合在 P 处。如何利用此现象测出发散透镜焦距?

实验 28　　分光计的调节及棱镜玻璃折射率的测定

【实验目的】

(1)了解分光计的结构,掌握调节和使用分光计的方法。

(2)掌握测定棱镜角的方法。

(3)用最小偏向角法测定棱镜玻璃的折射率。

【实验仪器】

分光计,钠灯,三棱镜。

【实验原理】

棱镜玻璃的折射率,可用测定最小偏向角的方法求得。如图 4-9 所示,光线 PO 经待测棱镜的两次折射后,沿 $O'P'$ 方向射出时产生的偏向角为 δ。在入射光线和出射光线处于光路对称的情况下,即 $i_1=i_2'$,偏向角为最小,记为 δ_m。可以证明:棱镜玻璃的折射率 n 与棱镜角 A、最小偏向角 δ_m 有如下关系:

$$n=\frac{\sin\dfrac{A+\delta_m}{2}}{\sin\dfrac{A}{2}} \tag{4-4}$$

因此,只要测出 A 与 δ_m 就可从式(4-4)求得折射率 n。

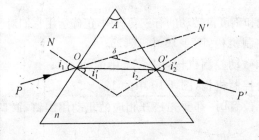

图 4-9

由于透明材料的折射率是光波波长的函数,同一棱镜对不同波长的光具有不同的折射率,所以,当复色光经棱镜折射后,不同波长的光将产生不同的偏向而被分散开来。通常棱镜的折射率是对钠光波长 589.3 nm 而言。

【实验内容】

1.分光计的结构

分光计主要由底座、望远镜、准直管、载物平台和刻度圆盘等几部分组成,每部分均有特定的调节螺钉,图 4-10 为 JJY 型分光计的结构外形图。

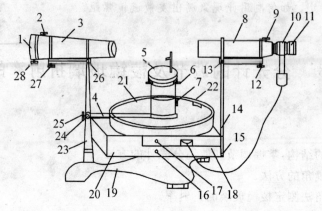

图 4-10

1—狭缝装置;2—狭缝装置锁紧螺丝;3—准直管;4—制动架(二);5—载物台;6—载物台调平螺丝;7—载物台锁紧螺丝;
8—望远镜;9—望远镜锁紧螺丝;10—阿贝式自准直目镜;11—目镜视度调节手轮;12—望远镜光轴高低调节螺丝;
13—望远镜光轴水平调节螺丝;14—支臂;15—望远镜微调螺丝;16—望远镜止动螺丝;17—转轴与度盘止动螺丝;
18—制动架(一);19—底座;20—转座;21—度盘;22—游标盘;23—立柱;24—游标盘微调螺丝;25—游标盘止动螺丝;
26—准直管光轴水平调节螺丝;27—准直管光轴高低调节螺丝;28—狭缝宽度调节手轮

(1)分光计的底座要求平稳而坚实。在底座的中央固定着中心轴,刻度盘和游标内盘套在中心轴上,可以绕中心轴旋转。

(2)准直管固定在底座的立柱上,它是用来产生平行光的。准直管的一端装有消色差物镜,另一端为装有狭缝的套管,狭缝的宽度可在 0.02～2 mm 范围内改变。

(3)望远镜安装在支臂上,支臂与转座固定在一起,套在主刻度盘上,它是用来观察目标和确定光线进行方向的。物镜 L_o 和一般望远镜一样为消色差物镜,但目镜 L_e 的结构有些不同,常用的是阿贝式目镜[其结构和目镜中的视场如图 4-11(a)所示]和高斯目镜[其结构和目镜中的视场如图 4-11(b)所示]。

(4)分光计上控制望远镜和刻度盘转动的有三套机构,正确运用它们对于测量很重要,它们是:

①望远镜止动和微动控制机构,图 4-10 中 16、15;

②分光计游标盘止动和微动控制机构,图 4-10 中的 25、24;

③望远镜和度盘的离合控制机构,图 4-10 中的 17。

转动望远镜或移动游标位置时,都要先松开相应的止动用螺钉;微调望远镜及游标位置时要先拧紧止动螺钉。

要改变度盘和望远镜的相对位置时,应先松开它们间的离合控制螺钉,调整后再拧紧。一般是将度盘的 0°线置于望远镜下,可以减少在测角度时,0°线通过游标引起的计算上的不方便。

(5)载物平台是一个用以放置棱镜、光栅等光学元件的圆形平台,套在游标内盘上,可以绕通过平台中心的铅直轴转动和升降。当平台和游标盘(刻度内盘)一起转动时,控制其转动的方式与望远镜一样,也是粗调和微调两种;平台下有三个调节螺钉,可以改变平台台面与铅直轴的倾斜度。

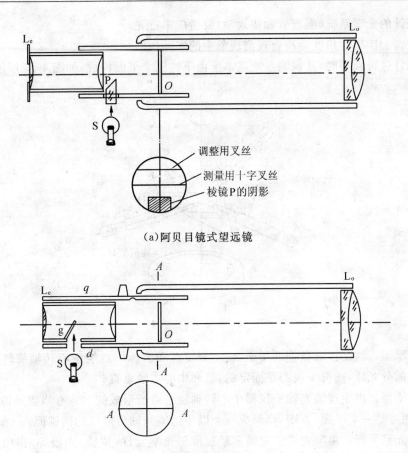

（a）阿贝目镜式望远镜

（b）高斯目镜式望远镜

图 4-11

（6）望远镜和载物平台的相对方位可由刻度盘上的读数确定。主刻度盘上有 0～360° 的圆刻度，分度值为 0.5°。为了提高角度测量精密度，在内盘上相隔 180° 处设有两个游标 $V_左$ 和 $V_右$，游标上有 30 个分格，它和主刻度盘上 29 个分格相当，因此分度值为 $1'$。读数方法参照游标原理，如图 4-12 所示读数应为 167°11′。记录测量数据时，必须同时读取两个游标的读数（为了消除度盘的刻度中心和仪器转动轴之间的偏心差）。安置游标位置要考虑具体实验情况，主要注意读数方便，且尽可能在测量中刻度盘 0° 线不通过游标。

记录与计算角度时，左、右游标分别进行，注意防止混淆算错角度。

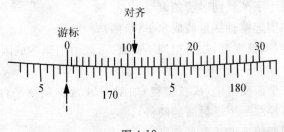

图 4-12

2. 分光计的调节

（1）调节要求。分光计是在平行光中观察有关现象和测量角度，因此要求：

①分光计的光学系统(准直管和望远镜)要适应平行光。

②从度盘上读出的角度要符合观测现象中的实际角度。

用分光计进行观测时,其观测系统基本上由下述三个平面构成,如图 4-13 所示。

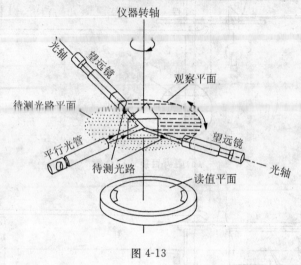

图 4-13

①读值平面。这是读取数据的平面,由主刻度盘和游标内盘绕中心转轴旋转时形成的。对于每一具体的分光计,读值平面都是固定的,且和中心主轴垂直。

②观察平面。由望远镜光轴绕仪器中心转轴旋转时所形成的。只有当望远镜光轴与转轴垂直时,观察面才是一个平面,否则,将形成一个以望远镜光轴为母线的圆锥面。

③待测光路平面。由准直管的光轴和经过待测光学元件(棱镜、光栅等)作用后,所反射、折射和衍射的光线所共同确定的。调节载物平台下方的三个调节螺钉,可以将待测光路平面调节到所需的方位。

按调节要求,应将此三个平面调节成相互平行,否则,测得角度将与实际角度有些差异,即引入系统误差。

(2)调节方法(以下说明均按阿贝目镜进行,如果使用高斯目镜也可参照,因为原理是相同的):

◆粗调

①旋转目镜手轮(即调节目镜与叉丝之间的距离),看清测量用十字叉丝[见图 4-11(a)]。

②用望远镜观察尽量远处的物体,前后调节目镜镜筒(即调节物镜与叉丝之间的距离),使远处物体的像和目镜中的十字叉丝同时清楚。

③将载物台平面和望远镜轴尽量调成水平(目测)。

在分光计调节中,粗调很重要,如果粗调不认真,可能给细调造成困难。

◆细调

将分光计附件——平面反射镜(或三棱镜)如图 4-14 放在载物平台上(注意放置方位,如图放置则主要由一个螺钉控制一个反射面的倾斜)。

①应用自准直原理调望远镜适合平行光。

a.点亮"小十字叉丝"照明用电灯。

b.将望远镜垂直对准平面镜(或三棱镜)的一个反射面,如果从望远镜中看不到绿色"小十字叉丝"的反射像,就要慢慢左右转动载物平台去找(粗调认真,均不难找到反射像),如果仍然找不到反射像时,就要稍许调一下图 4-14 中的控制该反射面的螺钉 b_1,再慢慢左右转动平台去找。

　　c. 看到"小十字叉丝"反射像[见图 4-15(a)]后,再前后微调目镜镜筒,使"小十字叉丝"反射像清晰且和测量用十字叉丝间无视差。这样,望远镜就已适合平行光,以后不需再改变望远镜的调焦状态。

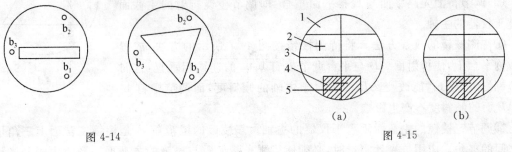

图 4-14　　　　　　　　　　　　　　　　　图 4-15

1—调整用叉丝;2—十字叉丝反射像;3—测量用叉丝;
4—棱镜 P 的阴影;5—十字叉丝

　　②用逐次逼近法调望远镜光轴与中心转轴垂直(即将观察面调成平面,观察平面与读数平面平行)。

　　由镜面反射的小十字叉丝像和调整叉丝如果不重合,调节望远镜倾斜使两叉丝间的偏离减少一半,再调节平台螺钉 b_1 使二者重合,如图 4-15(b)所示。

　　转载物平台,使另一镜面对准望远镜,左右慢慢转动平台,看到反射的小十字叉丝像,如果它和调整叉丝不重合,再同上由望远镜和螺钉 b_1 各调回一半(参照图 4-16)。

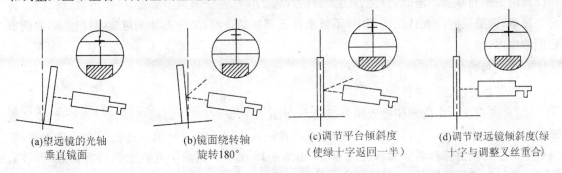

(a)望远镜的光轴　　　　(b)镜面绕转轴　　　　(c)调节平台倾斜度　　　　(d)调节望远镜倾斜度(绿
　　垂直镜面　　　　　　　旋转180°　　　　　　(使绿十字返回一半)　　　　十字与调整叉丝重合)

图 4-16

　　注意:时常发现从平面镜的第一面见到了绿色小十字像,而在第二面则找不到,这可能是粗调不细致,经第一面调节后,望远镜光轴和平台面均显著不水平,这时要重做粗调;如果望远镜轴及平台面无明显倾斜,这时往往是小十字像在调节叉丝上方视场之外,可适当调望远镜倾斜(使目镜一侧升高些)去找。

　　反复进行以上的调整,直至不论转到哪一反射面,小十字叉丝像均能和调整叉丝重合,则望远镜光轴与中心转轴已垂直。此调节法称为逐次逼近法或各半调节法。(思考:上述调节后,载物平台的台面与中心转轴是否已垂直?)

　　③调节准直管使其产生平行光,并使其光轴与望远镜的光轴重合。

　　a. 关闭望远镜叉丝照明灯,用光源照亮准直管狭缝。

　　b. 转动望远镜,对准准直管。

c.将狭缝宽度适当调窄,前后移动狭缝,使从望远镜看到清晰的狭缝像,并且狭缝像和测量叉丝之间无视差。这时狭缝已位于准直管准直物镜的焦面上,即从准直管出射平行光束。

d.调准直管倾斜,使狭缝像的中心位于望远镜测量叉丝的交点上,这时准直管和望远镜的光轴平行,并近似重合。(思考:为何讲近似重合,而不是完全重合?)

(3)调节待测光路平面与观察平面重合,即调节棱镜折射的主截面垂直于仪器的主轴。

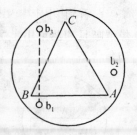

图 4-17

①待测棱镜的放置方法。将待测棱镜按图 4-17 所示的方法,放置在载物平台上,使折射面 AB 与平台调节螺钉 b_1b_3 的连线相垂直,这时调节螺钉 b_1 或 b_3,能改变 AB 面相对于主轴的倾斜度,而调节螺钉 b_2 对 AB 面的倾斜度不产生影响。

②调节三棱镜的主截面垂直于仪器的主轴。三棱镜的棱镜角 A 是棱镜主截面上三角形两边之间的夹角。应用分光计测量时,必须使待测光路平面与棱镜的主截面一致。由于分光计的观察平面已调节好并垂直于仪器的主轴,因此棱镜的主截面也应垂直于仪器的主轴,即调节三棱镜的两个折射面 AB 和 AC,使之均能垂直于望远镜的光轴。

调节的方法是先用望远镜对准棱镜的 AB 面,细调螺钉 b_1 或 b_3,使望远镜目镜视场中能看见清晰的叉丝反射像,并和调整叉丝重合,如图 4-15(b)所示。旋转棱镜台,再将棱镜的 AC 面对准望远镜,微调螺钉 b_2,又可见十字叉丝的反射像呈现在视场中。在一般情况下,视场中的两对叉丝在垂直方向上将不再重合。依照二分之一调节法,重复进行调节,直至无论望远镜对准棱镜的 AB 面或 AC 面时,十字叉丝的反射像均能和调整叉丝无视差地重合,此时,棱镜的主截面才和仪器的主轴相垂直。至此,分光计测量前的准备工作已经全部调节完成。

注意:调节后的分光计在使用中,不要破坏已调好的条件;又分光计上可调螺钉较多,要明确它们的作用。

3.棱镜角的测量

参照下述方法之一进行测量。

(1)自准直法。将待测棱镜置于棱镜台上,固定望远镜,点亮小灯照亮目镜中的叉丝,旋转棱镜台,使棱镜的一个折射面对准望远镜,用自准直法调节望远镜的光轴与此折射面严格垂直,即使十字叉丝的反射像和调整叉丝完全重合,如图 4-18 所示。记录刻度盘上两游标读数 V_1、V_2;再转动游标盘连带载物平台,依同样方法使望远镜光轴垂直于棱镜第二个折射面,记录相应的游标读数 V_1'、V_2';同一游标两次读数之差等于棱镜角 A 的补角 θ:

$$\theta = \frac{1}{2}\left[(V_2' - V_2) + (V_1' - V_1)\right]$$

即棱镜角 $A=180°-\theta$。重复测量几次,计算棱镜角 A 的平均值和标准不确定度。

(2)棱脊分束法。置光源于准直管的狭缝前,将待测棱镜的折射棱对准准直管,如图 4-19 所示,由准直管射出的平行光束被棱镜的两个折射面分成两部分。固定分光计上的其余可动部分,转动望远镜至 T_1 位置,观察由棱镜的一折射面所反射的狭缝像,使之与竖直叉丝重合;将望远镜再转至 T_2 位置,观察由棱镜另一折射面所反射的狭缝像,再使之与竖直叉丝重合,望远镜的两位置所对应的游标读数之差,为棱镜角 A 的两倍。

注意:在测量时,应将三棱镜的折射棱靠近棱镜台的中心放置,否则由棱镜两折射面所反射的光将不能进入望远镜。

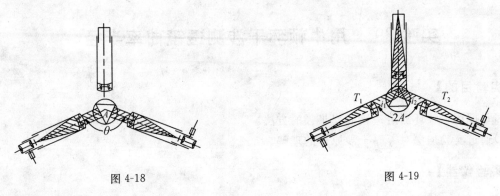

图 4-18　　　　　　　　　　　　　　　　　　图 4-19

4. 棱镜玻璃折射率的测定

(1) 用钠灯照亮狭缝,使准直管射出平行光束。

(2) 测定最小偏向角:

① 将待测棱镜按图 4-20 所示放置在棱镜台上,转动望远镜至 T_1 位置,便能清楚地看见钠光经棱镜折射后形成的黄色谱线。

② 将刻度内盘(游标盘)固定。慢慢转动棱镜台,改变入射角 i_1,使谱线往偏向角减少的方向移动,同时转动望远镜跟踪该谱线。

③ 当棱镜台转到某一位置,该谱线不再移动,这时无论棱镜台向何方向转动,该谱线均向相反方向移动,即偏向角都变大。这个谱线反向移动的极限位置就是棱镜对该谱线的最小偏向角的位置。

④ 左右慢慢转动棱镜台,同时操作望远镜微动装置,使竖直叉丝对准黄色谱线的极限位置(中心),记录望远镜在 T_1 位置的刻度盘读数 V_1、V_2。

⑤ 将棱镜转到对称位置(见图 4-21),使光线向另一侧偏转,同上寻找黄色谱线的极限位置,相应的游标读数为 V_1' 和 V_2'。

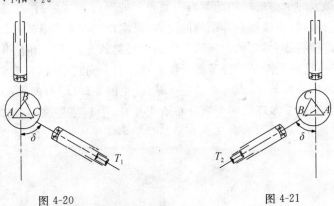

图 4-20　　　　　　　　　　　　　　　　　　图 4-21

同一游标左、右两次数值之差 $|V_1'-V_1|$、$|V_2'-V_2|$ 是最小偏向角的 2 倍,即

$$\delta_m = (|V_1'-V_1| + |V_2'-V_2|)/4$$

(3) 用测得的顶角 A 及最小偏向角 δ_m 计算棱镜玻璃的折射率 n 及不确定度。

注意有关表示角度误差的数值要以弧度为单位。

【思考题】

设计一种不测最小偏向角而能测棱镜玻璃折射率的方案(使用分光计去测)。

实验 29　　用牛顿环干涉测透镜曲率半径

【实验目的】

(1)掌握用牛顿环测定透镜曲率半径的方法。

(2)通过实验加深对等厚干涉原理的理解。

【实验仪器】

牛顿环仪,钠灯,玻璃片(连支架),移测显微镜。

牛顿环仪式由待测平凸透镜(凸面曲率半径约为 200～700 cm)L 和磨光的平玻璃板 P 叠合装在金属框架 F 中构成(见图 4-22)。框架边上有三个螺钉 H,用以调节 L 和 P 之间的接触,以改变干涉环纹的形状和位置。调节 H 时,螺旋不可旋得过紧,以免接触压力过大引起透镜弹性形变,甚至损坏透镜。

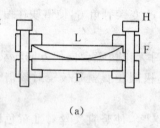
(a)

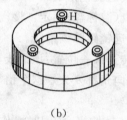
(b)

图 4-22

【实验原理】

当一曲率半径很大的平凸透镜的凸面与一磨光平玻璃板相接触时,在透镜的凸面与平玻璃板之间将形成一空气薄膜,离接触点等距离的地方,厚度相同。如图 4-23 所示,若以波长为 λ 的单色平行光投射到这种装置上,则由空气膜上下表面反射的光波将互相干涉,形成的干涉条纹为膜的等厚各点的轨迹,这种干涉是一种等厚干涉。在反射方向观察时,将看到一组以接触点为中心的亮暗相间的圆环形干涉条纹,而且中心是一暗斑[见图 4-24(a)];如果在透射方向观察,则看到的干涉环纹与反射光的干涉环纹的光强分布恰成互补,中心是亮斑,原来的亮环处变为暗环,暗环处变为亮环[见图 4-24(b)],这种干涉现象最早为牛顿所发现,故称为牛顿环。

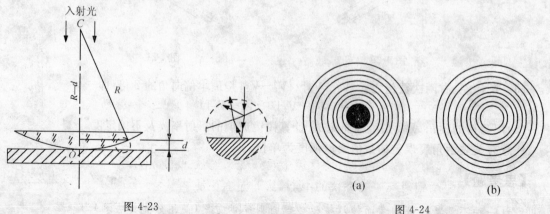

图 4-23　　　　　　　　　　　　　　　　　　　　(a)　　　　(b)

图 4-24

设透镜 L 的曲率半径为 R，形成的 m 级干涉暗条纹的半径为 r_m，m 级干涉亮条纹的半径为 r'_m，不难证明

$$r_m = \sqrt{mR\lambda} \tag{4-5}$$

$$r'_m = \sqrt{(2m-1)R \cdot \frac{\lambda}{2}} \tag{4-6}$$

以上两式表明，当 λ 已知时，只要测出第 m 级暗环（或亮环）的半径，即可算出透镜的曲率半径 R；相反，当 R 已知时，即可算出 λ。但由于两接触镜面之间难免附着尘埃，并且在接触时难免发生弹性形变，因而接触处不可能是一个几何点，而是一个圆斑，所以近圆心处环纹比较模糊和粗阔，以致难以确切判定环纹的干涉级数 m，即干涉环纹的级数和序数不一定一致。这样，如果只测量一个环纹的半径，计算结果可能有较大的误差。为了减少误差，提高测量精度，必须测量距中心较远的、比较清晰的两个环纹的半径，例如测量出第 m_1 个和第 m_2 个暗环（或亮环）的半径（这里 m_1、m_2 均为环序数，不一定是干涉级数），因而式（4-5）应修正为

$$r_m^2 = (m+j)R\lambda \tag{4-7}$$

式中，m 为环序数，$(m+j)$ 为干涉级数，j 为干涉级修正值，于是

$$r_{m_2}^2 - r_{m_1}^2 = [(m_2+j) - (m_1+j)]R\lambda = (m_2 - m_1)R\lambda$$

上式表明，任意两环的半径平方差和干涉级及环序数无关，而只与两个环的序数之差 $(m_2 - m_1)$ 有关。因此，只要精确测定两个环的半径，由两个半径的平方差值就可准确地算出透镜的曲率半径 R，即

$$R = \frac{r_{m_2}^2 - r_{m_1}^2}{(m_2 - m_1)\lambda} \tag{4-8}$$

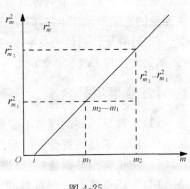

图 4-25

由式（4-7）还可以看出，r_m^2 与 m 成直线关系，如图 4-25 所示，其斜率为 $R\lambda$。因此，也可以测出一组暗环（或亮环）的半径 r_m 和它们相应的环序数 m，作 r_m^2-m 的关系曲线，然后从直线的斜率 $k = R\lambda = \dfrac{r_{m_2}^2 - r_{m_1}^2}{(m_2 - m_1)}$，算出 R，显然和式（4-8）的结果是一致的。

【实验内容】

（1）借助室内灯光，用眼睛直接观察牛顿环仪，调节框上的螺旋使干涉环呈圆形，并位于透镜的中心，但要注意不能拧紧螺旋。

（2）将仪器按图 4-26 所示装置好，直接使用单色扩展光源钠灯照明。由光源 S 发出的光照射到玻璃片 G 上，使一部分光由 G 反射进入牛顿环仪。先用眼睛在竖直方向观察，调节玻璃片 G 的高低及倾斜角度，使显微镜视场中能观察到黄色明亮的视场。（思考：实验为何用扩展光源代替平行光源，这对实验结果有否影响？）

（3）调节移测显微镜 M 的目镜，使目镜中看到的叉丝最为清晰。将移测显微镜对准牛顿环仪的中心，从下向上移动镜筒，对干涉条纹进行调焦，使看到的环纹尽可能清晰，并与

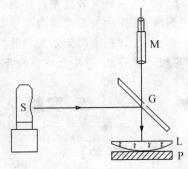

图 4-26

显微镜的测量叉丝之间无视差。测量时,显微镜的叉丝最好调节成其中一根叉丝与显微镜的移动方向相垂直,移动时始终保持这根叉丝与干涉环纹相切,这样便于观察测量。

(4)用移测显微镜测量干涉环的半径。测量时由于中心附近比较模糊,一般取 m 大于3,至于 $(m_2 - m_1)$ 取多大,可根据所观察的牛顿环去定。但是从减少测量误差考虑,$(m_2 - m_1)$ 不宜太小。下面举一测量方案供参考。

从第3暗环到第22暗环,测出各环直径两端的位置 x_k、x'_k 要从最外侧的位置 x_{22} 开始连续测量,直至 x'_{22} 为止,如图4-27所示。

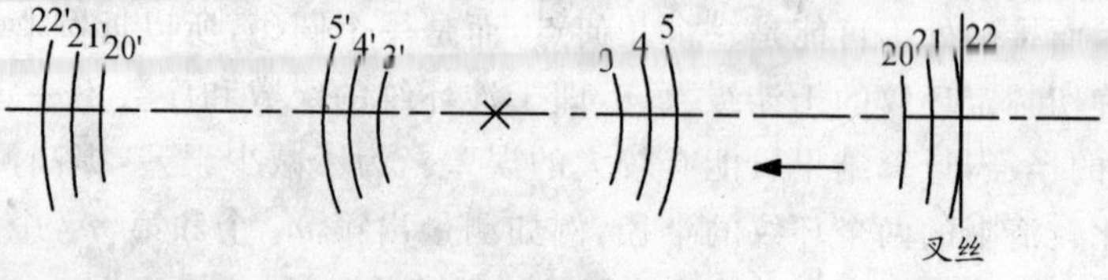

图 4-27

各环的半径 $r_k = \dfrac{1}{2}|x'_k - x_k|$,取 $m_2 - m_1 = 10$,可得

$$\Delta_1 = r_{13}^2 - r_3^2,\ \Delta_2 = r_{14}^2 - r_4^2,\cdots,\Delta_{10} = r_{22}^2 - r_{12}^2$$

从式(4-8)可知,上列各 Δ 值应相等,取其平均值作为 $(r_{m_2}^2 - r_{m_1}^2)$ 的测量值去计算 R。(思考:如果测量的不是干涉环半径,而是干涉环的半弦,对实验有否影响?为什么?〔参照式(4-8)〕

(5)计算平凸透镜的曲率半径 R 及其标准不确定度。计算 R 时可以依据式(4-7)或式(4-8)进行,钠黄光波长 λ 取 589.3 nm。

【注意事项】

(1)干涉环两侧的序数不要数错。

(2)防止实验装置受震引起干涉环的变化。

(3)防止移测显微镜的"回程误差",第一个测量值就要注意。

(4)平凸透镜 L 及平板玻璃 P 的表面加工不均匀是此实验的重要的误差来源,为此应测大小不等的多个干涉环的直径去计算 R,可得平均的效果。

【思考题】

1. 如果被测透镜是平凹透镜,能否应用本实验方法测定其凹面的曲率半径?试说明理由并推导相应的计算公式。

2. 如何改变图4-26的实验光路,以观察透射光所产生的干涉条纹?

3. 本实验有哪些系统误差?怎样减少?若牛顿环仪平面玻璃系曲率半径为 R_2 的凸球面(假设 R_2 等于待测球面曲率半径 R_1 的 10 倍),试分析说明对计算公式的修正。

4. 设计一个实验方案。用扩束后的激光照射在平凸透镜上,由透镜两表面的反射形成的非定域干涉环纹,测定凸球面的曲率半径。

实验 30　　单缝衍射光强分布的测定

【实验目的】

(1)观察单缝衍射现象,加深对衍射理论的理解。

(2)用光电元件测量单缝衍射的相对光强分布,掌握其分布规律。

(3)学会用衍射法测量微小量。

【实验仪器】

氦氖激光器,可调宽狭缝,透射光栅片,光传感器(光电探头),一维光强测量光具座,小孔屏和导轨。

【实验原理】

当光在传播过程中经过障碍物(如不透明物体)的边缘、小孔、细线、狭缝等时,一部分光会传播到几何阴影中去,产生衍射现象。如果障碍物的尺寸与波长相近,那么,这样的衍射现象就比较容易观察到。

单缝衍射有两种:一种是菲涅耳衍射,单缝距光源和接收屏均为有限远或者说入射波和衍射波都是球面波;另一种是夫琅和费衍射,单缝距光源和接收屏均为无限远或相当于无限远,即入射波和衍射波都可看做是平面波。

在用散射角极小的激光器(<0.002 rad)产生激光束,通过一条很细的狭缝(0.1～0.3 mm宽),在狭缝后大于0.5 m的地方放上观察屏,就可看到衍射条纹,它实际上就是夫琅和费衍射条纹,如图4-28所示。

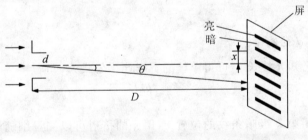

图 4-28

当激光照射在单缝上时,根据惠更斯-菲涅耳原理,单缝上每一点都可看成是向各个方向发射球面子波的新波源。由于子波叠加的结果,在屏上可以得到一组平行于单缝的明暗相间的条纹。

激光的方向性极强,可视为平行光束;宽度为 d 的单缝产生的夫琅和费衍射图样其衍射光路图满足近似条件:

$$D \gg d \qquad \sin\theta \approx \theta \approx \frac{x}{D}$$

产生暗条纹的条件是

$$d\sin\theta = k\lambda \qquad (k = \pm 1, \pm 2, \pm 3, \cdots) \tag{4-9}$$

暗条纹的中心位置为

$$x = K\frac{D\lambda}{d} \tag{4-10}$$

两相邻暗纹之间的中心是明纹中心;由理论计算可得,垂直入射于单缝平面的平行光经单缝衍射后光强分布的规律为

$$I = I_0 \frac{\sin^2\beta}{\beta^2} \quad \left(\beta = \frac{\pi b\sin\theta}{\lambda}\right) \tag{4-11}$$

以上各式中,d 是狭缝宽,λ 是波长,D 是单缝位置到光电池位置的距离,x 是从衍射条纹的中心位置到

测量点之间的距离,其光强分布如图 4-29 所示。

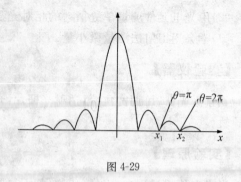

图 4-29

当 θ 相同,即 x 相同时,光强相同,所以在屏上得到的光强相同的图样是平行于狭缝的条纹。当 $\theta=0$ 时,$x=0$,$I=I_0$,在整个衍射图样中,此处光强最强,称为中央主极大;中央明纹最亮、最宽,它的宽度为其他各级明纹宽度的两倍。当 $\theta=k\pi$($k=\pm1,\pm2,\cdots$),即 $\theta=k\dfrac{\lambda D}{d}$ 时,$I=0$ 在这些地方为暗条纹。暗条纹是以光轴为对称轴,呈等间隔、左右对称的分布。中央亮条纹的宽度 Δx 可用 $k=\pm1$ 的两条暗条纹间的间距确定,$\Delta x=2\dfrac{\lambda D}{d}$;某一级暗条纹的位置与缝宽 d 成反比,d 大,x 小,各级衍射条纹向中央收缩;当 d 宽到一定程度,衍射现象便不再明显,只能看到中央位置有一条亮线,这时可以认为光线是沿几何直线传播的。

次极大明纹与中央明纹的相对光强分别为:

$$\frac{I}{I_0}=0.047,0.017,0.008,\cdots \tag{4-12}$$

【实验内容】

1. 衍射障碍宽度 d 的测量

由以上分析,如已知光波长 λ,可得单缝的宽度计算公式为

$$d=\frac{k\lambda D}{x} \tag{4-13}$$

因此,如果测到了第 k 级暗条纹的位置 x,用光的衍射可以测量细缝的宽度。同理,如已知单缝的宽度,可以测量未知的光波长。

根据互补原理,光束照射在细丝上时,其衍射效应和狭缝一样,在接收屏上得到同样的明暗相间的衍射条纹。于是,利用上述原理也可以测量细丝直径及其动态变化,如图 4-30 所示。

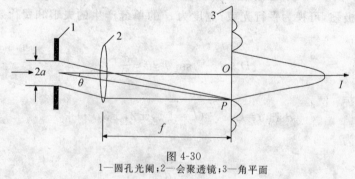

图 4-30
1—圆孔光阑;2—会聚透镜;3—角平面

2. 光电检测

光的衍射现象是光的波动性的一种表现。研究光的衍射现象不仅有助于加深对光本质的理解,而且能为进一步学好近代光学技术打下基础。衍射使光强在空间重新分布,利用光电元件测量光强的相对变化,是测量光强的方法之一,也是光学精密测量的常用方法。

当在小孔屏位置处放上硅光电池和一维光强读数装置,与数字检流计(也称光点检流计)相

连的硅光电池可沿衍射展开方向移动,那么数字检流计所显示出来的光电流的大小就与落在硅光电池上的光强成正比,实验装置如图 4-31 所示。

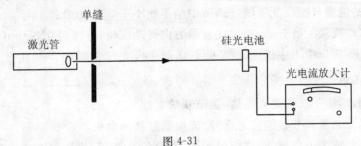

图 4-31

根据硅光电池的光电特性可知,光电流和入射光能量成正比,只要工作电压不太小,光电流和工作电压无关,光电特性是线性关系;所以当光电池与数字检流计构成的回路内电阻恒定时,光电流的相对强度就直接表示了光的相对强度。

由于硅光电池的受光面积较大,而实际要求测出各个点位置处的光强,所以在硅光电池前装一细缝光栏(0.5 mm),用以控制受光面积,并把硅光电池装在带有螺旋测微装置的底座上,可沿横向方向移动,这就相当于改变了衍射角。

【实验内容】

按图 4-32 安装好各实验装置。开启光传感器,预热 5 min。

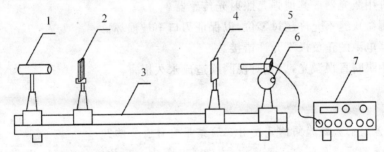

图 4-32

1—激光器;2—单缝;3—光导轨;4—小孔屏;5.—光电探头;6——一维测量装置;7—数字检流计

1. 光路调节

(1)将移动光靶装入一个无横向调节装置的普通滑座上。转动测量架百分手轮,将测量架调到适当位置,移动光靶,使光靶平面和测量架进光口平行。

(2)接通激光器电源,沿导轨移动光靶,调节激光器架上的六个方向控制手钮,使得光点始终打在靶心上。

(3)将光栅片装入透镜架,放进有横向调节装置的滑座上,调整光栅片共轴等高。光栅片距离测量架 400 mm。

(4)取下光靶,装上白屏。白屏放在光传感器前,观察衍射图样。调节透射光栅片倾斜度及左右位置,使衍射光斑水平,两边对称。移动光栅片,观察 L 大小与衍射光斑变化规律。

2. 光栅衍射光强测量

(1)取下白屏,接通光电流放大器电源,转动百分鼓轮,横向微移测量架,使衍射中央主极大进入光传感器接收口,左右移动的同时,观察数显值,若数显值出现1,说明光能量太强,应逆时针调节光电流放大器的增益,建议示值在 1 500 左右,或者调节光传感器侧面的测微头,减少入射面到接收面上的能量(注意:此狭缝在调节中绝不能小于0.1 mm)。

(2)在略小于中央极大处开始,选定任意单方向转动鼓轮,每转动0.2 mm(百分鼓轮上的20格),记录一次数据,测出中央主极大、1级极小、2级主极大、2级极小、3级主极大、3级极小。

3.单缝衍射光强测量

(1)取下光栅片,用干版架夹入狭缝,调节狭缝宽度0.12 mm。

(2)用横向滑动装置调节狭缝位置,使激光束通过狭缝中央。

(3)在光传感器前放上白屏,观察衍射图样,调节铅直旋钮,使衍射图样达到水平,从而保证缝体铅直。

(4)测量方法同衍射光栅。观察激光入射光束通过多种类型衍射光屏的物理现象。

【数据处理】

坐标 x	相对光强 I	坐标 x	相对光强 I	坐标 x	相对光强 I

【注意事项】

(1)不允许用激光器或其他强光照射光传感器。

(2)单面测微狭缝不允许超过零位,以保证刃口不被损坏。

(3)激光器电源的正负极不允许错接。

(4)不能用眼睛直视激光,以免对视网膜造成永久损害。

【思考题】

1.硅光电池前的狭缝光阑的宽度对实验结果有什么影响?

2.若在单缝到观察屏的空间区域内,充满着折射率为 n 的某种透明媒质,此时单缝衍射图样与不充媒质时有何区别?

3.用白光光源做光源观察单缝的夫琅和费衍射,衍射图样将如何?

4.单缝衍射光强是怎么分布的?

实验 31　　用透镜光栅测定光波波长

【实验目的】

(1)加深对光栅分光原理的理解。

(2)用透射光栅测定光栅常量、光波波长和光栅角色散。

(3)熟悉分光计的使用方法。

【实验仪器】

分光计,平面透射光栅,汞灯,钠灯,单缝(宽度可调)。

【实验原理】

光栅和棱镜一样，是重要的分光光学元件，已广泛应用在单色仪、摄谱仪等光学仪器中。实际上，光栅就是一组数目极多的等宽、等距和平行排列的狭缝。应用透镜光工作的称为透射光栅，应用反射光工作的称为反射光栅。本实验用的是平面透射光栅。

如图 4-33 所示，设 S 为位于透镜 L_1 物方焦面上的细长狭缝光源，G 为光栅，光栅上相邻狭缝的间距 d 称为光栅常量。自 L_1 射出的平行光垂直地照射在光栅 G 上。透镜 L_2 将与光栅法线成 θ 角的衍射光会聚于其像方焦面上的 P_θ 点，则产生衍射亮条纹的条件为

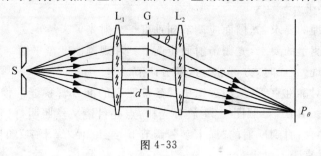

图 4-33

$$d\sin\theta = k\lambda \tag{4-14}$$

式(4-14)称为光栅方程。式中 θ 是衍射角，λ 是光波波长，k 是光谱级数($k = 0, \pm 1, \pm 2\cdots$)。衍射亮条纹实际上是光源狭缝的衍射像，是一条锐细的亮线。当 $k = 0$ 时，在 $\theta = 0$ 的方向上，各种波长的亮线重叠在一起，形成明亮的零级像。对于 k 的其他数值，不同波长的亮线出现在不同的方向上形成光谱，此时各波长的亮线称为光谱线。而与 k 的正、负两组值相对应的两组光谱，则对称地分布在零级像的两侧。因此，若光栅常量 d 为已知，当测定出某谱线的衍射角 θ 和光谱级 k，则可由式(4-14)求出该谱线的波长 λ；反之，如果波长 λ 是已知的，则可求出光栅常量 d。

由光栅方程(4-14)对 λ 微分，可得光栅的角色散

$$D = \frac{\mathrm{d}\theta}{\mathrm{d}\lambda} = \frac{k}{d\cos\theta} \tag{4-15}$$

角色散是光栅、棱镜等分光元件的重要参数，它表示单位波长间隔内两单色谱线之间的角间距。由式(4-15)可知，光栅常量 d 越小，角色散越大；此外，光谱的级次越高，角色散也越大。而且光栅衍射时，如果衍射角不大，则 $\cos\theta$ 近于不变，光谱的角色散几乎与波长无关，即光谱随波长的分布比较均匀，这和棱镜的不均匀色散有明显的不同。

分辨本领是光栅的又一重要参数，它表征光栅分辨光谱细节的能力。设波长为 λ 和 $\lambda + \mathrm{d}\lambda$ 的不同光波，经光栅衍射形成两条谱线刚刚能被分开，则光栅分辨本领 R 为

$$R = \frac{\lambda}{\mathrm{d}\lambda} \tag{4-16}$$

根据瑞利判据，当一条谱线强度的极大值和另一条谱线强度的第一极小值重合时，则可认为该两谱线刚能被分辨。由此可以推出

$$R = kN \tag{4-17}$$

其中，k 为光谱级数，是光栅刻线的总数。（思考：设某光栅 $N = 4\,000$，对一级光谱在波长为 590 mm 附近，它刚能辨认的两谱线的波长差为多少？）

【实验内容】

1. 分光计的调节

按实验 28 有关内容,调节分光计:

(1)望远镜适应平行光(对无穷远调焦)。

(2)望远镜、准直管主轴均垂直于仪器主轴。

(3)准直管发出平行光。

2. 光栅位置的调节

(1)根据前述原理的要求,光栅面应调节到垂直于入射光。

(2)根据衍射角测量的要求,光栅衍射面应调节到和观测面度盘平面一致。

当分光计的调节已完成时,方可进行这部分调节。

首先,使望远镜对准准直管,从望远镜中观察被照亮的准直管狭缝的像,使其和叉丝的竖直线重合,固定望远镜。其次,参照图 4-34 放置光栅,点亮目镜叉丝照明灯(移开或关闭狭缝照明灯),左右移动载物平台,看到反射的"绿十字",调节 b_2 或 b_3 使"绿十字"和目镜中的调整叉丝重合。这时光栅面已垂直于入射光。

用汞灯照亮准直管的狭缝。转动望远镜观察光谱,如果左右两侧的光谱线相对于目镜中叉丝的水平线高低不等时(见图 4-35),说明光栅的衍射面和观察面不一致,这时可调节平台上的螺钉 b_1 使它们一致。(思考:这时调节平台上的螺钉 b_2 或 b_3 可否? 为何?)

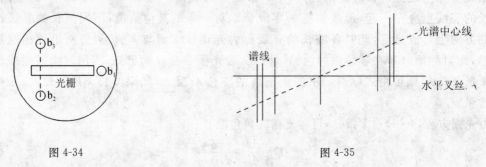

图 4-34　　　　　　　　　　　　　　　　　　图 4-35

3. 测光栅常量 d

根据式(4-14),只要测出第 k 级光谱中波长 λ 已知的谱线的衍射角 θ,就可求出 d 值。

(1)已知波长,可以用汞灯光谱中的绿线($\lambda = 546.07$ nm),也可以用钠灯光谱中二黄线($\lambda_{D_1} = 589.92$ nm,$\lambda_{D_2} = 588.995$ nm)之一。

(2)光谱级数 k 由自己确定。

(3)转动望远镜到光栅的一侧,使叉丝的竖直线对准已知波长的第 k 级谱线的中心,记录两个游标值。(思考:还记得为何用两个游标吗? 控制望远镜转动的有两个螺旋,还记得如何配合使用吗?)

(4)将望远镜转向光栅的另一侧,同上测量,同一游标的两次读数之差是衍射角 θ 的两倍。

(5)重复测量几次,计算 d 值及其标准不确定度。

4. 测量未知波长

由于光栅常量 d 已测出,因此只要测出未知波长的第 k 级谱线的衍射角 θ,就可求出其波长值 λ。可以选取汞灯光谱中的几条强谱线作为波长未知的测量目标。衍射角的测量同上。

5. 测量光栅的角色散

用钠灯或汞灯为光源,测量其 1 级和 2 级光谱中二黄线的衍射角,二黄线的波长差 $\Delta\lambda$,对纳光谱为 0.597 nm,对汞光谱为 2.06 nm,结合测得的衍射角之差 $\Delta\theta(=\theta_2-\theta_1)$,求角色散 $D=\Delta\theta/\Delta\lambda$。

6. 考查光栅的分辨本领

用钠灯为光源,观察它的 1 级光谱的二黄线,在此是考查所用光栅,当二黄线刚能被分辨出时,光栅的刻线数应限制在多少?

转动望远镜看到钠光谱的二黄线,在准直管和光栅之间放置一宽度可调的单缝,使单缝的方向和准直管狭缝一致,由大到小改变单缝的宽度,直至二黄线刚刚被分辨开。反复几次,取下单缝,用移测显微镜测出缝宽 b。则在单缝掩盖下,光栅的露出部分的刻线数 N 等于

$$N=b/d$$

由此求出光栅露出部分的分辨本领 $R(=kN)$,并和由式(4-16)求出的理论值相比较。

【注意事项】

(1)按光栅位置调节的两项要求逐一调节后,应再重复检查,因为调节后一项时,可能对前一项的状况有些破坏。

(2)光栅位置调好后,在实验中不应移动。

(3)本实验如使用复制刻画光栅,可选用光栅常量较大的光栅,以便于观察高级次光谱中不同级次光谱的重叠现象;如使用全息光栅,因衍射光能大部分集中于 1 级光谱,高级次光谱难于观察,从测量效果考虑,应选用光栅常量较小的光栅。

【思考题】

1. 比较棱镜和光栅分光的主要区别。

2. 分析光栅面和入射平行光不严格垂直时对实验有何影响?

3. 如果光波波长都是未知的,能否用光栅测其波长?

4. 设计一种不用分光计,只用米尺和光栅去测 d 和 λ 的方案。

实验 32　偏振现象的观测与分析

【实验目的】

(1)观察光的偏振现象,加深对偏振光的了解。

(2)掌握产生和检验偏振光的原理和方法。

(3)了解旋光计的构造原理,并应用旋光计测定糖溶液的浓度。

一　偏振光的分析

【实验仪器】

氦氖激光器,偏振片(或尼科耳棱镜),半波片,1/4 波片,硅光电池,灵敏电流计,减光板,玻璃片和架。

【实验原理】

能使自然光变成偏振光的装置或器件，称为起偏器。用来检验偏振光的装置或器件，称为检偏器。实际上，能产生偏振光的器件，同样可用做检偏器。

1. 平面偏振光的产生

（1）由反射和折射产生偏振。自然光在透明介质（如玻璃）上反射或折射时，其反射光和折射光为部分偏振光。当入射角为布儒斯特角时，反射光接近于完全偏振光。其偏振面垂直于入射面。

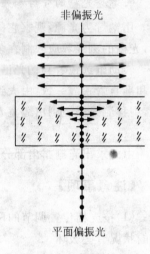

图 4-36

（2）由二向色性晶体的选择吸收产生偏振。有些晶体（如电气石、人造偏振片）对两个相互垂直振动的电矢量具有不同的吸收本领，这种选择吸收性，称为二向色性。当自然光通过二向色性晶体时，其中一成分的振动几乎被完全吸收，而另一成分的振动几乎没有损失（见图 4-36），因此，透射光就成为平面偏振光。利用偏振片可以获得截面较宽的偏振光束，而且造价低廉，使用方便。偏振片的缺点是有颜色，光透过率稍低。

（3）由晶体双折射产生偏振。当自然光入射于某些各向异性晶体时，在晶体内折射后分解为两束平面偏振光，并以不同的速度在晶体内传播，可用某一方法使两束光分开，除去其中一束，剩余的一束就是平面偏振光。尼科耳（Nicol）棱镜是这类元件之一（见图 4-37）。它由两块经特殊切割的方解石晶体，用加拿大树胶黏合而成。偏振面平行于晶体的主截面的偏振光可以透过尼科耳棱镜，垂直于主截面的偏振光在胶层上发生全反射而被除掉。

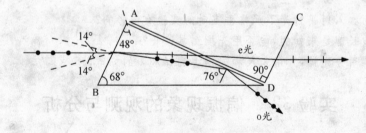

图 4-37　尼科耳棱镜

2. 圆偏振光和椭圆偏振光的产生

如图 4-38 所示，当振幅为 A 的平面偏振光垂直入射到表面平行于光轴的双折射晶片时，若振动方向与晶片光轴的夹角为 α，则在晶片表面上 o 光和 e 光的振幅分别为 $A\sin\alpha$ 和 $A\cos\alpha$，它们的相位相同。进入晶片后，o 光和 e 光虽然沿同一方向传播，但具有不同的速度。因此，经过厚度为 d 的晶片后，o 光和 e 光之间将产生相差 δ：

$$\delta = \frac{2\pi}{\lambda_0}(n_o - n_e)d \tag{4-18}$$

式中，λ_0 表示光在真空中的波长，n_o 和 n_e 分别为晶体中 o 光和 e 光的折射率。

（1）如果晶片的厚度使产生的相差 $\delta = \frac{1}{2}(2k+1)\pi$，$k=0,1,2,\cdots$，这样的晶片称为 1/4 波片。

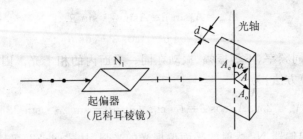

图 4-38

平面偏振光通过 1/4 波片后,透射光一般是椭圆偏振光,当 $\alpha = \pi/4$ 时,则为圆偏振光;但当 $\alpha = 0$ 和 $\pi/2$ 时,椭圆偏振光退化为平面偏振光。换言之,1/4 波长可将平面偏振光变成椭圆偏振光或圆偏振光;反之,它也可将椭圆偏振光或圆偏振光变成平面偏振光。

(2)如果晶片的厚度使产生的相差 $\delta = (2k+1)\pi, k = 0, 1, 2, \cdots$,这样的晶片称为半波片。如果入射平面偏振光的振动面与半波片光轴的交角为 α,则通过半波片后的光仍为平面偏振光,但其振动面相对于入射光的振动面转过 2α 角。

3. 平面偏振光通过检偏器后光强的变化

强度为 I_0 的平面偏振光通过检偏器后的光强 I_θ 为

$$I_\theta = I_0 \cos^2 \theta \qquad (4\text{-}19)$$

其中 θ 为平面偏振光偏振面和检验器主截面的夹角,此关系即马吕斯(Malus)定律,它表示改变 θ 角可以改变透过检偏器的光强。

当起偏器和检偏器的取向使得通过的光量极大时,称它们为平行(此时 $\theta = 90°$)。当二者的取向使系统射出的光量极小时,称它们为正交(此时 $\theta = 90°$)。

4. 单色平面偏振光的干涉

如图 4-39(a)所示,一束自然光经起偏器(尼科耳棱镜或偏振片)N_1 后,变成振幅为 A 的平面偏振光,再通过晶片 K,射到检偏器(尼科耳棱镜或振偏片)N_2 上。图 4-39(b)表示透过 N_2 迎着光线观察到的振动情况,其中 N_1、N_2 及 ZZ' 分别表示起偏器的主截面、检偏器的主截面和晶片的光轴在同一平面上的投影,α 和 β 分别为 N_1、N_2 的主截面与晶片的光轴 ZZ' 的夹角。从晶片透过的两平面偏振光的振幅分别为:

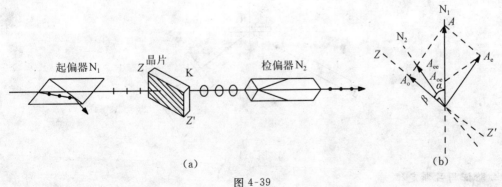

(a)   (b)

图 4-39

$$A_o = A \sin \alpha, \quad A_e = A \cos \alpha \qquad (4\text{-}20)$$

它们的相差为 δ。穿过 N_2 后,只存在振动平行于 N_2 主截面的分量 A_{oe} 和 A_{ee},其大小为

$$A_{oe} = A_o \sin \beta = A \sin \alpha \cdot \sin \beta$$
$$A_{ee} = A_e \cos \beta = A \cos \alpha \cdot \cos \beta \qquad (4\text{-}21)$$

可见,这两束光是同频率、不等振幅、振动在同一平面内的相干光。因此,透射光的光强(按双光束干涉的光强计算方法)为

$$I_2 = A_{oe}^2 + A_{ee}^2 + 2A_{oe}A_{ee}\cos\delta = I_1\left[\cos^2(\alpha-\beta) - \sin2\alpha\cdot\sin2\beta\cdot\sin^2\frac{\delta}{2}\right] \qquad (4\text{-}22)$$

式中,$I_1 = A^2$,它是从起偏器 N_1 透射的平面偏振光的光强,从式(4-22)可以看出:

(1)当 α(或 β)$=0$、$\pi/2$ 或 π 时:

$$I_2 = I_1\cos^2(\alpha-\beta) \qquad (4\text{-}23)$$

即透射光强只与 N_1、N_2 两主截面的交角的余弦平方成正比,和不用晶片时一样。

(2)当 N_1 与 N_2 正交时,$(\alpha-\beta)=\pi/2$,则

$$I_2 = I_2\sin^2 2\alpha \cdot \sin^2\frac{\delta}{2} \qquad (4\text{-}24)$$

如果晶片是半波片,则 $\delta=\pi$,当 α 等于 $\pi/4$ 的奇数倍时,$I_2=I_1$,即有光透过 N_2,发生相长干涉;当 α 等于 $\pi/4$ 的偶数倍时,$I_2=0$,无光透过,发生相消干涉。由此可见,当半波片旋转一周时,视场内将出现四次消光现象。

(3)当 N_1 与 N_2 平行时,$\alpha-\beta=0$,于是有

$$I_2 = I_1\left(1-\sin^2 2\alpha \cdot \sin^2\frac{\delta}{2}\right) \qquad (4\text{-}25)$$

可以看出,这时透过 N_2 的光强恰与 N_1、N_2 正交时互补。

【实验内容】

1. 偏振片主截面的确定

如图 4-40 将一背面涂黑的玻璃片 G 立在铅直面内,激光器 L 射出的一细光束沿水平方向入射到玻璃片上,G 的反射光为偏振面垂直于入射面的平面偏振光,使 G 的反射光垂直射入偏振片 N,以反射光的方向为轴旋转偏振片 N,从透过光强度的变化和反射的偏振面,可以确定偏振片的主截面,即透过光强极大时偏振片的主截面和反射光的偏振面一致。

在偏振片上标记其主截面的方向。

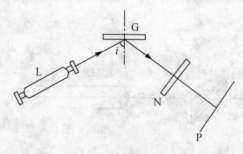

图 4-40

2. 验证马吕斯定律

如图 4-41 安置仪器,使激光器 L 射出的光束,穿过起偏器 N_1 和检偏器 N_2 射到硅光电池 P 上,使 N_1、N_2 正交,记录灵敏电流计上的示值。以下将检偏器每转一个角度(10～15°)记录一次,直至转动 90° 为止,应重复几次。

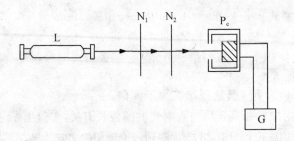

图 4-41

自己设计利用这些数据验证马吕斯定律的方案。

3.考查半波片对偏振光的影响

(1)使用图 4-41 的装置,调 N_1、N_2 为正交,在 N_1、N_2 间和 N_1 平行放置半波片,以光线方向为轴将波片转 $360°$,记录出现消光的次数和相对于 N_2 的位置(角度)。

(2)使 N_1 和 N_2 正交,半波片的光轴和 N_1 的主截面成 $α(10\sim15°)$ 角,转 N_2 使之再消光,记录 N_2 的位置。改变 $α$ 角,每次增加 $10\sim15°$,同上测量直至 $α$ 等于 $90°$。

说明以上观察的记录。

4.椭圆偏振光、圆偏振光的产生与检验

实验装置同上,将半波片换成为 $1/4$ 波片。

(1)使 N_1/N_2 正交,以光线方向为轴将波片转 $360°$,记录观测到的现象。

(2)使用起偏器 N_1 和 $1/4$ 波片产生椭圆偏振光,旋转检偏器 N_2 观测光强的变化。记录波片光轴相对 N_1 主截面的夹角 $α$,以及转动 N_2 光强极大、极小时 N_2 主截面与波片光轴的夹角 $β$·$α$ 取不同值重复观测。(思考:此观察结果和实验内容 1 的结果有根本区别吗?)

(3)使用 N_1 和 $1/4$ 波片产生圆偏振光,(思考:应当怎样安置 $1/4$ 波片?)旋转 N_2 进行观测并记录。

(4)为了区分椭圆偏振光和部分偏振光、圆偏振光和自然光,要在检偏器前再加一个 $1/4$ 波片去观测。

参照步骤(2)、(3)获得椭圆偏振光和圆偏振光,如何获得部分偏振光由自己去设计,使用 $1/4$ 波片和检偏器做对比检验,即椭圆偏振光与部分偏振光对比;圆偏振光与自然光对比。要考虑第二个 $1/4$ 波片如何放置。

5.设计一实验方案(原理和步骤)

如何应用一个 $1/4$ 波片和一个检偏器去判断椭圆偏振光的旋转方向。

【注意事项】

(1)激光器发光强度的起伏对实验有影响,为此要由稳压电源供电,并预热半小时。

(2)应用光电池记录光强时,灵敏电流计应选用低内阻型。读数时,要注意扣除环境杂散光产生本底电流的影响。

当光电流的测量值范围过大时,为避免改变电流计的量程,影响电流计的内阻和测量的灵敏度,同时电流计上量程的变化也不一定符合要求,测量时最好不要使用电流计上的换挡机构去改变量程。通常采用图 4-42 的电路,即可保持电流计低内阻 R_g 不变,同时又能扩大电流计的量程。灵敏电流计 G 串联一电阻 R_1 后和分流电阻 R_2 并联,再接入光电池 P_c 的测量电路。当 R_1、

R_2 的阻值满足下列关系式

$$\begin{cases} R_1 = (n-1)R_g \\ R_2 = \dfrac{n}{n-1}R_g \end{cases} \qquad (4\text{-}26)$$

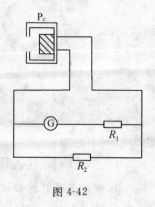

图 4-42

时,整个线路的总电阻仍为 R_g,但量程却扩大了 n 倍.

(3)由于波片产生附加的相差 δ 均与入射光波的波长有关,实验中选用的波片应与照明光的波长相对应,才能观察到理论预期的实验效果.

(4)在观察和讨论波片对偏振光的影响时,准确地确定起偏器 N_1 的主截面与波片光轴的夹角 α 是很重要的,而实际使用的波片,光轴方向定位不够准确,为此应善于运用理论来指导实践,即根据波片在正交偏振片之间,绕光线方向旋转一周时,在四个特定方位将出现消光的特性,以帮助校准波片光轴和 N_1 之间夹角的零位.

(5)本实验最好使用钠灯做光源,并通过准直透镜将其调节为平行光束后进行实验.

二　用旋光计测定糖溶液的浓度

【实验仪器】

旋光计,玻璃管,蔗糖溶液,钠灯.

【实验原理】

平面偏振光在某些晶体内沿其光轴方向传播时,虽然没有发生双折射,却发现透射光的振动面相对于原入射光的振动面旋转了一个角度.晶体的这种性质称为旋光性.后来从实验发现,某些液体也具有旋光性.如果迎着光的传播方向看,旋光性物质使振动面沿顺时针方向旋转,称为右旋物质;使振动面沿逆时针方向旋转,称为左旋物质.实验表明,振动面旋转的角度 φ 与其所通过旋光性物质的厚度成正比.若为溶液,则又正比于溶液的质量浓度 c,此外,旋转角还与入射光波长及溶液温度等有关.对溶液来说,振动面的旋转角

$$\varphi = \rho l c \qquad\qquad\qquad (4\text{-}27)$$

式中,l 是以分米(dm)为单位的液柱长;c 为溶液的质量浓度,代表每立方厘米溶液中所含溶质的质量(质量以克为单位);ρ 为比例系数,称为物质的旋光率,旋光率的定义是平面偏振光通过 1 dm 长的液柱,在 1 cm³ 溶液中含有 1 g 旋光物质时所产生的旋转角.纯洁蔗糖在 20 ℃时,对于钠黄光,经多次测定确认 $\rho = 66.50°$ cm³/(dm·g).因此,若测出糖溶液的旋转角 φ 和液柱长 l,即可按式(4-27)算出蔗糖溶液的质量浓度 c.专门用于测量糖溶液浓度的旋光计,称为糖量计.

旋光计的结构如图 4-43 所示.S 为光源(钠灯);F 为聚光镜(固定);N_1 为起偏器(尼科耳棱镜);N_2 为检偏器(尼科耳棱镜),N_2 可以旋转,旋转的角度从 N_2 所附的刻度盘 R 上读出;D 为半荫片(一半是玻璃,一半是石英半波片;或两旁为玻璃,中间为石英半波片,如图 4-44 所示).H 为盛放溶液的管子;T 为短焦距望远镜.

由光源发出的单色光经 N_1 后成为平面偏振光,其偏振面与 N_1 的主截面平行(参看图 4-45),平面偏振光通过半荫片 D 的玻璃部分后,透射光的偏振面不变,设其振动方向为 OA_1,而通过石英半波片那一部分光的振动面却转过了一角度,设其振动方向为 OA_2.若 H 中未存放

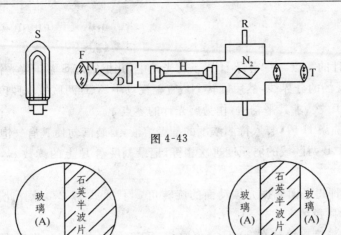

图 4-43

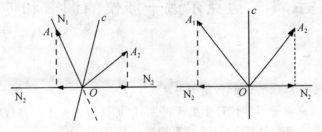

图 4-44

溶液,则由半荫片透出的两束光射至 N_2 之前,振动方向不发生任何改变。当 $N_2 /\!/ N_1$ 时,望远镜视场中看到的是 A 区域亮,B 区域暗;当 $N_2 \perp N_1$ 时,A 区域无光,B 区域亮。如果旋转 N_2,当其主截面垂直或平行于 $\angle A_1 O A_2$ 的平分线 Oc 时,OA_1 和 OA_2 在 N_2 方向上的分量将相等,视场两区域照亮将相同。显然,$N_2 /\!/ Oc$ 时,照度较强;而 $N_2 \perp Oc$ 时,照亮较弱。通常,取 $N_2 \perp Oc$ 的位置作为标准来进行调节,这是因为人眼在一定范围内对于照度的变化较敏感,而且在此位置时,只要 N_2 相对于 Oc 略有偏转,两区域之一将明显变亮,另一区域将明显变暗,因此,易于判别,测量更为准确。

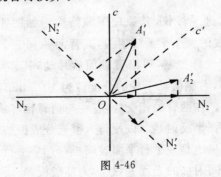

图 4-45

当 H 中盛有糖溶液时,振动面 OA_1 和 OA_2 都转过一定角度,而变为 OA_1' 和 OA_2'(见图 4-46),视场中又呈现出不同的照度。欲再使视场中照度一样,必须将 N_2 旋转至 N_2' 位置,使 N_2' 与 $\angle A_1' O A_2'$ 的平分线 Oc' 垂直。这样,N_2 转过的角度,即为平面偏振光振动面的旋转角,这一角度可从附于 N_2 上的刻度盘 R 读出,从而可算出被测糖溶液的质量浓度。专用糖量计往往直接标出糖溶液质量浓度,这就省得换算了。

图 4-46

【实验内容】

(1)测定旋光计的零点。将空管 H 置于旋光计中,并把钠灯 S 置于聚光镜 F 前,调节望远镜 T,使能清楚看到视场的分界线,然后旋转 N_2,直至视场中 A、B 两区域弱照度相等。记录刻度盘 R 上的读数,重复 10 次,求其平均值,作为旋光计的零点 φ_0。

(2)用蒸馏水洗涤 H 后,装入待测浓度的蔗糖溶液,要装满勿使其有气泡,并放入旋光计,转动 N_2,使视场中 A、B 两区域的弱照度再次相等,记录刻度盘 R 上的读数 φ'_0,重复 10 次,求其平均值。

(3)由 $\varphi'_0 - \varphi_0$ 即得平面偏振光振动面的旋转角 φ,代入式(4-27)计算此溶液的质量浓度 c,并与配制溶液时的质量浓度比较。

实验时溶液的温度应维持在 20 ℃,ρ 值取 66.50° $cm^3/(dm \cdot g)$,当温度在 20 ℃以上时,则相对于 20 ℃,温度每升高 1 ℃,ρ 值中的 66.50°应相应减去 0.02° 作为修正值。

【思考题】

1.强度为 I 的自然光通过偏振片后,其强度 $I_0 < \frac{1}{2}I$,为什么? 应用偏振片时,马吕斯定律是否适用? 为什么?

2.怎样才能产生左旋(右旋)椭圆偏振光?

实验 33　　迈克尔逊干涉仪的调节和使用

【实验目的】

(1)掌握迈克尔逊干涉仪的调节和使用方法。

(2)调节和观察迈克尔逊干涉仪产生的干涉图,以加深对各种干涉条纹特点的理解。

(3)应用迈克尔逊干涉仪测定钠 D 双线平均波长和波长差。

【实验仪器】

迈克尔逊干涉仪,钠灯,He-Ne 激光器,低压汞灯,干涉滤光片(546.1 nm),毛玻璃屏,叉丝,白炽灯。

【实验原理】

实验室中最常见的迈克尔逊干涉仪,其原理图和结构图如图 4-47 和图 4-48 所示。M_1 和 M_2 是在相互垂直的两臂上放置的两个平面反射镜,其背面各有三个调节螺旋,用来调节镜面的方位;M_2 是固定的,M_1 由精密丝杆控制,可沿臂轴前后移动,其移动距离由转盘读出。仪器前方粗动手轮分度值为 10^{-2} mm,右侧微动手轮的分度值为 10^{-4} mm,可估读至 10^{-5} mm,两个读数手轮属于蜗轮蜗杆传动系统。在两臂轴相交处,有一与两臂轴各成 45°的平行平面玻璃板 P_1,且在 P_1 的第二平面上镀以半透(半反射)膜,以便将入射光分成振幅近乎相等的反射光 1 和透镜光 2,故 P_1 板又称为分光板。P_2 也是一平行平面玻璃板,与 P_1 平行放置,厚度和折射率均与 P_1 相同。由于它补偿了 1 和 2 之间附加的光程差,故称为补偿板。

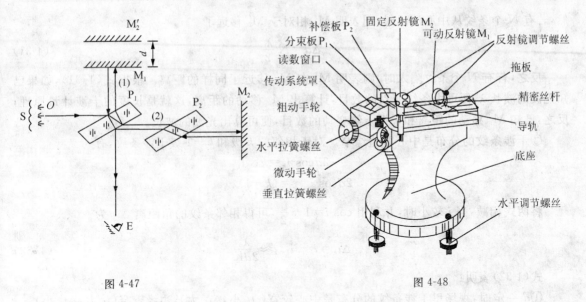

图 4-47　　　　　　　　　　　　　　　　　　　　　　　　　　图 4-48

从扩展光源 S 射来的光,到达分光板 P_1 后被分成两部分。反射光 1 在 P_1 处反射后向着 M_1 前进;透射光 2 透过 P_1 后向着 M_2 前进。这两列光波分别在 M_1、M_2 上反射后逆着各自的入射方向返回,最后都到达 E 处。既然这两列光波来自光源上同一点 O,因而是相干光,在 E 处的观察者能看到干涉图样。

由于从 M_2 返回的光线在分光板 P_1 的第二面上反射,使 M_2 在 M_1 附近形成一平行于 M_1 的虚像 M_2',因而光在迈克尔逊干涉仪中自 M_1 和 M_2 的反射,相当于自 M_1 和 M_2' 的反射。可见,在迈克尔逊干涉仪中所产生的干涉与厚度为 d 的空气膜所产生的干涉是等效的。

1. 扩展光源照明产生的干涉图

(1)当 M_1 和 M_2' 严格平行时,所得的干涉为等倾干涉。所有倾角为 i 的入射光束,由 M_1 和 M_2' 反射光线的光程差 Δ 均为

$$\Delta = 2d\cos i \tag{4-28}$$

式中,i 为光线在 M_1 镜面的入射角,d 为空气薄膜的厚度,它们将处于同一级干涉条纹,并定位于无限远。这时,在图 4-47 中的 E 处,放一会聚透镜,在其焦平面上(或用眼在 E 处正对 P_1 观察),便可观察到一组明暗相间的同心圆纹。这些条纹的特点是:

①干涉条纹的级次以中心为最高。在干涉纹中心,因 $i=0$,如果不计反射光线之间的相位突变,由圆纹中心出现亮点的条件

$$\Delta = 2d = k\lambda \tag{4-29}$$

得圆心处干涉条纹的级次

$$k = \frac{2d}{\lambda} \tag{4-30}$$

当 M_1 和 M_2' 的间距 d 逐渐增大时,对于任一级干涉条纹,如第 k 级,必定以减少其 $\cos i_k$ 的值来满足 $2d\cos i_k = k\lambda$,故该干涉条纹向 i_k 变大($\cos i_k$ 变小)的方向移动,即向外扩展。这时,观察者将看到条纹好像从中心向外"涌出";且每当间距 d 增加 $\lambda/2$ 时,就有一个条纹涌出。反之,当间距由大逐渐变小时,最靠近中心的条纹将一个一个地"陷入"中心,且每陷入一个条纹,间距的改变亦为 $\lambda/2$。

·因此,只要数出涌出或陷入的条纹数,即可得到平面镜 M_1 以波长 λ 为单位的移动距离。显

然,若有 N 个条纹从中心涌出时,则表明 M_1 相对于 M_2' 移远了

$$\Delta d = N \frac{\lambda}{2} \tag{4-31}$$

反之,若有 N 个条纹陷入时,则表明 M_1 向 M_2' 移近了同样的距离。根据式(4-31),如果已知光波的波长 λ,便可由条纹变动的数目,计算出 M_1 移动的距离,这就是长度的干涉计量原理,反之,已知 M_1 移动的距离和干涉条纹变动的数目,便可算出光波的波长。

②干涉条纹的分布是中心宽边缘窄。对于相邻的 k 级和 k-1 级干涉条纹,有

$$2d\cos i_k = k\lambda$$

$$2d\cos i_{k-1} = (k-1)\lambda$$

将两式相减,当 i 较小时,并利用 $\cos i = 1 - \dfrac{i^2}{2}$,可得相邻条纹的角距离 Δi_k 为

$$\Delta i_k = i_k - i_{k-1} \approx \frac{\lambda}{2di_k} \tag{4-32}$$

式(4-32)表明:

①d 一定时,视场里干涉条纹的分布是中心较宽(i_k 小,Δi_k 大),边缘较窄(i_k 大,Δi_k 小)。

②i_k 一定时,d 越小,Δi_k 越大,即条纹随着薄膜厚度 d 的减小而变宽。所以在调节和测量时,应选择 d 为较小值,即调节 M_1 和 M_2 到分光板 P_1 上镀膜面的距离大致相同。

(2)当 M_1 和 M_2' 有一很小的夹角 α,且当入射角 i 也较小时,一般为等厚干涉条纹,定位于空气薄膜表面附近。此时,由 M_1 和 M_2' 反射光线的光程差仍近似为

$$\Delta = 2d\cos i = 2d\left(1 - \frac{i^2}{2}\right) \tag{4-33}$$

①在两镜面的交线附近处,因厚度 d 较小,$d \cdot i^2$ 的影响可略去,相干的光程差主要由膜厚 d 决定,因而在空气膜厚度相同的地方光程差均相同,即干涉条纹是一组平行于 M_1 和 M_2' 交线的等间隔的直线条纹。

②在离 M_1 和 M_2' 的交线较远处,因 d 较大,干涉条纹变成弧形,而且条纹弯曲的方向是背向两镜面的交线。这是由于式(4-33)中 $d \cdot i^2$ 的作用已不容忽略。由于同一 k 级干涉条纹乃是等光程差点的轨迹。为满足 $2d\left(1 - \dfrac{i^2}{2}\right) = k\lambda$,因此用扩展光源照明时,当 i 逐渐增大,必须相应增大 d 值,以补偿由 i 增大时引起光程差的减小。所以干涉条纹在 i 增大的地方要向 d 增加的方向移动,使条纹成为弧形,如图 5-49 所示,随着 d 的增大,条纹弯曲越厉害。

(3)白光照射下看到彩色干涉条纹的条件。对于等倾干涉,在 d 接近零时可以看到;对于等厚干涉,在 M_1、M_2' 的交线附近可以看到。因为在 d=0 时,所有波长的干涉情况相同,不显彩色。当较大时因不同波长干涉条纹互相重叠,使照明均匀,彩色消失。只有当 d 接近零时才可看到数目不多的彩色干涉条纹。

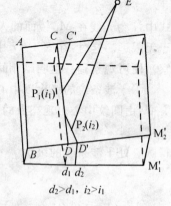

$d_2 > d_1,\ i_2 > i_1$

图 4-49

2. 点光源照明产生的非定域干涉图样

点光源 S 经 M_1 和 M_2' 的反射产生的干涉现象,等效于沿轴向分布的两个虚光源 S_1、S_2 所产生的干涉。因从 S_1 和 S_2 发出的球面波在相遇的空间处处相干,故为非定域干涉,如图 4-50 所示。激光束经短焦距扩束透镜后,形成高亮度的点光源 S 照明干涉仪。若将观察屏 E 放在不同

位置上,则可看到不同形状的干涉条纹。

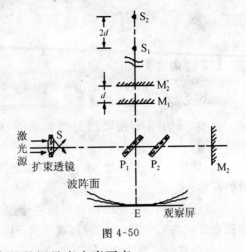

当观察屏 E 垂直于 S_1S_2 连线时,屏上呈现出圆形的干涉条纹。同等倾条纹相似,在圆环中心处,光程差最大,$\Delta=2d$ 级次最高;当移动 M_1 使 d 增加时,圆环一个个地从中心"涌出",当 d 减小时,圆环一个个地向中心"陷入"。每变动一个条纹,M_1 移动的距离为 $\lambda/2$,因此也可用以计量长度或测定波长。

图 4-50

3. 钠光 D 双线的波长差

当 M_1 与 M_2' 互相平行时,得到明暗相间的圆形干涉条纹。如果光源是绝对单色的,则当 M_1 镜缓慢地移动时,虽然视场中条纹不断涌出或陷入,但条纹的视见度应当不变。

设亮条纹光强为 I_1,相邻暗条纹光强为 I_2,则视见度 V 可表示为

$$V=(I_1-I_2)/(I_1+I_2)$$

视见度描述的是条纹清晰的程度。

如果光源中包含有波长 λ_1 和 λ_2 相近的两种光波,而每一列光波均不是绝对单色光,以钠黄光为例,它是由中心波长 $\lambda_1=589.0$ nm 和 $\lambda_2=589.6$ nm 的双线组成,波长差为 0.6 nm。每一条谱线又有一定的宽度,如图 4-51 所示。由于双线波长差 $\Delta\lambda$ 与中心波长相比甚小,故称为准单色光。

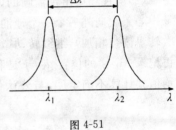

图 4-51

用这种光源照明迈克尔逊干涉仪,它们将各自产生一套干涉图。干涉场中的强度分布则是两组干涉条纹的非相干叠加,由于 λ_1 和 λ_2 有微小差异,对应 λ_1 的亮环的位置和对应 λ_2 的亮环的位置,将随 d 的变化,而呈周期的重合和错开。因此 d 变化时,视场中所见叠加后的干涉条纹交替出现"清晰"和"模糊甚至消失"。

设在 d 值为 d_1 时,λ_1 与 λ_2 均为亮条纹,视见度最佳,则有

$$d_1=m\frac{\lambda_1}{2}, \quad d_1=n\frac{\lambda_2}{2} \quad (m \text{ 和 } n \text{ 为整数})$$

如果 $\lambda_1>\lambda_2$,当 d 值增加到 d_2,如果满足

$$d_2=(m+k)\frac{\lambda_1}{2}, \quad d_2=(n+k+0.5)\frac{\lambda_2}{2} \quad (k \text{ 为整数})$$

此时对 λ_1 是亮条纹,对 λ_2 则为暗条纹,视见度最差(可能分不清条纹)。从视见度最佳到最差,M_1 移动距离为

$$d_2-d_1=k\frac{\lambda_1}{2}=(k+0.5)\frac{\lambda_2}{2}$$

由 $k\frac{\lambda_1}{2}=(k+0.5)\frac{\lambda_2}{2}$ 和 $d_2-d_1=k\frac{\lambda_1}{2}$ 消去 k 可得二波长差

$$\lambda_1-\lambda_2=\frac{\lambda_1\lambda_2}{4(d_2-d_1)}\approx\frac{\overline{\lambda_{12}^2}}{4(d_2-d_1)} \tag{4-34}$$

式中,$\overline{\lambda_{12}}$ 为 λ_1、λ_2 的平均值。因为视见度最差时,M_1 的位置对称地分布在视见度最佳位置的两侧,所以相邻视见度最差的 M_1 移动距离 Δd 与 $\Delta\lambda(=\lambda_1-\lambda_2)$ 关系为

$$\Delta\lambda=\frac{\overline{\lambda_{12}^2}}{2\Delta d} \tag{4-35}$$

【实验内容】

1.迈克尔逊干涉仪的调节

(1)点亮钠灯 S,使之照射毛玻璃屏,形成均匀的扩展光源,在屏上加一指针或带尖的黑纸片。

(2)旋转粗动手轮,使 M_1 和 M_2 至 P_1 镀膜面的距离大致相等,沿 EP_1 方向观察,将看到指针的双影。

(3)仔细调节 M_1 和 M_2 背后的三个螺丝,改变 M_1 和 M_2 的相对方位,直至双影在水平方向和铅直方向均完全重合,这时可观察到干涉条纹,仔细调节三个螺丝,使干涉条纹成圆形。

(4)细致缓慢地调节 M_2 下方的两个微调拉簧螺丝,使干涉条纹中心仅随观察者的眼睛左右上下的移动而移动,但不发生条纹的"涌出"或"陷入"现象。这时,观察到的干涉条纹才是严格的等倾干涉。如果眼睛移动时,看到的干涉环有"涌出"或"陷入"现象,要分析一下再调。

2.测定钠光波长(D_1D_2 二波长的平均值)

(1)旋转粗动手轮,使 M_1 移动,观察条纹的变化。从条纹的"涌出"或"陷入",判断 d 的变化,并观察 d 的取值与条纹粗细、疏密的关系。

(2)当视场中出现清晰的、对比度较好的干涉圆环时,再慢慢地转动微动手轮,可以观察到视场中心条纹向外一个一个地涌出(或者向内陷入中心)。开始计数时,记录 M_1 镜的位置 d_1(两读数转盘读数相加),继续转动微动手轮,数到条纹从中心向外涌出 100 个时,停止转动微动手轮,再记录 M_1 镜的位置 d_2,于是利用式(4-31)即可算出待测光波的波长 λ。重复测量几次,取其平均值并计算不确定度,与公认值比较。震动对测量的影响甚大(注意:干涉仪的三个底脚要加软垫。)

3.观察白光的彩色干涉条纹

参照原理部分的分析,思考以下几个问题:

(1)在等倾干涉中看到彩色干涉条纹(圆环)的条件是什么?

(2)移动 M_1,从看到的现象中,如何判断 d 是在增大还是在减小?

(3)向哪个方向移动 M_1 肯定会看到彩色干涉环?

(4)要在等厚干涉中看到彩色条纹,该考虑些什么问题?

先用钠灯看到等倾干涉环,移动 M_1,根据观察的现象认为 M_1 的移动方向正确时,改用白光源继续移动 M_1,直至看到彩色干涉环。

再调等厚干涉的彩色干涉条纹。

注意:由于白光的彩色条纹只有几条,必须耐心细致地缓慢调节微动手轮,如果移动过快,条纹极易一晃而过,难于察觉。

4.自行设计实验步骤

观察点光源照明干涉仪时,干涉条纹的形状、特点、观察条件和变化规律。

迈克尔逊干涉仪系精密光学仪器,使用时应注意:

(1)注意防尘、防潮、防震;不能触摸元件的光学面,不要对着仪器说话、咳嗽等。

(2)实验前和实验结束后,所有调节螺丝均应处于放松状态,调节时应先使之处于中间状态,以便有双向调节的余地,调节动作要均匀缓慢。

(3)有的干涉仪粗动手轮和微动手轮传动的离合器啮合时,只能使用微动手轮,不能再使用粗动手轮,否则会损坏仪器。

(4)旋转微动手轮进行测量时,特别要防止回程误差。

5.测定钠光 D 双线$(D_1 D_2)$的波长差

(1)以钠灯为光源调干涉仪看到等倾干涉条纹。

(2)移动 M_1,使视场中心的视见度最小,记录 M_1 的位置为 d_1,沿原方向继续移动 M_1,直至视见度又为最小,M_1 的位置为 d_2,则 $\Delta d = |d_2 - d_1|$。由于 λ_1、λ_2 的波长差很小,视见度最差位置附近有较大的范围的视见度都很差,即模糊区很宽,因此确定视见度最差的位置有很大的偶然误差。在此可以使用粗调手轮用精度 0.01 mm 去测,测出 10 个模糊区的间距去计算 Δd。这是利用拓展量程去减小单次测量的偶然误差。

【思考题】

1.分析扩束激光和钠光产生的圆形干涉条纹的差别。

2.调节钠光的干涉条纹时,如已确使指针的双影重合,但条纹并未出现,试分析可能产生的原因。

3.如何判断和检验干涉条纹属于严格的等倾条纹?

4.怎样用实验方法检验干涉条纹的定位区域?

实验 34　全 息 照 相

【实验目的】

(1)了解全息照相记录和再现的原理。
(2)掌握漫反射全息照片的摄制方法。
(3)加深对全息照片特点的理解。

【实验仪器】

防震全息台,He-Ne 激光器,扩束透镜,分束棱镜(或分束板),反射镜(两片),毛玻璃屏,调节支架若干,米尺,停表(计时器),照相冲洗设备。

【实验原理】

普遍照相底片上所记录的图像只反映了物体上各点发光(辐射光或反射光)的强弱变化,也就是只记录了物光的振幅信息,于是,在照相纸上显示的只是物体的二维平面像,丧失了物体的三维特征。全息照相则不同,它是借助于相干的参考光束 R 和物光束 O 相互干涉来记录物光振幅和相位的全部信息。

如图 4-52 所示,设 xy 平面为全息底片平面,底片上一点(x,y)处物光束 O 和参考光束 R 的光场分布分别为

$$O(x,y,t) = O_0(x,y)e^{i\omega t} \tag{4-36}$$

$$R(x,y,t) = R_0(x,y)e^{i\omega t} \tag{4-37}$$

其中

$$O_0(x,y,t) = A_0(x,y)e^{i\varphi_0(x,y)} \tag{4-38}$$

$$R_0(x,y) = A_r(x,y)e^{i\varphi_r(x,y)} \tag{4-39}$$

分别为物光束和参考光束的复数振幅。由于它们系相干光束,所以全息底片上的光强是它们合振幅的平方[为了书写简便,略去(x,y)],即

$$
\begin{aligned}
I(x,y) &= |O_0 + R_0|^2 = O_0 O_0^* + R_0 R_0^* + O_0 R_0^* + R_0 O_0^* \\
&= A_0^2 + A_r^2 + A_0 A_r e^{i(\varphi_0 - \varphi_r)} + A_0 A_r e^{i(\varphi_r - \varphi_0)} \\
&= A_0^2 + A_r^2 + 2A_r A_0 \cos(\varphi_0 - \varphi_r)
\end{aligned}
\tag{4-40}
$$

式(4-40)右边三项中,第一项(A_0^2)反映了物光的光强,它在底片上不同位置有不同的大小。第二项(A_r^2)反映了参考光的光强,由于A_r是均匀分布的,所以A_r^2构成了底片上的均匀背景。第三项[$2A_r A_0 \cos(\varphi_0 - \varphi_r)$]反映了两束相干光的振幅和相对相位的关系。这样的照相把物光束的振幅和相位两种信息全部记录下来了,因而称为全息照相。

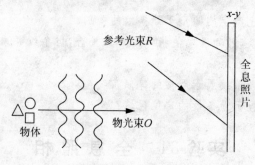

图 4-52

全息照相底片上记录的不是物体的几何图形,而是一组记录着物光束的振幅和相位全部信息的不规则的干涉图样,所以又称为全息图。全息图上干涉图样的明暗对比程度反映了物光波相对于参考光波之间振幅(强度)的变化,而干涉图样的形状和疏密变化则反映了物光波和参考光波之间的相位变化。

拍摄好的全息底片,经过适当的显影、定影和漂白处理后,底片上各点的振幅透射率与入射光强 $I(x,y)$ 的关系如下

$$t(x,y) = t_0 + \beta|O_0 + R_0|^2 \tag{4-41}$$

其中,t_0 为底片的灰雾度,β 为比例常数(对于负片,$\beta < 0$)。为了重现物光的波前,必须用一相干光照射全息图,设照射到全息图上的相干光的复振幅也为 R_0,则透过全息图的复振幅 $A(x,y)$ 为

$$
\begin{aligned}
A(x,y) &= t(x,y)R_0 = t_0 R_0 + \beta R_0 |O_0 + R_0|^2 \\
&= t_0 R_0 + \beta R_0(|O_0|^2 + |R_0|^2) + \beta R_0 R_0^* O_0 + \beta R_0 R_0 O_0^*
\end{aligned}
\tag{4-42}
$$

式(4-42)表明经全息图透射后的光包含三个不同的分量:第一、二项代表的是强度衰减的直接透射光;第三项正比于 O_0,即除振幅大小改变外,原来的物光准确地再现了,波前发散形成物体(在原来位置上)的虚像;第四项是与物光共轭的光波,这意味着在虚像的相反一侧会聚成一个共轭的实像,如图 4-53 所示。

式(4-40)与式(4-42)表明,全息照相过程包含记录和再现两个过程:用干涉方法记录物光波的全部信息;用衍射方法再现物体的光学像。下面以发光物点的全息照片为例,具体说明上述记录和再现的物理过程。如图 4-54(a)所示,从发光点 O 发出的单色球面波与相干的平面参考光

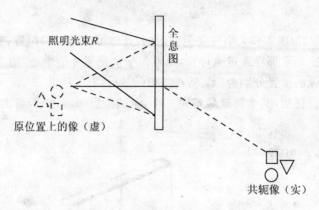

图 4-53

波 R 在感光底片上叠加曝光的结果,形成一组明暗相间的同心干涉圆环,条纹的分布是中间稀疏而边部稠密,底片经冲洗后,干涉亮纹处形成不透光暗环,暗条纹处则形成透光环,因此点光源的全息图是一片具有不等间隔的圆光栅,其间隔从中心到边缘逐渐减少。

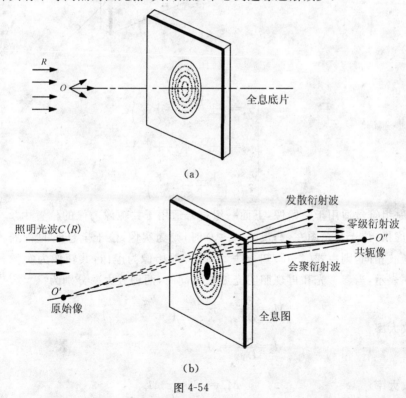

图 4-54

当用平行光照明该全息图时,如图 4-54(b)那样,每一透光的干涉环均要产生衍射,衍射光波具有旋转轴对称的特性,其衍射角随着光栅间隔的减小而增大,正一级发散的衍射波重现了物点 O 的原始虚像 O',负一级会聚衍射光波则形成了物点 O 的共轭实像 O''。

因为任意物体是由许多独立发光点所组成,如图 4-52 所示,记录时,每一点发出的光波均与参考光波形成各自的全息图,这些点源全息图的叠加就构成该物体的全息照片,显然它是一组复杂而不规则的干涉图样,而不是物体的几何图样。如图 4-53 再现时,各原始像点的组合就形成了整个物体逼真的立体再现像 O'。共轭像点的组合则形成整个物体的共轭像 O'',通常它是处于观察者同侧的实像。

全息再现像的位置、虚实和大小是完全确定的,具体可由物点的位置、参考光源和再现照明光源的位置决定。如图 4-55 那样选定坐标系,原点位于全息照片的中心,物点的位置为(x_o, y_o, z_o),参考点源和再现点源的位置分别为(x_r, y_r, z_r)和(x_c, y_c, z_c),且设 z_o、z_r、z_c 均大于零,即都位于全息图的左侧。可以证明,两个再现像都是一个点,其位置(x_i, y_i, z_i)可由下式确定:

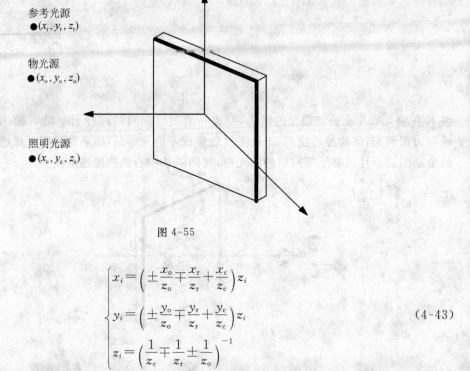

参考光源
● (x_r, y_r, z_r)

物光源
● (x_o, y_o, z_o)

照明光源
● (x_c, y_c, z_c)

图 4-55

$$\begin{cases} x_i = \left(\pm \dfrac{x_o}{z_o} \mp \dfrac{x_r}{z_r} + \dfrac{x_c}{z_c} \right) z_i \\[2mm] y_i = \left(\pm \dfrac{y_o}{z_o} \mp \dfrac{y_r}{z_r} + \dfrac{y_c}{z_c} \right) z_i \\[2mm] z_i = \left(\dfrac{1}{z_c} \mp \dfrac{1}{z_r} \pm \dfrac{1}{z_o} \right)^{-1} \end{cases} \qquad (4\text{-}43)$$

式中,上面一组符号适用于原始像,下面一组符号适用于共轭像。像的位置由 z_i 的符号决定,如 $z_i > 0$ 时为虚像,位于全息图左侧;反之,$z_i < 0$ 时,则为实像,位于全息图的右侧。如参考光波与再现照明光波相同,则由式(4-43)知,$z_i = \pm z_o$,即原始像为虚像,共轭像为实像。再现像的大小可由放大率表示,当参考光和再现照明光波长相同时,两种放大率分别为

横向放大率
$$\begin{cases} M_x = \dfrac{\partial x_i}{\partial x_o} = \pm \dfrac{z_i}{z_o} = \left(1 \pm \dfrac{z_o}{z_c} - \dfrac{z_o}{z_r} \right)^{-1} \\[2mm] M_y = \dfrac{\partial y_i}{\partial y_o} = M_x \end{cases} \qquad (4\text{-}44)$$

纵向放大率
$$M_z = \frac{\partial z_i}{\partial z_o} = \pm M_x^2 \qquad (4\text{-}45)$$

由上式可知,当 $z_r = z_c$ 时,对于原始像 $M_x = M_y = M_z = 1$,像与原物相似,但对于共轭像,$M_x = M_y \neq M_z$ 像要发生畸变,形状失真。

全息照相作为一种新型的成像方法,它的显著特点是:

(1)因全息图具有光栅结构,经其衍射的成像光束总有两支,因此所成像总是孪生的一对。物体的原始像与共轭像共存,不像光学透镜成像那样是唯一的。

(2)全息再现像不是普通照相那样的二维平面图像,而是形象逼真的三维立体图像。具有明显的视差和纵深视觉效应。

（3）因为全息照片上的每一处都记录了物体上所有物点发出的光信息，而物体上每一物点发出的光信息均布满在全息照片的全部面积上，因此，一张破损了的全息图残片仍能重现出物体的全貌，只是分辨率受些影响，而普通照相底片一旦破损就无法再冲洗印相了。

【实验内容】

1. 检查全息台的稳定性

将各光学元件按图 4-56 所示在防震全息台上布置成一迈克尔逊干涉仪的光路，以检查全息台的防震性能。如果在远大于曝光所需的时间内，屏上干涉圆环的"涌出"或"陷入"少于 1/4 个环时，全息台可以使用，否则还要调节全息台。

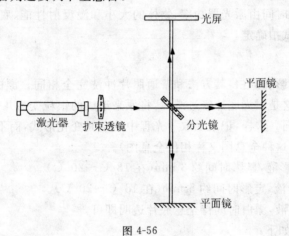

图 4-56

2. 布置与调整全息光路

如图 4-57 所示是一种拍摄漫反射全息照片的参考光路。布置好各光学元件，并进行光路调节，调节时要注意：

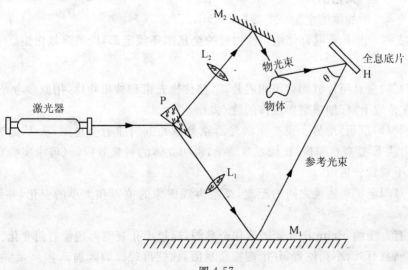

图 4-57

（1）物光和参考光的光程差必须小于所使用激光的相干长度，最好是使它们的光程大致相同。两束光的光程应自分束器量起。最大光程差应小于激光管谐振腔长的 1/4。

（2）物光束与参考光束的光强比选择要适当,以使全息照片具有最大的衍射效率。确切的比值应由全息底片的振幅透射率与感光特性来确定。一般说来,物光束与参考光束的光强比取值在 1∶2～1∶5 是合适的,但不同底片有不同的感光特性,必须通过实验确定。虽然沿光路改变扩束透镜的前后位置可以变换光强比,但是,由于物体是漫射体,投射到它上面的光能,只有很少一部分构成物光信息,因此只有以足够强的光照明物体,而且物体距离全息底片又不太远时,才能在底片上获得适当的光强比。

（3）物光束与参考光束之间的夹角 θ 要适当,以小于 $30°$ 为宜。

3. 曝光

将全息底片放置在照相框架上,药膜面向着被摄物体,放好底片后稍等几分钟,待整个系统稳定后开始曝光,曝光时间由激光器功率、物体的大小和漫反射性能、底片的感光灵敏度等来确定。最佳时间应通过试拍确定。

4. 冲洗

冲洗包括显影、定影和漂白,其方法和普通照片冲洗完全相同。漂白是为了增加衍射效率,提高再现像的亮度。这是因为底片经过漂白,将原来形成的银粒变为几乎完全透明的化合物,它的折射率和明胶的不同。这样,记录采取了光程中的空间变化形式,而不像原初振幅全息图那样是光密度的空间变化（这种全息图又称相位全息图）。

显影用 D19 型显影液,显影时间约 3 min(在 18 ℃～20 ℃)。

定影用 F5 型定影液,定影时间约 5 min(在 18 ℃～20 ℃)。

漂白用 R-10 漂白液,漂白时间待全息底片透明即可。

R-10 漂白液配方如下:

溶液 A	重铬酸钾	20 g
	浓硫酸	14 mL
	加蒸馏水至	1 000 mL
溶液 B	氯化钠	45 g
	加蒸馏水至	1 000 mL

将一份 A 液和一份 B 液混合使用。漂白过的全息图还须定影,以消除氯化银。

5. 再现

（1）将拍摄好的全息照片放回原照相底片架,挡住物光束和被摄物体,用原参考光照明,像即呈现在原物所在位置上,仔细观察再现像的特点。

（2）如图 4-58(a)所示,用另一束扩束激光沿原参考光方向照射全息图,从 E 处观察再现虚像,改变位置,再从 E' 处观察虚像,比较观察结果,说明立体的视觉效应。（可由实验室提供一张全息照片,作以下观察分析用。）

（3）改变全息图至扩束透镜之间的距离,观察再现虚像的位置和大小的变化,并用式(4-43)说明。

（4）用一张有直径约 5 mm 小孔光阑遮住全息图,通过小孔观察再现像有何变化? 是否显现出被摄物体的全貌? 移动小孔位置,仔细观察全息图,比较再现像的区别。

（5）如图 4-58(b)所示,将全息图绕垂直轴旋转 $180°$,用会聚光束(原参考光的共轭光)照明,用白屏(或玻璃屏)在原被摄物附近将观察到实像,并注意观察再现像的"赝视"特点,赝视现象就是原来物体上离观察者近的物点,共轭像中的对应点反而离观察者远了,即看到的像与原物的凹凸状态相反,给人以特殊的感觉。

(6)如图 4-58(c)所示,用未扩束的 He-Ne 激光直接照射全息图,除再现虚像外,在透射光一侧的白屏上还会有两个"再现实像",仔细观察两个"像"的区别,判断真伪,给出物理解释。

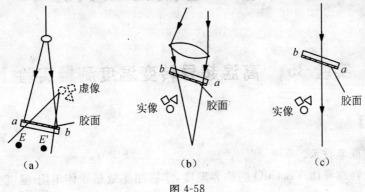

图 4-58

【思考题】

1.拍摄全息照相用的感光底片用正片和负片都可以,一般都是采用负片,这是为什么?

2.推导公式 $d = \dfrac{\lambda}{2\sin\dfrac{\theta}{2}}$。式中,$d$ 代表夹角为 θ 的两列平行光产生的干涉条纹的间距。

3.拍摄全息照片,为什么参考光的强度必须比物光大?

4.分析说明你观察的实验现象中,各种条件下形成的再现像的特点。

第5章 近代物理实验

实验 35 高温超导转变温度测量实验

【实验目的】

(1)学习液氮低温技术。

(2)测量氧化物超导体 YBaCuO 的临界温度,掌握用测量超导体电阻-温度关系测定转变温度的方法。

(3)了解超导体的最基本特性以及判定超导态的基本方法。

【实验仪器】

如图 5-1 所示,将高温超导探测器与仪器主机相连。

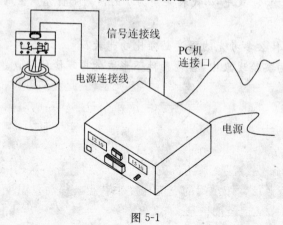

图 5-1

【实验原理】

1. 简介

超导电性发现于 1911 年,荷兰科学家翁纳斯(K. Onnes)在实现了氦气液化之后不久,利用液氦所能达到的极低温条件,指导其学生进行金属在低温下电阻率的研究,发现在温度稍低于 4.2 K 时水银的电阻率突然下降到一个小值。后来有人估计,电阻率的下限为 3.6×10^{23} $\Omega \cdot cm$,而迄今正常金属的最低电阻率大约为 10^{23} $\Omega \cdot cm$。与此相比,可以认为汞进入了电阻完全消失的新状态——超导态。我们定义超导体开始失去电阻时的温度为超导转变温度或超导临界温度,通常用 T_c 表示。

超导现象发现以后,实验和理论研究以及应用都有很大发展,但是临界温度的提高一直很缓慢。1986 年以前,经过 75 年的努力,临界温度只达到 23.2 K,这一纪录保持了差不多 12 年。此外,在 1986 年以前,超导现象的研究和应用主要依赖于液氦作为制冷剂。由于氦气昂贵、液化氦的设备复杂,条件苛刻,加上 4.2 K 的液氦温度是接近于绝对零度的极低温区等因素都大大限制了超导的应用。为此,探测高临界温度超导材料成为人们多年来梦寐以求的目标。

1987 年初,液氮温区超导体的发现震动了整个世界,人们称为 20 世纪最重大的科学技术突破之一,它预示着一场新的技术革命,同时也为凝聚态物理学提出了新的课题。

2.超导特性

超导体有许多特性,其中最主要的电磁性质是:

(1)零电阻现象。当把金属或合金冷却到某一确定温度 T_c 以下,其直流电阻突然降到零,把这种在低温下发生的零电阻现象称为物质的超导电性,具有超导电性的材料称为超导体。电阻突然消失的某一确定温度 T_c 叫做超导体的临界温度。在 T_c 以上,超导体和正常金属都具有有限的电阻值,这种超导体处于正常态。由正常态向超导态的过渡是在一个有限的温度间隔里完成的,即有一个转变宽度 ΔT_c,它取决于材料的纯度和晶格的完整性。理想样品的 $\Delta T \leqslant 10^3$ K。基于这种电阻变化,可以通过电测量来确定 T_c,通常是把样品的电阻降到转变前正常态电阻值一半时的温度定义为超导体的临界温度 T_c。

(2)完全抗磁性。当把超导体置于外加磁场时,磁通不能穿透超导体,而使体内的磁感应强度始终保持为零($B=0$),超导体的这个特性又称为迈斯纳(Meissner)效应。

超导体的这两个特性既相互独立又有紧密的联系,完全抗磁性不能由零电阻特性派生出来,但是零电阻特性却是迈斯纳效应的必要条件。

【实验内容】

本实验的目的是测量超导材料的转变温度,也就是在常气压环境下超导体从非超导态变为超导态时的温度。由于超导材料在超导状态时电阻为零,因此我们可用检测其电阻随温度变化的方法来判定其转变温度。实验中要测电阻及温度两个量。样品的电阻用四引线法测量,通过恒定电流,测量两端的电压信号,由于电流恒定,电压信号的变化即是电阻的变化。

温度用铂电阻温度计测量,它的电阻会随温度变化而变化,比较稳定,线性也较好,实验时通以恒定的 1.00 mA 的电流,测量温度计两端电压随温度变化情况,从表中可查到其对应的温度。

温度的变化是利用液氮杜瓦瓶空间的温度梯度来获得。样品及温度计的电压信号,可从数字显示表中读得,也可用 X-Y 记录仪记录。

(1)样品、探棒与测量仪器用连接线连接起来。

(2)样品连线连接好以后,开启电源,小心地把探测头浸入杜瓦瓶内,待样品温度达到液氮温度后(一般等待 10~15 min),观察此时样品出现信号是否处于零附近(因此时温度最低,电阻应为零,但因放大器噪声也被放大,会存在本底信号),注意此时不能再改变放大倍数,放大倍数挡位置应与高温时一致。如果此时电压信号仍很大,与高温时一样,则属不正常,需检查原因。如电阻信号小,与高温时的电阻信号相差大,则可进行数据测量了。

(3)样品温度达到稳定的液氮温度时,记下此时的样品电压及温度电压值,然后把探测头小心地从液氮瓶内提拉到液面上方,温度会慢慢升高,在这变化过程中,温度计的电压信号及样品的电阻信号会同时变化,同时记录这二值,记下 50~60 个数据,作图即可求得转变温度。在过程中要耐心观察,特别在转变温度附近,最好多测些数据。

(4)如时间允许可从高温到低温再测量一次,观察两条曲线是否重合,解析原因。

(5)将本仪器与计算机连接,使用本机提供的专用软件可实时记录样品的超导转变曲线。计算机的连接和所用软件的使用说明详见附录。

(6)实验结束工作。实验结束后关掉仪器电流,用热吹风把探测头吹干;旋开探测头的外罩,把样品吹干,使其表面干燥无水气;用烙铁把样品与样品架连接的4个焊点焊开,取出样品,用滤纸包好,放回干燥箱内,以备下组实验者使用。

【注意事项】

(1)实验操作过程中不要用手直接接触样品表面,要带好手套,以免玷污样品表面。

(2)样品探测头放进液氮杜瓦瓶时应小心地慢慢进行,以免碰坏容器,皮肤不要接触液氮,以免冻伤。万一容器瓶损坏,液氮溢出瓶外室内充满雾气,这时也不要紧张,这是液氮在汽化蒸发,只要液氮不接触皮肤,皮肤就不会冻伤,并且液氮挥发很快。

(3)灌倒液氮时要小心,不要泼在手上、脚上,其严重灼伤皮肤程度比开水更甚!

(4)超导样品长期接触水汽使结构破坏、成分分解,导致超导性能丧失。故做完实验后应从低温处取出,用热吹风烘干表面潮气,置于有干燥剂的密封容器中保存,待实验时再取出。

(5)超导电阻转变过程的快慢与杜瓦瓶中的液氮多少有关,一般控制在液氮面的高度(离底)为6～8 cm,其高度可用所附底塑料杆探测估计。

【思考题】

1.什么叫超导现象?超导材料有什么主要特性?从你的电阻测量实验中如何判断样品进入超导态?

2.如何能测准超导样品的温度?

3.测定超导样品的电阻为什么要用四引线法?

4.样品电流应调节多大?为什么?

5.为什么样品必须保持干燥?如何保存样品?

6.从超导材料进入超导态时,$R=0$,你能想象出它有什么应用价值?

附:

高温超导转变温度测量软件的使用说明

本软件设置为串行口输入,可选择不同的串行口(com1 或 com2),采样的记录格式形同于记录纸,X 坐标为温度值(以温度的形式来显示),每格大小在界面的右边显示。Y 坐标所对应的是样品电压,每格所对应的电压值可供选择,这里设置了三个级别的电压值供选择。对于记录下的曲线,可以进行存盘、打印等操作,也可删除及重新开始记录,在计算机采样的时候,我们可以通过选择一点的坐标值,横坐标的温度值可直接显示对应的温度,不需要查表。

1.软件界面介绍

(1)标题栏:本软件的名称。

(2)菜单栏:此栏由文件、编辑、操作、帮助、关于五个部分组成,具体说明如下。

①文件:可以对文件进行存盘、打开、打印等操作。

②编辑:可以对采样到的图形进行处理。

③操作:能对本软件运行进行控制,如选择串行口、改变 Y 轴分度值等。

④帮助:可以得到本软件使用的一切说明。

⑤关于：此为本公司的介绍。

（3）工具栏：由新建、打开、存盘、运行、暂停、打印、退出七个部分组成，其具体功能和菜单栏各项说明一致。

（4）实验监视栏：此栏设在屏幕下方，能了解实验是否正在进行，能记录实验所花费的时间和采样到的数据点的个数。

2. 软件使用操作步骤

（1）先将样品用导热胶粘放在样品架中，焊接四引线。

（2）将放大器上的航空头分别接到主机上对应的航空插座上。

（3）通过连接电缆将仪器与计算机串行口相连。

（4）打开本软件，选择合适的串行口（com1 或 com2）和显示的 Y 轴分度值，如果选择不对，软件会进行提示。

（5）将探棒放入液氮杜瓦瓶中。

（6）按下计算机窗口的"运行"键，就可以对样品进行实时采样。

实验 36　　塞曼效应实验

1896 年，塞曼（Zeeman）发现当光源放在足够强的磁场中时，原来的一条光谱线分裂成几条光谱线，分裂的谱线成分是偏振的，分裂的条数随能级的类别而不同。后人称此现象为塞曼效应。

早年把那些谱线分裂为三条，而裂距按波数计算正好等于一个洛仑兹单位的现象叫做正常塞曼效应（洛仑兹单位 $L = eB/4\pi mc$）。正常塞曼效应用经典理论就能给予解释。实际上大多数谱线的塞曼分裂不是正常塞曼分裂，分裂的谱线多于三条，谱线的裂距可以大于也可以小于一个洛仑兹单位，人们称这类现象为反常塞曼效应。反常塞曼效应只有用量子理论才能得到满意的解释。

塞曼效应的发现，为直接证明空间量子化提供了实验依据，对推动量子理论的发展起了重要作用。直到今日，塞曼效应仍是研究原子能级结构的重要方法之一。

【实验目的】

（1）掌握观测塞曼效应的实验方法。

（2）观察汞原子 546.1 nm 谱线的分裂现象以及它们的偏振状态。

（3）由塞曼裂距计算电子的荷质比。

【实验仪器】

图 5-2 为仪器结构图。

（1）晶体管稳流电源。此稳流电源具有高稳定度，连续可调，可为直流电磁铁提供 0.5～3 A 稳定激磁电流。

（2）直流电磁铁。当激磁电流为 2 A 时，磁场强度可达 955 kA/m，磁铁可绕轴旋转 90°直接观察纵效应。

（3）纵向可调滑座。滑座置在三角导轨上，不仅沿着光轴方向可调，垂直于光轴方向也可调。

（4）光源。采用汞灯为光源，将汞灯管固定于两磁极之间的灯架上（装灯时可取下灯架），接通变压器,灯管便发出很强的光谱线。

(5)F-P 标准具。其中心波长 $\lambda=546.1$ nm,分辨率 $\lambda/\Delta\lambda\geqslant1\times10^{5}$,反射率 $\geqslant90\%$,能观察到 9 个明显的塞曼分裂谱线。

(6)1/4 波片(中心波长 546.1 nm)。当沿着磁场方向观察纵向效应时,将 1/4 波片放置于偏振片前,用以观察左、右旋的圆偏振光。

(7)偏振片。偏振片是用以观察偏振性质不同的 π 成分和 σ 成分。

(8)测量望远镜。测量望远镜是该仪器的关键部件,干涉光束通过望远物镜成像于分划板上,通过测量望远镜的读数机构可直接测得各级干涉圆环的直径 D 或分裂宽度。读数鼓轮格值为 0.01 mm。测量望远镜与 F-P 标准具相匹配,成像清晰,便于观测。

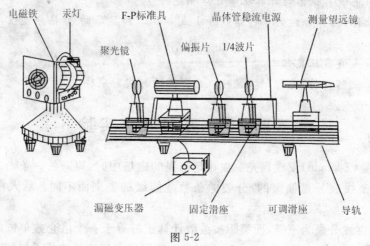

图 5-2

【实验原理】

原子中的电子由于做轨道运动产生轨道磁矩,电子还具有自旋运动产生自旋磁矩,根据量子力学的结果,电子的轨道角动量 P_L 和轨道磁矩 μ_L 以及自旋角动量 P_S 和自旋磁矩 μ_S 在数值上有下列关系:

$$\mu_L=\frac{e}{2mc}P_L,\quad P_L=\sqrt{L(L+1)}h,\quad \mu_S=\frac{e}{mc}P_S,\quad P_S=\sqrt{S(S+1)}h \qquad (5-1)$$

式中,e、m 分别表示电子电荷和电子质量;L、S 分别表示轨道量子数和自旋量子数。轨道角动量和自旋角动量合成原子的总角动量 P_J,轨道磁矩和自旋磁矩合成原子的总磁矩 μ,由于 μ 绕 P_J 运动只有 μ 在 P_J 方向的投影 μ_J 对外平均效果不为零,可以得到 μ_J 与 P_J 数值上的关系为:

$$\mu_J=g\frac{e}{2m}P_J \qquad (5-2)$$

$$g=1+\frac{j(j+1)-L(L+1)+S(S+1)}{2J(J+1)}$$

式中,g 叫做朗德(Lande)因子,它表征原子的总磁矩与总角动量的关系,而且决定了能级在磁场中分裂的大小。

在外磁场中,原子的总磁矩在外磁场中受到力矩 L 的作用为

$$L=\mu_J\times B \qquad (5-3)$$

式中,B 表示磁感应强度,力矩 L 使角动量 P_J 绕磁场方向做进动,进动引起附加的能量 ΔE 为

$$\Delta E=-\mu_J B\cos\alpha$$

将式(5-2)代入上式得

$$\Delta E = g\frac{e}{2m}P_J B\cos\beta \tag{5-4}$$

由于 μ_J 和 P_J 在磁场中取向是量子化的,也就是 P_J 在磁场方向的分量是量子化的。P_J 的分量只能是 $\hbar$ 的整数倍,即

$$P_J\cos\beta = M\hbar \quad (M = J, J-1, \cdots, -J) \tag{5-5}$$

磁量子数 M 共有 $2J+1$ 个值

$$\Delta E = Mg\frac{e\hbar}{2m}B \tag{5-6}$$

这样,无外磁场时的一个能级,在外磁场的作用下分裂成 $2J+1$ 个子能级,每个能级附加的能量由式(5-6)决定,它正比于外磁场 B 和朗德因子 g。

设未加磁场时跃迁前后的能级为 E_2 和 E_1,则谱线的频率 ν 满足下式:

$$\nu = \frac{1}{h}(E_2 - E_1)$$

在磁场中,上下能级分别分裂为 $2J_2+1$ 和 $2J_1+1$ 个子能级,附加的能量分别为 ΔE_2 和 ΔE_1,新的谱线频率 ν' 决定于

$$\nu' = \frac{1}{h}(E_2 + \Delta E_2) - \frac{1}{h}(E_2 + \Delta E_1) \tag{5-7}$$

分裂谱线的频率差为

$$\Delta\nu = \nu' - \nu = \frac{1}{h}(\Delta E_2 - \Delta E_1) = (M_2 g_2 - M_1 g_1)\frac{e}{4\pi m}B \tag{5-8}$$

用波数来表示为:

$$\Delta\tilde{\nu} = \frac{\Delta\nu}{c} = (M_2 g_2 - M_1 g_1)\frac{e}{4\pi mc}B \tag{5-9}$$

令 $L = eB/4\pi mc$,称为洛仑兹单位,将有关参数代入得

$$L = \frac{eB}{4\pi mc} = 0.467B$$

式中,B 的单位用 T(特斯拉),波数 L 的单位为 cm^{-1}。

但是并非任何两个能级间的跃迁都是可能的,跃迁必须满足以下选择定则:$\Delta M = 0, \pm 1$。当 $J_2 = J_1$ 时,$M_2 = 0 \rightarrow M_1 = 0$ 禁戒。

(1)当 $\Delta M = 0$,垂直于磁场的方向观察时,能观察到线偏振光,线偏振光的振动方向平行于磁场,称为 π 成分,平行于磁场方向观察时 π 成分不出现。

(2)当 $\Delta M = \pm 1$,垂直于磁场观察时,能观察到线偏振光,线偏振光的振动方向垂直于磁场,叫做 σ 线。平行于磁场方向观察时,能观察到圆偏振光,圆偏振光的转向依赖于 ΔM 的正负号、磁场方向以及观察者相对磁场的方向。$\Delta M = 1$,偏振转向是沿磁场方向前进的螺旋转动方向,磁场指向观察者时,为左旋圆偏振光,称为 $\sigma+$;$\Delta M = -1$,偏振转向是沿磁场方向倒退的螺旋转动方向,磁场指向观察者时,为右旋圆偏振光,称为 $\sigma-$。

本实验所观察到的汞绿线,即 546.1 nm 谱线是能级 7^3S_1 到 6^3P_2 之间的跃迁。与这两能级及其塞曼分裂能级对应的量子数和 g、M、Mg 值以及偏振态列表如表 5-1 和表 5-2 所示。

表 5-2 中 $\boldsymbol{K}$ 为光波矢量,$\boldsymbol{B}$ 为磁感应强度矢量,σ 表示光波电矢量 $\boldsymbol{E}\perp\boldsymbol{B}$,$\pi$ 表示光波电矢量 $\boldsymbol{E}//\boldsymbol{B}$。

在外磁场的作用下,能级间的跃迁如图 5-3 所示。

表 5-1

原子态符号	$7^3 S_1$	$6^3 P_2$
L	0	1
S	1	1
J	1	2
g	2	3/2
M	1, 0, −1	2, 1, 0, −1, −2
Mg	2, 0, −2	3, 3/2, 0, −3/2, −3

表 5-2　各光线的偏振态

选择定则	$K \perp B$（横向）	$K // B$（纵向）
$\Delta M = 0$	线偏振光 π 成分	无光
$\Delta M = +1$	线偏振光 σ 成分	右旋圆偏振光
$\Delta M = -1$	线偏振光 σ 成分	左旋圆偏振光

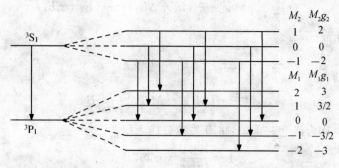

$M_2 g_2 - M_1 g_1$:　　　 −2, 3/2, −1;　 −1/2, 0, 1/2;　 1, 3/2, 2

$\Delta M = M_2 - M_1$:　　 $\Delta M = -1$;　　　 $\Delta M = 0$;　　　 $\Delta M = +1$

$\sigma(E \perp B)$　 $\pi(E // B)$　 $\sigma(E \perp B)$

垂直 B 方向观察：都是线偏振光

平行 B 方向观察：左旋圆偏振光，无光，右旋圆偏振光

图 5-3

　　本实验中，我们使用法布里-珀罗标准具（以下简称 F-P 标准具）。F-P 标准具是平行放置的两块平面玻璃和夹在中间的一个间隔圈组成。平面玻璃内表面必须是平整的，其加工精度要求优于 1/20 中心波长。内表面上镀有高反射膜，膜的反射率高于 90%，间隔圈用膨胀系数很小的石英材料制作，精加工成有一定的厚度，用来保证两块平面玻璃板之间有很高的平行度和稳定的间距。再用三个螺丝调节玻璃上的压力来达到精确平行。当单色平行光束 S_0 以某一小角度 θ 入射到标准具的平面上时，光束在 M 和 M′ 二表面上经多次反射和透射，分别形成一系列相互平行的反射光束 1,2,3,…，及透射光束 1′,2′,3′,…。这些相邻光束之间有一定的光程差 Δl，而且有

$$\Delta l = 2mh\cos \theta$$

式中，h 为两平行板之间的距离，θ 为光束在 M 和 M′ 界面上的入射角，n 为两平行板之间介质的

折射率,在空气中折射率近似为 $n=1$。这一系列互相平行并有一定光程差的光束将在无限远处或在透镜的焦面上发生干涉。当光程差为波长的整数倍时产生相长干涉,得到光强极大值:

$$2h\cos\theta = N\lambda \qquad (5\text{-}10)$$

式中,N 为整数,称为干涉序。由于标准具间距是固定的,对于波长一定的光,不同的干涉序 N 出现在不同的入射角 θ 处。如果采用扩展光源照明,F-P 标准具产生等倾干涉,它的花纹是一组同心圆环,如图 5-4 所示。

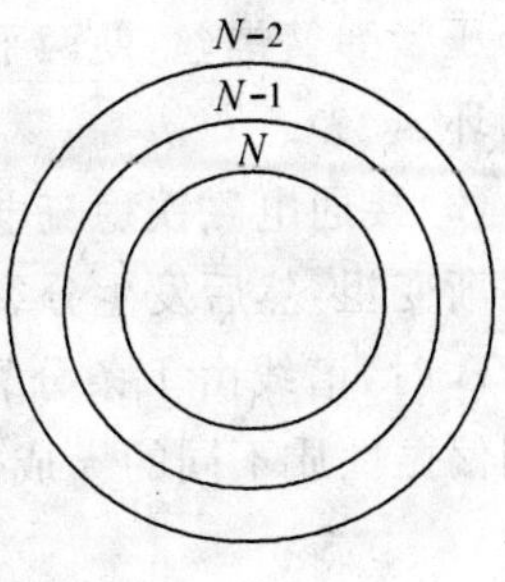

图 5-4

用透镜把 F-P 标准具的干涉花纹成像在焦平面上,与花纹相应的光线入射角 θ 与花纹的直径 D 有如下关系:

$$\cos\theta = \frac{f}{\sqrt{f^2+(D/2)^2}} \approx 1-\frac{1}{8}\frac{D^2}{f^2} \qquad (5\text{-}11)$$

式中,f 为透镜的焦距。将式(5-11)代入式(5-10)式得

$$2h\left(1-\frac{1}{8}\frac{D^2}{f^2}\right) = N\lambda \qquad (5\text{-}12)$$

由式(5-12)可见,干涉序 N 与花纹直径的平方成线性关系,随着花纹直径的增大花纹越来越密(见图 5-3)。式(5-12)等号左边第二项的负号表明干涉环的直径越大,干涉序 N 越小,中心花纹干涉序最大。

对同一波长的相邻两序 N 和 $N-1$,花纹的直径平方差用 ΔD^2 表示,得

$$\Delta D^2 = D_{N-1}^2 - D_N^2 = \frac{4f^2\lambda}{h} \qquad (5\text{-}13)$$

ΔD^2 是与干涉序 N 无关的常数。对同一序,不同波长 λ_a 和 λ_b 的波长差为

$$\Delta\lambda = \lambda_a - \lambda_b = \frac{h}{4f^2 N}(D_b^2 - D_a^2) = \frac{\lambda}{N}\cdot\frac{D_b^2 - D^2}{D_{N-1}^2 - D_N^2} \qquad (5\text{-}14)$$

测量时所用的干涉花纹只是在中心花纹附近的几个序。考虑到标准具间隔圈的长度比波长大得多,中心花纹的干涉序是很大的,因此用中心花纹的干涉序代替被测花纹的干涉序,引入的误差可以忽略不计,即 $N=2h/\lambda$,将它代入式(5-14),得

$$\Delta\lambda_{ab} = \lambda_a - \lambda_b = \frac{\lambda^2}{2b}\cdot\frac{D_b^2 - D_a^2}{D_{N-1}^2 - D_N^2} \qquad (5\text{-}15)$$

波数差表示,$\Delta\tilde{\nu} = \Delta\lambda/\lambda^2$,则

$$\Delta\tilde{\nu}_{ab} = \frac{1}{2h}\frac{\Delta D_{ab}^2}{\Delta D^2} \qquad (5\text{-}16)$$

其中 $\Delta D_{ab}^2 = D_a^2 - D_b^2$。由上两式得到:波长差或波数差与相应花纹的直径平方差成正比。故应用式(5-15)和式(5-16),在测出相应的环的直径后,就可以计算出塞曼分裂的裂距。

将式(5-16)代入式(5-9),便得电子荷质比的公式:

$$\frac{e}{m} = \frac{2\pi c}{(M_2 g_2 - M_1 g_1)Bh}\left(\frac{D_b^2 - D_a^2}{D_{N-1}^2 - D_N^2}\right) \qquad (5\text{-}17)$$

【实验内容】

(1)调整光路。调节光路上各光学元件等高共轴,点燃汞灯,使光束通过每个光学元件的中心。调节图 5-2 中的聚光镜的位置,使尽可能强的均匀光束落在 F-P 标准具上。调节标准具上

三个压紧弹簧螺丝,使两平行面达到严格平行,从测量望远镜中可观察到清晰明亮的一组同心干涉圆环。

(2)接通电磁铁稳流电源,缓慢地增大磁场 B,这时,从测量望远镜中可观察到细锐的干涉圆环逐渐变粗,然后发生分裂。随着磁场 B 的增大,谱线的分裂宽度也在不断增宽,当励磁电流达到 2 A 时,谱线由 1 条分裂成 9 条,而且很细。当旋转偏振片为 0°、45°、90°各不同位置时,可观察到偏振性质不同的 π 成分和 σ 成分。图5-5为 π 成分的干涉花纹读数示意图。

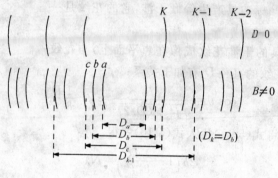

图 5-5

(3)测量。旋转测量望远镜读数鼓轮,用测量分划板的铅垂线依次与被测圆环相切,从读数鼓轮上读出相应的一组数据,它们的差值即为被测的干涉圆环直径。用特斯拉计测出磁场 B。

【数据处理】

利用已知常数 h 及式(5-16)计算出 $\Delta\bar{\nu}$,再由式(5-17)求出电子荷质比的值,并计算误差。(标准值 $e/m = 1.76 \times 10^{11}$ C/kg)

【注意事项】

(1)汞灯电源电压为 1 500 V,要注意高压安全。

(2)F-P 标准具及其他光学器件的光学表面,都不要用手或其他物体接触。

(3)本实验中作测量用的 F-P 标准具已调好,可另备一台供学生练习使用。

【思考题】

1.什么叫塞曼效应、正常塞曼效应、反常塞曼效应?

2.反常塞曼效应中光线的偏振性质如何?并加以解释。

3.试画出汞的 435.8 nm 光谱线($^3S_1 - {}^3P_1$)在磁场中的塞曼分裂图。

4.垂直于磁场观察时,怎样鉴别分裂谱线中的 π 成分和 σ 成分?

5.画出观察塞曼效应现象的光路图,叙述各光学器件所起的作用。

6.如何判断 F-P 标准具已调好?

7.什么叫 π 成分、σ 成分?在本实验中哪几条是 π 线?哪几条是 σ 线?

8.叙述测量电子荷质比的方法。

9.在实验中,如果要求沿磁场方向观察塞曼效应,在实验装置的安排上应作什么变化?观察到的干涉花纹将是什么样子?

10.如何测准干涉圆环的直径?

实验 37　密立根油滴实验

美国物理学家密立根历时 7 年之久,通过测量微小油滴所带的电荷,不仅证明了电荷的不连续性,即所有的电荷都是基本电荷 e 的整数倍,而且测得了基本电荷的准确值。电荷 e 是一个基本物理量,它的测定还为从实验上测定电子质量、普朗克常数等其他物理量提供了可能性,密立根因此获得了 1923 年的诺贝尔物理学奖。

密立根油滴实验用经典力学的方法,揭示了微观粒子的量子本性。因为它的构思巧妙,设备简单,结果准确,所以是一个著名而有启发性的物理实验。我们重做密立根油滴实验时,应学习前辈物理学家精湛的实验技术、严谨的科学态度及坚忍不拔的探索精神。

【实验目的】

验证电荷的不连续性,测定电子的电荷值 e。

【实验仪器】

主要仪器有油滴仪、电源、喷雾器、秒表等,下面将主要介绍前两项。

1. 油滴仪

油滴仪包括油滴盒、防风罩、照明装置、显微镜、水准仪等,如图 5-6 所示。油滴盒是由两块经过精磨的平行极板组成的,间距为 5.0 mm,上极板的中央有一个直径为 0.4 mm 的小孔,以供油滴落入。油滴盒放在防风罩中,以防止周围空气流动对油滴的影响。防风罩上面是油雾室,用喷雾器可将油滴从喷雾口喷入,并经油雾孔落入油滴盒,油雾孔由油雾孔开关控制,它打开后油滴才能落入油滴盒。

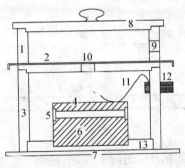

图 5-6

1—油雾室;2—油雾孔开关;3—防风罩;4—上电极板;5—胶木圆环;6—下电极板;
7—底板;8—上盖板;9—喷雾口;10—油雾孔;11—上电极板压簧;
12—上电极板电源插孔;13—油滴盒基座

照明装置由小聚光灯泡和导光棒组成,转动灯座,可调节油滴盒的亮度,使油滴明亮(改装后,用高亮度发光二极管照明,不用调节)。

显微镜是用来观察和测量油滴运动的。目镜中装有分划板(见图 5-7),上下共分 6 格,其垂直总长度相当于视场中的 3.0 mm,用以测量油滴运动的距离 l 和速度 v。

在防风罩内(或外)有一水准泡,用于调节极板水平。

2. 电源

(1) 2.2 V 交流电压，给照明灯泡供电（改装后用 5 V 直流电压经限流电阻给高亮度发光二极管供电）。

(2) 550 V 直流平衡电压，可以连续调节，数值可以从电压表上读出，并用"平衡电压"换向开关换向，可以改变上、下极板的极性。换向开关拨在"+"位置时，能达到平衡的油滴带正电，反之带负电。换向开关拨在"0"位置时，上下极板不加电压，同时被短路。

(3) 300 V 直流升降电压，可以连续调节，并可通过"升降电压"拨动开关叠加在平衡电压上。"升降电压"和"平衡电压"的两个拨动开关拨向同侧时，加在平行极板上的电压为两个电压之和；拨向异侧时，极板上的电压为两个电压之差。由于升降电压只起移动油滴上下位置的作用，不需测量，故电压表上无指示。

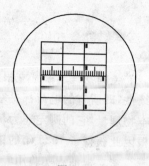

图 5-7

【实验原理】

用油滴法测量电子的电荷有两种方法，即平衡测量法和动态测量法，分述如下：

1. 平衡测量法

用喷雾器将油滴喷入两块相距为 d 的水平放置的平行极板之间。油滴在喷射时由于摩擦，一般都是带电的。

设油滴的质量为 m，所带电量为 q，两极板之间的电压为 U，则油滴在平行极板之间同时受两个力的作用，一个是重力 mg，一个是静电力 $qE = qU/d$。如果调节两极板之间的电压 U，可使两力相互抵消而达到平衡，如图 5-8 所示。这时

$$mg = qU/d \tag{5-18}$$

为了测出油滴所带的电量 q，除了需测定 U 和 d 外，还需测量油滴的质量 m。因为 m 很小，需要用如下特殊的方法测定。

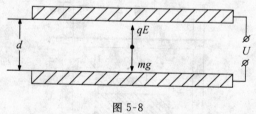

图 5-8

平行极板未加电压时，油滴受重力作用而下降，但是由于空气的黏滞阻力与油滴的速度成正比，油滴下落一小段距离达到某一速度 v_g 后，阻力与重力平衡（空气浮力忽略不计），油滴将匀速下降。由斯托克斯定律可知

$$mg = 6\pi r \eta v_g \tag{5-19}$$

式中，η 是空气的黏滞系数，r 是油滴的半径（由于表面张力的原因，油滴总是呈小球状）。

设油滴的密度为 ρ，油滴的质量 m 又可以用下式表示：

$$m = \frac{4}{3}\pi r^3 \rho \tag{5-20}$$

由式 (5-19) 和式 (5-20) 得到油滴的半径：

$$r = \sqrt{\frac{9\eta v_g}{2\rho g}} \tag{5-21}$$

斯托克斯定律是以连续介质为前提的,对于半径小到 10^{-6} 的微小油滴,已不能将空气看做连续介质,空气的黏滞系数应作如下修正:

$$\eta' = \frac{\eta}{1+\dfrac{b}{pr}}$$

式中,b 为一修正常数,$b = 6.17 \times 10^{-6}$ m · cmHg,p 为大气压强,单位为 cmHg。用 η' 代替式(5-21)中的 η,得

$$r = \sqrt{\frac{9\eta v_g}{2\rho g} \cdot \frac{1}{1+\dfrac{b}{pr}}} \tag{5-22}$$

上式根号中还包含油滴的半径 r,但因为它处于修正项中,不需要十分精确,故它仍可以用式(5-21)计算。将式(5-22)代入式(5-20),得

$$m = \frac{4}{3}\pi \left(\frac{9\eta v_g}{2\rho g} \cdot \frac{1}{1+\dfrac{b}{pr}} \right)^{\frac{3}{2}} \cdot \rho \tag{5-23}$$

对于匀速下降的速度 v_g,可用下法测出:当两极板间的电压 $U = 0$ 时,设油滴匀速下降的距离为 l,时间为 t_g,则

$$v_g = \frac{l}{t_g} \tag{5-24}$$

将式(5-24)代入式(5-23)中,并将结果代入(5-18)得

$$q = \frac{18\pi}{\sqrt{2\rho g}} \left(\frac{\eta l}{t_g\left(1+\dfrac{b}{pr}\right)} \right)^{\frac{3}{2}} \cdot \frac{d}{U} \tag{5-25}$$

式(5-25)就是用平衡法测定油滴所带电荷的计算公式。

2. 动态测量法

在平衡测量法中,公式(5-22)是在 $qE = mg$ 条件下推导出的。在动态测量法中,两极板上加一适当的电压 U_E,如果 $qE > mg$,而且这两个力方向相反,油滴就会加速上升,油滴向上运动同样受到与速度成正比的空气阻力的作用。当油滴的速度增大到某一数值 v_E 后,作用在油滴上的电场力、重力和阻力达到平衡,此油滴就会以 v_E 匀速上升,这时

$$q\frac{U_E}{d} = mg + 6\pi r\eta v_E \tag{5-26}$$

当去掉两极板所加的电压 U_E 后,油滴在重力的作用下加速下降,当空气阻力和重力平衡时

$$mg = 6\pi r\eta v_g$$

将此式代入式(5-26)得

$$q = mg\frac{d}{U_E}\left(1+\frac{v_E}{v_g}\right) \tag{5-27}$$

实验时,如果油滴匀速下降和匀速上升的距离相等,设都为 l,匀速上升的时间为 t_E,下降的时间为 t_g,则

$$v_E = \frac{l}{t_E}, \quad v_g = \frac{l}{t_g} \tag{5-28}$$

将式(5-22)和式(5-28)代入式(5-27)得

$$q=\frac{18\pi}{\sqrt{2\rho g}}\left[\frac{\eta l}{t_{\mathrm{g}}\left(1+\dfrac{b}{pr}\right)}\right]^{\frac{3}{2}}\cdot\frac{d}{U_{\mathrm{E}}}\left(1+\frac{t_{\mathrm{g}}}{t_{\mathrm{E}}}\right) \tag{5-29}$$

式(5-29)就是用动态法测定油滴所带电荷的计算公式。

【实验内容】

1. 调节仪器

(1)将油滴仪照明灯接 2.2 V 交流电源(改装后不用再接),平行极板接 500 V 直流电源。

(2)调节调平螺丝,使水准仪气泡处在中心位置,以保证电场力方向与重力方向平行,否则,油滴几经上下就会离开显微镜视场,无法继续测量。

(3)调节照明电路,若视场太暗或视场上下亮度不均匀,可转动油滴照明的灯座(或方向结)使小灯珠前面的聚光珠正对导光棒(改装后无须调节)。

(4)转动显微镜的目镜,使分划板刻线清晰;转动目镜头,将分划板放正。

(5)在喷雾器中注入油数滴,将油从喷雾口喷入,调节测量显微镜的调焦手轮,随即可以从显微镜中看到大量清晰的油滴。

2. 测量练习

(1)练习控制油滴。"平衡电压"开关和"升降电压"开关均拨到中间"0"位置,旋转平衡电压旋钮将平衡电压调至 200～300 V。将油滴喷入,在视场中看到油滴后,将"平衡电压"开关拨向"+"(或"一")位置,把事先调好的电压加到平行极板上,多数油滴立即以各种不同的速度向上或向下运动而消失。当视场中剩下几个因加电压而运动缓慢的油滴时,从中选择一个,仔细调节平衡电压的大小,使它不动。接着利用升降电压使它上升,然后去掉极板电压再让它下降。如此反复升降,直到能熟练控制油滴的运动。若发现油滴逐渐变得模糊,需微调显微镜跟踪油滴,使油滴保持清晰。

(2)练习选择油滴。选择一个大小合适、带电量适中的油滴,是做好本实验的关键。选的油滴不能太大,太大的油滴虽然比较亮,但是一般带电荷比较多,下降速度也比较快,时间不容易测准确。油滴也不能选得太小,油滴太小受布朗运动或气流的影响太大,时间也不容易测准确。通常可以选择平衡电压在 200 V 以上,匀速下降 2 mm 所用时间为 15～30 s 的油滴,其大小和带电量都比较合适。

(3)练习测量。利用平衡电压及升降电压把选中的油滴调到接近上极板,去掉电压,待油滴下降速度稳定后,并通过某一刻线时开始计时,记录下降四格所用的时间,反复几次,熟练掌握测量时间的方法。

3. 正式测量

(1)平衡法。由式(5-25)可知,用平衡法实验时要测量三个量,即平衡电压 U,油滴匀速下降一段距离 l 所用的时间 t_{g} 和大气压强 p。

测量平衡电压必须经过仔细的调节,并将油滴置于分划板上某条横线附近,以便正确判断出这个油滴是否平衡。

测量时间 t_{g} 时,为保证油滴匀速下降,应先让它下降 1 格,再开始计时。选定测量的一段距离 l,应该在平行极板的中央部分,即视场中分划板的中央部分。若太靠近上极板,小孔附近有气流,电场也不均匀,会影响测量结果。太靠近下极板,测量完时间后,油滴容易丢失,影响重复测量,一般取 $l=2.0$ mm 比较合适。

因为 t_g 有较大涨落，对同一个油滴应进行 5～10 次测量，然后取它们的平均值。另外，要选择不同的油滴（不少于 5 个）进行反复测量。大气压强从气压计上直接读出，单位为厘米汞柱。

（2）动态法。由式(5-29)可知，在动态测量法中，也需要测量三个量，除大气压强 p 外，还有油滴通过相同距离所用时间 t_g 和 t_E。

选择一个平衡电压约 200 V、匀速下降 2 mm 所用时间为 15～30 s 的油滴。先去掉极板电压测出时间 t_g，然后在极板上加 400 V 左右的电压，使油滴反转运动，再测量时间 t_E。t_g 和 t_E 交替进行，连续测量 5～10 次，并分别求出它们的平均值。

4. 数据处理

（1）根据式(5-25)：

$$q = \frac{18\pi}{\sqrt{2\rho g}}\left[\frac{\eta l}{t_g\left(1+\dfrac{b}{pr}\right)}\right]^{\frac{3}{2}} \cdot \frac{d}{U}$$

式中

$$r = \sqrt{\frac{9\eta l}{2\rho g t_g}}$$

将 r 代入上式，并设 k_1、k_2 分别为

$$k_1 = \frac{18\pi}{\sqrt{2\rho g}}(\eta l)^{\frac{3}{2}} \cdot d \tag{5-30}$$

$$k_2 = b \cdot \sqrt{\frac{2\rho g}{9\eta l}} \tag{5-31}$$

则式(5-25)可以写成下面的形式

$$q = \frac{k_1}{\left[t_g\left(1+\dfrac{k_2}{p}\sqrt{t_g}\right)\right]^{\frac{3}{2}} \cdot U} \tag{5-32}$$

同理，式(5-29)也可以改写成下式

$$q = \frac{k_1}{\left[t_g\left(1+\dfrac{k_2}{p}\sqrt{t_g}\right)\right]^{\frac{3}{2}} \cdot U_E} \cdot \left(1+\frac{t_g}{t_E}\right) \tag{5-33}$$

其中 $\rho = 981$ kg/m^3，$g = 9.80$ m/s^2，$\eta = 1.83 \times 10^{-5}$ kg/m·s，$l = 2.00 \times 10^{-3}$ m（分划板中央四格的距离）。将以上数据代入式(5-30)和式(5-31)得

$$k_1 = 1.43 \times 10^{-14} \text{ kg} \cdot \text{m}^2/\text{s}^{1/2}$$

$$k_2 = 1.49 \text{ cmHg/s}^{1/2}$$

将 k_1 和 k_2 分别代入式(5-32)和式(5-33)得

$$q = \frac{1.43 \times 10^{-14}}{\left[t_g\left(1+\dfrac{1.49}{p}\sqrt{t_g}\right)\right]^{3/2} \cdot U} \qquad \text{（平衡法）}$$

$$q = \frac{1.43 \times 10^{-14}}{\left[t_g\left(1+\dfrac{1.49}{p}\sqrt{t_g}\right)\right]^{3/2} \cdot U_E} \cdot \left(1+\frac{t_g}{t_E}\right) \qquad \text{（动态法）}$$

把实验测得的 U、t 和 p 代入上式，就可以计算出油滴所带的电量 q。

由于 ρ 和 η 都是温度的函数，g 也随时间、地点的不同而变化，因此上式是近似的，好处是运

算大大简化。

(2)实验中发现,对于不同的油滴,计算出的电量是一些不连续变化的值,存在 $q_i = n_i e$ 的关系,n_i 是整数。对于同一个油滴,用紫外线照射改变它所带的电量,能够使油滴再次达到平衡的电压,必须是某些特定的值 U_n,即 $q = mg\dfrac{d}{U_n} = ne$,$n$ 也为整数。这就表明电量存在着最小的电荷单位,即电子电荷值 e,或称基本电荷。

求基本电荷 e 值的方法有逐差法和作图法两种。前者是对测得的各个油滴电量求最大公约数,这个最大公约数就是电子电荷 e 值。后者是以纵坐标表示电量,横坐标表示电子个数 n_i,在图中找出一条通过原点的直线,使各个油滴所带的电量 q 与正整数 n 的交点都位于这条直线上(因测量有误差,交点应分布在该直线的两侧,并且很靠近直线)。这条直线的斜率即为基本电荷 e 值。由于初学者实验技术不熟练,测量误差比较大,测量油滴的个数也不够多,用上述方法求电子电荷 e 值比较困难。因此,可以采用"反过来验证"的办法处理数据:计算出每个油滴电量 q_i 后,用 e 的公认值去除,得到每个油滴带基本电荷个数的近似值 n_i,将 n_i 四舍五入取整,再用这个整数去除 q_i,所得结果为我们测出的电子电量 e_i。

求出 e_i 的平均值,并与公认值($e = 1.6. \times 10^{19}$ C)比较求出百分差 E。

【思考题】

1. 两极板不水平对测量有什么影响?

2. 为什么要测量油滴匀速运动的速度?在实验中怎样才能保证油滴做匀速运动?

3. 实验中应该选择什么样的油滴?如何选择?

4. 喷油时"平衡电压"拨动开关应该处在什么位置?为什么?

5. "升降电压"拨动开关起什么作用?测量平衡电压时,它应该处于什么位置?

6. 两极板加电压后,油滴有的向上运动,有的向下运动,要使某一油滴静止,需调节什么电压?欲改变该静止油滴在视场中的位置,需调节什么电压?

7. 油滴下落极快,说明了什么?若平衡电压太小又说明了什么?

8. 为了减小计时误差,油滴下落是否越慢越好?为什么?

9. 对一个油滴测量过程中发现平衡电压有显著变化,说明了什么?如果平衡电压在不大的范围内逐渐变小,又说明了什么问题?

10. 实验中发现油滴逐渐变模糊,是什么原因?为什么会发生?又如何处理?

实验 38　核磁共振实验

核磁共振(NMR)就是指处于某个静磁场中的物质的原子核系统受到相应频率的电磁辐射时,在它们的磁能级之间发生的共振跃迁现象。它自问世以来已在物理、化学、生物、医学等方面获得了广泛应用,是测定原子的核磁矩和研究核结构的直接而准确的方法,也是精确测量磁场的重要方法之一。

【实验目的】

(1)了解核磁共振的基本原理和实验方法。

(2)测量氟核 ^{19}F 的旋磁比和 g 因子。

【实验装置】

核磁共振实验装置由探头、电磁铁及磁场调制系统、磁共振实验仪、外接示波器、频率计数器组成。

1.磁场

磁场由稳流电源激励电磁铁产生,保证了磁场从 0 到几千高斯范围内连续可调,数字电压表和电流表使得磁场强度的调节得到直观的显示,稳流电源保证了磁场强度的高度稳定。

2.扫场

观察核磁共振信号有两种方法:扫场法,即旋转场 B_1 的频率 ω_1 固定,而让磁场 B 连续变化通过共振区域;扫频法,即磁场 B 固定,让旋转磁场 B_1 的频率 ω_1 连续变化通过共振区域。二者完全等效。但后者更简单易行。本实验采用扫频法,在稳恒磁场 B_0 上叠加一个低频调制磁场 $B' = B'_m \sin \omega' t$,则样品所在区域为 $B_0 + B_m \sin \omega' t$,由于 B'_m 很小,总磁场方向保持不变,只是磁场幅值按调制频率在 $B_0 - B'_m \sim B_0 + B'_m$ 范围内发生周期性变化。可得相应的拉摩尔进动频率 ω_0 为

$$\omega_0 = \gamma(B_0 + B'_m \sin \omega' t) \tag{5-34}$$

只要旋转场频率 ω_1 调在 ω_0 附近,同时 $B_0 - B'_m \leqslant B \leqslant B_0 + B'_m$,则共振条件在调制场的一个周期内被满足两次,在示波器上将观察到共振吸收信号。

3.边限振荡器

边限振荡器是指振荡器调节至振荡与不振荡的边缘,当样品吸收能量不同,亦即线圈 Q 值改变时,振荡器的振幅将有较大变化。边限振荡器既可避免产生饱和效应,也能使样品中少量的能量吸收引起振荡器振幅较大的相对变化,提高检测共振信号的灵敏度。当共振时样品吸收增强,振荡变弱,在示波器上就可显示出反映振荡器振幅变化的共振吸收信号。

4.示波器触发信号的形式——内扫描和外扫描

示波器用内扫描时,当射频场角频率 ω_1 调节到 ω_0 附近,且 $B_0 - B'_m \leqslant B \leqslant B_0 + B'_m$ 时,则磁场变化曲线在一周内能观察到两个共振吸收信号。当对应射频磁场频率发生共振的磁场 B 的值不等于稳恒磁场 B_0 时,出现间隔不等的共振吸收信号,如图 5-9(a)所示。若间隔相等,则 $B = B_0$,信号相对位置与 B'_m 的幅值无关,如图 5-9(b)所示。改变 B 的大小或 B_1 的频率 ω_1 均可使共振吸收信号的相对位置发生变化,出现"相对走动"的现象。这也是区分共振信号和干扰信号的依据。

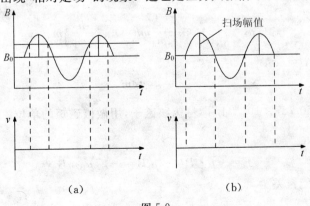

(a)　　　　　　　　　　(b)

图 5-9

示波器用外扫描时,即从扫场分出一路,通过移相器接到示波器的水平输入轴,作为外触发信号。当磁场扫描到共振点时,可在示波器上观察到如图 5-10 所示的两个形状对称的信号波形,它对应于磁场 B 一周内发生两次核磁共振,再细心地把波形调节到示波器荧光屏的中心位置并使两峰重合,此时共振频率和磁场满足 $\omega_0 = \gamma B_0$。

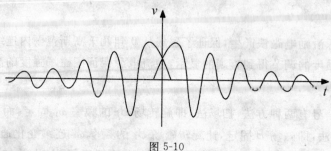

图 5-10

【实验原理】

其原理可从两个角度阐明。

1. 量子力学观点

(1)单个核的磁共振。实验中以氢核为研究对象,通常将原子核的总磁矩 μ 在其角动量 P 方向的投影 μ 称为核磁矩。它们之间关系可写成:

$$\mu = \gamma P \tag{5-35}$$

对于质子,式中 $\gamma = \dfrac{g_N e}{2m_p}$ 称为旋磁比。其中 e 为质子电荷,m_p 为质子质量,g_N 为核的朗德因子。按照量子力学,原子核角动量的大小由下式决定:

$$P = \sqrt{I(I+1)}h \tag{5-36}$$

式中,h 为普朗克常数,I 为核自旋量子数,对于氢核 $I = \dfrac{1}{2}$。

把氢核放在外磁场 B 中,取坐标轴 z 方向为 B 的方向。核角动量在 B 方向的投影值由下式决定:

$$P_z = mh \tag{5-37}$$

式中,m 为核的磁量子数,可取 $m = I, I-1, \cdots, -I$。对于氢核 $m = -\dfrac{1}{2}, \dfrac{1}{2}$。核磁矩在 B 方向的投影值

$$\mu_z = \gamma P_z = g_N \frac{e}{2m_p} mh = g_N \left(\frac{eh}{2m_p}\right) m \tag{5-38}$$

将之写为

$$\mu_z = g_N \mu_N m \tag{5-39}$$

式中,$\mu_N = \dfrac{eh}{2m_p} = 5.050\ 787 \times 10^{-27}$ J/T,称为核磁子,用做核磁矩的单位。磁矩为 μ 的原子核在恒定磁场中具有势能

$$E = -\mu \cdot B = -\mu_z B = -g_N \mu_N m B \tag{5-40}$$

任何两个能级间能量差为

$$\Delta E = E_{m_1} - E_{m_2} = -g_N \mu_N B (m_1 - m_2) \tag{5-41}$$

根据量子力学选择定则,只有 $\Delta m = \pm 1$ 的两个能级之间才能发生跃迁,其能量差为

$$\Delta E = g_N \mu_N B \tag{5-42}$$

若实验时外磁场为 B_0,用频率为 ν_0 的电磁波照射原子核,如果电磁波的能量 $h\nu_0$ 恰好等于氢原子核两能级能量差,即

$$h\nu_0 = g_N \mu_N B_0 \tag{5-43}$$

则氢原子核就会吸收电磁波的能量,由 $m = \frac{1}{2}$ 的能级跃迁到 $M = -\frac{1}{2}$ 的能级,这就是核磁共振吸收现象。式(5-43)为核磁共振条件,为使用上的方便,常把它写为

$$\nu_0 = \left(\frac{g_N \mu_N}{h}\right) B_0 \quad \text{或} \quad \omega_0 = \gamma B_0 \tag{5-44}$$

式(5-44)为本实验的理论公式。对于氢核,$\gamma_H = 2.675\,22 \times 10^2$ MHz/T。

(2)核磁共振信号强度。实验所用样品为大量同类核的集合,由于低能级上的核数目比高能级上的核数目略微多些,但低能级上参与核磁共振吸收未被共振辐射抵消的核数目很少,所以核磁共振信号非常微弱。

推导可知,T 越低,B_0 越高,则共振信号越强。因而核磁共振实验要求磁场强些。另外,还需磁场在样品范围内高度均匀,若磁场不均匀,则信号被噪声所淹没,难以观察到核磁共振信号。

2. 经典理论观点

(1)单个核的拉摩尔进动。具有磁矩 μ 的原子核放在恒定磁场 B_0 中,设核角动量为 P,则由经典理论可知:

$$\frac{d\boldsymbol{P}}{dt} = \boldsymbol{\mu} \times \boldsymbol{B}_0 \tag{5-45}$$

将式(5-35)代入式(5-45)得

$$\frac{d\boldsymbol{\mu}}{dt} = \gamma(\boldsymbol{\mu} \times \boldsymbol{B}_0) \tag{5-46}$$

由推导可知核磁矩 μ 在静磁场 B_0 中的运动特点为:

①围绕外磁场 B_0 做进动,进动角频率 $\omega_0 = \gamma B_0$,跟 μ 和 B_0 间夹角 θ 无关;

②它在 xy 平面上的投影 $\mu_\perp$ 是一常数。

③它在外磁场 B_0 方向上的投影 μ_z 为常数。

如果在与 B_0 垂直方向上加一个旋转磁场 B_1,且 $B_1 \perp B_0$,设 B_1 的角频率为 ω_1,当 $\omega_1 = \omega_0$ 时,则旋转磁场 B_1 与进动着的核磁矩 μ 在运动中总是同步。可设想建立一个旋转坐标系 x',y',z' 与固定坐标系 x,y,z 的 z 轴重合,x' 与 y' 以角速度 ω_1 绕 z 轴旋转。则从旋转坐标系来看,B_1 对 μ 的作用恰似恒定磁场,它必然要产生一个附加转矩。因此 μ 也要绕 B_1 做进动,使 μ 与 B_0 间夹角 θ 发生变化。由核磁矩的势能公式

$$E = -\boldsymbol{\mu} \cdot \boldsymbol{B} = -\mu B \cos \theta \tag{5-47}$$

可知,θ 的变化意味着磁势能 E 的变化。这个改变是以所加旋转磁场的能量变化为代价的。即当 θ 增加时,核要从外磁场 B_1 中吸收能量,这就是核磁共振现象。共振条件是:

$$\omega_1 = \omega_0 = \gamma B_0 \tag{5-48}$$

这一结论与量子力学得出的结论一致。

如果外磁场 B_1 的旋转速度 $\omega_1 \neq \omega_0$,则 θ 角变化不显著,平均起来变化为零,观察不到核磁共振信号。

(2)布洛赫方程。上面讨论的是单个核的核磁共振,但实验中观察到的现象是样品中磁化强度矢量 M 变化的反映,所以必须研究 M 在外磁场 B 中的运动方程。

在核磁共振时,有两个过程同时起作用,一是受激跃迁,核磁矩系统吸收电磁波能量,其效果是使上下能级的粒子数趋于相等;一是弛豫过程,核磁矩系统把能量传与晶格,其效果是使粒子数趋向于热平衡分布。这两个过程达到一个动态平衡,干是粒子差数稳定在某 新的数值上,我们可以连续地观察到稳态的吸收。

现在首先研究磁场对 M 的作用。在外磁场 B 作用下,由式(5-46)可得

$$\frac{\mathrm{d}M}{\mathrm{d}t}=\gamma(M\times B) \tag{5-49}$$

可导出 M 围绕 B 做进动,进动角频率 $\omega=\gamma B$。假定外磁场 B 沿 z 轴方向,再沿 x 轴方向加一线偏振磁场

$$B_1=2B_1(\cos\omega t)e_x \tag{5-50}$$

e_x 为沿 x 轴的单位矢量,$2B_1$ 为振幅。根据振动理论,该线偏振场可看做左旋圆偏振场和右旋圆偏振场的叠加,只有当圆偏振场的旋转方向与进动方向相同时才起作用。对于 γ 为正的系统,只有顺时针方向的圆偏振场起作用。以此为例,$B_1=B_{1顺}$,则 B_1 在坐标轴的投影为

$$B_{1x}=B_1\cos\omega t \tag{5-51}$$

$$B_{1y}=-B_1\sin\omega t \tag{5-52}$$

当旋转磁场 B_1 不存在且自旋系统与晶格处于热平衡时,M 只有沿外磁场 z 方向的分量 M_z,而 $M_x=M_y=0$,则

$$M_z=M_0=\chi_0 H=\chi_0 B/\mu_0 \tag{5-53}$$

式中,χ_0 为静磁化率,μ_0 为真空磁导率,M_0 为自旋系统与晶格达到热平衡时的磁化强度。

其次考虑弛豫对 M 的影响。核磁矩系统吸收了旋转磁场的能量后,处于高能态的核数目增大($M_z<M_0$),偏离了热平衡态。由于自旋与晶格的相互作用,晶格将吸收核的能量,使核跃迁到低能态而向热平衡过渡,表示这个过渡的特征时间称为纵向弛豫时间,以 T_1 表示。假设 M_z 向平衡值 M_0 过渡的速度与 M_z 偏离 M_0 的程度(M_z-M_0)成正比,则 M_z 的运动方程可写成:

$$\frac{\mathrm{d}M_z}{\mathrm{d}t}=\frac{-(M_z-M_0)}{T_1} \tag{5-54}$$

此外,自旋和自旋间也存在相互作用,对每个核而言,都受邻近其他核磁矩所产生局部磁场的作用,而这个局部磁场对不同的核稍有不同,因而使每个核的进动角频率也不尽相同。假若某时刻所有的核磁矩在 xy 平面上的投影方向相同,由于各个核的进动角频率不同,经过一段时间 T_2 后,各个核磁矩在 xy 平面上的投影方向将变为无规则分布,从而使 M_x 和 M_y 最后变为零。T_2 称为横向弛豫时间。与 M_z 类似,假设 M_x 和 M_y 向零过渡的速度分别与 M_x 和 M_y 成正比,则运动方程可写成:

$$\left.\begin{array}{l}\dfrac{\mathrm{d}M_x}{\mathrm{d}t}=-\dfrac{M_x}{T_2}\\[2mm]\dfrac{\mathrm{d}M_y}{\mathrm{d}t}=-\dfrac{M_y}{T_2}\end{array}\right\} \tag{5-55}$$

同时考虑磁场 $B=B_0+B_1$ 和弛豫过程对磁化强度 M 的作用,如果假设各自的规律性不受另一因素影响,由式(5-49)、式(5-51)、式(5-52)、式(5-53)、式(5-55),就可简单地得到描述核磁共振现象的基本运动方程:

$$\frac{dM}{dt} = \gamma M \times B - \frac{1}{T_2}(M_x\mathbf{i} + M_y\mathbf{j}) - \frac{1}{T_1}(M_z - M_0)\mathbf{k} \tag{5-56}$$

该方程称为布洛赫方程。其中 $B = \mathbf{i}B_1\cos\omega t - \mathbf{j}B_1\sin\omega t + \mathbf{k}B_0$。方程(5-56)的分量式为

$$\left.\begin{aligned}
\frac{dM_x}{dt} &= \gamma(M_yB_0 + M_zB_1\sin\omega t) - \frac{M_x}{T_2} \\[2mm]
\frac{dM_y}{dt} &= \gamma(M_zB_1\cos\omega t - M_xB_0) - \frac{M_y}{T_2} \\[2mm]
\frac{dM_z}{dt} &= -\gamma(M_xB_1\sin\omega t + M_yB_1\cos\omega t) - \frac{1}{T_1}(M_z - M_0)
\end{aligned}\right\} \tag{5-57}$$

在各种条件下解上述方程,可以解释各种核磁共振现象,一般来说,对液体样品是相当正确的,而对固体样品不很理想。本实验中,质子样品的实验结果就比氟样品精确。

建立旋转坐标系 x'、y'、z',B_1 与 x' 重合,$M_\perp$ 为 M 在 xy 平面内的分量,u 和 $-v$ 分别为 $M_\perp$ 在 x' 和 y' 方向上的分量,推导可知,M_z 的变化是 v 的函数而非 u 的函数,而 M_z 的变化表示核磁化强度矢量的能量变化,所以 v 变化反映了系统能量的变化。如果磁场或频率的变化十分缓慢,可得稳态解

$$\left.\begin{aligned}
u &= \frac{\gamma B_1 T_2^2(\omega_0 - \omega)M_0}{1 + T_2^2(\omega_0 - \omega)^2 + \gamma^2 B_1^2 T_1 T_2} \\[2mm]
v &= -\frac{\gamma B_1 M_0 T_2}{1 + T_2^2(\omega_0 - \omega)^2 + \gamma^2 B_1^2 T_1 T_2} \\[2mm]
M_z &= \frac{[1 + T_2^2(\omega_0 - \omega)]M_0}{1 + T_2^2(\omega_0 - \omega)^2 + \gamma^2 B_1^2 T_1 T_2}
\end{aligned}\right\} \tag{5-58}$$

则可得 u、v 随 ω 变化的函数关系曲线,图 5-11(a)所示称为色散信号,图 5-11(b)所示称为吸收信号。可知当外加旋转磁场 B_1 的角频率 ω 等于 M 在磁场 B_0 中进动的角频率 ω_0 时,吸收信号最强,即出现共振吸收。

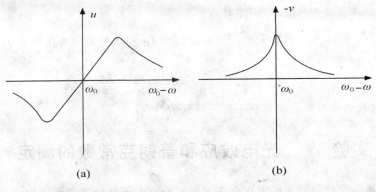

图 5-11

此外,在做核磁共振实验时,观察到的共振信号出现"尾波",这是由于频率调制速度太快,不满足布洛赫方程稳态解的"通过共振"条件。

【实验内容】

(1)打开系统各仪器(磁共振实验仪、频率计数器、示波器)电源开关,示波器置于外扫描状态,把质子样品插入电磁铁均匀磁场中间,预热 20 min。

(2)缓慢调节磁场电源或频率调节旋钮,直至示波器上出现共振信号,调节样品在磁场中的

位置使共振信号最强。

（3）调节"调相"旋钮，使两波的第一峰重合，并通过调节磁场电流或频率调节旋钮使之位于示波器的中央。此时的 f_H 即为样品在该磁场电流下的共振频率，记录相应数据 I 和 f_H。

（4）保持磁场电流不变，将示波器改为内扫描状态，微调频率调节旋钮，使共振信号间距相等，此时的 f_H 即为内扫描时样品在该磁场电流下的共振频率，记录相应数据 I 和 f_H。

（5）改变磁场电流，重复步骤（3）、（4），测定样品在其工作范围内不同磁场电流下的共振频率。

（6）把原质子样品更换为氟样品，保持磁场电流与前样品相对应，重复上述步骤（2）、（3）、（4）、（5）。

（7）处理实验数据。当质子共振磁场 B_H 与氟共振磁场 B_F 相等时，有 $\gamma_F = \dfrac{f_F \gamma_H}{f_H}$，式中，$f_F$ 为氟样品的共振频率，f_H 为质子样品的共振频率，γ_F 和 γ_H 分别为氟样品和质子样品的旋磁比，其中，γ_H 为已知，所以以相同磁场电流下的 f_F 和 f_H，从而求出 γ_F 和 g 因子。

（8）由于已知 $\gamma_H = 2.675\ 22 \times 10^2\ \text{MHz/T}$，所以只要测出与待测磁场相对应的共振频率 f_H，即可由公式 $B_0 = \dfrac{\omega}{\gamma_H}$ 算出待测磁场强度，式中频率单位为 MHz。常用此方法校准高斯计。

【思考题】

1. 什么叫核磁共振？
2. 从量子力学角度推导满足核磁共振条件的公式。
3. 核磁共振中有哪两个过程同时起作用？
4. 观察核磁共振信号有哪两种方法并解释。
5. 内扫描时，核磁共振信号达到何种形式时，其共振磁场为 B_0？
6. 外扫描时，核磁共振信号达到何种形式时，其共振磁场为 B_0？
7. 如何判断共振信号和干扰信号，为什么？
8. 利用 $\gamma_F = \dfrac{f_F \gamma_H}{f_H}$ 时，为什么质子样品的共振频率 f_H 和氟样品的共振频率 f_F 必须在同一磁场电流下测出？
9. 怎样利用核磁共振测量磁场强度？
10. 布洛赫方程的稳态解是在何种条件下得到的？

实验 39　　光电效应和普朗克常数的测定

光电效应是指一定频率的光照射在金属表面时会有电子从金属表面逸出的现象。光电效应实验对于认识光的本质及早期量子理论的发展，具有里程碑的意义。

【实验目的】

（1）了解光电效应的规律，加深对光的量子性的理解。
（2）测量普朗克常数 h。

【实验仪器】

ZKY-GD-4 智能光电效应实验仪。

【实验原理】

光电效应的实验原理如图 5-12 所示。入射光照射到光电管阴极 K 上,产生的光电子在电场的作用下向阳极 A 迁移构成光电流,改变外加电压 U_{AK},测量出光电流 I 的大小,即可得出光电管的伏安特性曲线。

光电效应的基本实验事实如下:

(1)对应于某一频率,光电效应的 I-U_{AK} 关系如图 5-13 所示。从图中可见,对一定的频率,有一电压 U_0,当 $U_{AK} \ll U_0$ 时,电流为零,这个相对于阴极的负值的阳极电压 U_0,被称为截止电压。

(2)$U_{AK} \geqslant U_0$ 后,I 迅速增加,然后趋于饱和,饱和光电流 I_M 的大小与入射光的强度 P 成正比。

(3)对于不同频率的光,其截止电压的值不同,如图 5-14 所示。

(4)作截止电压 U_0 与频率 ν 的关系如图 5-15 所示,U_0 与 ν 成正比关系。当入射光频率低于某极限值 ν_0(ν_0 随不同金属而异)时,不论光的强度如何,照射时间多长,都没有光电流产生。

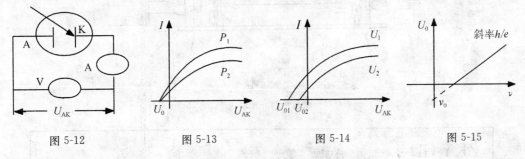

图 5-12　　　　　图 5-13　　　　　图 5-14　　　　　图 5-15

(5)光电效应是瞬时效应,即使入射光的强度非常微弱,只要频率大于 ν_0,在开始照射后立即有光电子产生,所经过的时间至多为 10^{-9} s 的数量级。

按照爱因斯坦的光量子理论,光能并不像电磁波理论所想象的那样,分布在波阵面上,而是集中在被称为光子的微粒上,但这种微粒仍然保持着频率(或波长)的概念,频率为 ν 的光子具有能量 $E = h\nu$,h 为普朗克常数。当光子照射到金属表面时,一次为金属中的电子全部吸收,而无须积累能量的时间。电子把这能量的一部分用来克服金属表面对它的吸引力,余下的就变为电子离开金属表面后的动能,按照能量守恒原理,爱因斯坦提出了著名的光电效应方程:

$$h\nu = \frac{1}{2}mv_0^2 + A \tag{5-59}$$

式中,A 为金属的逸出功,$\frac{1}{2}mv_0^2$ 为光电子获得的初始功能。

由式(5-59)可见,入射到金属表面的光频率越高,逸出的电子动能越大,所以即使阳极电位比阴极电位低时也会有电子落入阳极形成光电流,直至阳极电位低于截止电压,光电流才为零,此时有关系:

$$eU_0 = \frac{1}{2}mv_0^2 \tag{5-60}$$

阳极电位高于截止电压后,随着阳极电位的升高,阳极对阴极发射的电子的收集作用越强,光电流随之上升;当阳极电压高到一定程度,已把阴极发射的光电子几乎全收集到阳极,再增加 U_{AK} 时 I 不再变化,光电流出现饱和,饱和光电流 I_M 的大小与入射光的强度 P 成正比。

光子的能量 $h\nu_0 < A$ 时,电子不能脱离金属,因而没有光电流产生。产生光电效应的最低频率(截止频率)是 $\nu_0 = A/h$。

将式(5-60)代入式(5-59)可得

$$eU_0 = h\nu - A \qquad\qquad (5-61)$$

此式表明，截止电压 U_0 是频率 ν 的线性函数，直线斜率 $K = h/e$，只要用实验方法得出不同的频率对应的截止电压，求出直线斜率，就可算出普朗克常数 h。

爱因斯坦的光量子理论成功地解释了光电效应规律。

【仪器介绍】

ZKY-GD-4 智能光电效应实验仪。仪器由汞灯及电源、滤色片、光阑、光电管、智能测试仪构成，仪器结构如图 5-16 所示，测试仪的调节面板如图 5-17 所示。测试仪有手动和自动两种工作模式，具有数据自动采集、存储、实时显示采集数据、动态显示采集曲线（连接普通示波器，可同时显示 5 个存储区中存储的曲线）以及采集完成后查询数据的功能。

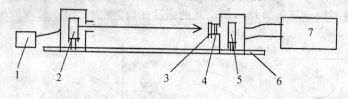

图 5-16

1—汞灯电源；2—汞灯；3—滤色片；4—光阑；5—光电管；6—基座；7—测试仪

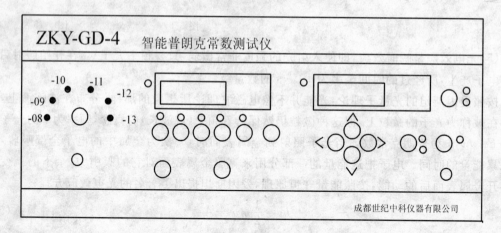

图 5-17

【实验内容】

1. 测试前准备

（1）将测试仪及汞灯电源接通（汞灯及光电管暗箱遮光盖盖上），预热 20 min。

（2）调整光电管与汞灯距离约为 40 cm 并保持不变。

（3）用专用连接线将光电管暗管箱电压输入端与测试仪电压输出端（后面板上）连接起来（红—红，兰—兰）。

（4）将"电流量程"选择开关置于所选挡位，进行测试前调零。测试仪在开机或改变电流量程后，都会自动进入调零状态。调零时应将光电管暗箱电流输出端 K 与测试仪微电流输入端（后面板上）断开，旋转"调零"旋钮使电流指示为"000.0"。调节好后，用高频匹配电缆将电流输入连接起来,按"调零确认/系统清零"键,系统进入测试状态。

若要动态显示采集曲线,需将测试仪的"信号输出"端口接至示波器的"Y"输入端"同步输出"端口接至示波器的"外触发"输入端。示波器"触发源"开关拨至"外","Y 衰减"旋钮拨至约"1 V/格","扫描时间"旋钮拨至约"20 μs/格"。此时示波器将用轮流扫描的方式显示 5 个存储区中存储的曲线,横轴代表电压 U_{AK},纵轴代表电流 I。

2.测普朗克常数 h

问题讨论及测量方法:

理论上,测出各频率的光照射下阴极电流为零时对应的 U_{AK},其绝对值即该频率的截止电压,然而实际上由于光电管的阳极反向电流、暗电流、本底电流及极间接触电位差的影响,电流并非阴极电流,实测电流为零时对应的 U_{AK} 也并非截止电压。

光电管制作过程中阳极往往被污染,沾上少许阴极材料,入射光照射阳极或入射光从阴极反射到阳极之后都会造成阳极光电子发射,U_{AK} 为负值时,阳极发射的电子向阴极迁移构成了阳极反向电流。

暗电流和本底电流是热激发产生的光电流与杂散光照射光电管产生的光电流,可以在光电管制作或测量过程中采取适当措施以减小它们的影响。

极间接触电位差与入射光频率无关,只影响 U_0 的准确性,不影响 U_0-ν 直线斜率,对测定 h 无大影响。

由于本实验仪器的电流放大器灵敏度高,稳定性好;光电管阳极反向电流,暗电流水平也较低。在测量各谱线截止电压 U_0 时,可采用零电流法,即直接将各谱线照射下测得的电流为零时对应的电压 U_{AK} 的绝对值作为截止电压 U_0。此法的前提是阳极反向电流、暗电流和本底电流都很小,用零电流法测得的截止电压与真实值相差较小,且各谱线的截止电压都相差 ΔU 对 U_0-ν 曲线的斜率无大的影响,因此对 h 的测量不会产生大的影响。

测量截止电压:

测量截止电压时,"伏安特性测试/截止电压测试"状态键应为截止电压测试状态。"电流量程"开关应处于 10^{-13} A 挡。

(1)手动测量:

①使"手动/自动"模式键处于"手动"模式。

②将直径 4 mm 的光阑及 365.0 nm 的滤色片装在光电管暗箱光输入口上,打开汞灯遮光盖。

③此时电压表显示 U_{AK} 的值,单位为 V,电流表显示与 U_{AK} 对应的电流值 I,单位为所选择的"电流量程"。用电压调节键"→"、"←"、"↑"、"↓"可调节 U_{AK} 的值,"→"、"←"键用于选择调节位,"↑"、"↓"键用于调节值的大小。

(2)自动测量:

①按"手动/自动"模式键切换"自动"模式。

②此时电流表左边的指示灯闪烁,表示系统处于自动测量扫描范围设置状态,用电压调节键可设置扫描起始和终止电压。

③对各条谱线,我们建议扫描范围大致设置为:365 nm,$-1.90\sim-1.5$ V;405 nm,$-1.60\sim-1.2$ V;436 nm,$-1.35\sim-0.95$ V;546 nm,$-0.80\sim-0.50$ V;577 nm,$-0.65\sim-0.25$ V。

④测试仪设有 5 个数据存储区,每个存储区可存储 500 组数据,并有指示灯表示其状态。灯亮表示该存储区已存有数据,灯不亮为空存储区,灯闪烁表示系统预选的或正在存储数据的存储区。

⑤设置好扫描起始和终止电压后,按动相应的存储区按键,仪器将先清除存储区原有数据,等待约 30 s,然后按 4 mV 的步长自动扫描,并显示、存储相应的电压、电流值。

⑥扫描完成后,仪器自动进入数据查询状态,此时查询指示灯亮,显示区显示扫描起始电压和相应的电流值。用电压调节键改变电压值,就可查阅到在测试过程中,扫描电压为当前显示值时相应的电流值。读取电流为零时对应的 U_{AK},以其绝对值作为该波长对应的 U_0 的值,并将数据记于表 5-3 中。

⑦按"查询"键,查询指示灯灭,系统回复到扫描范围设置状态,可进行下一次测量。

⑧在自动测量过程中或测量完成后,按"手动/自动"键,系统回复到手动测量模式,模式转换前工作的存储区的数据将被清除。

若仪器与示波器连接,则可观察到 U_{AK} 为负值时各谱线在选定的扫描范围内的伏安特性曲线。

表 5-3　U_0-ν 关系光阑孔 $\Phi=$　　mm

波长 λ_i (nm)		365.0	404.7	435.8	546.1	577.0
频率 ν_i ($\times 10^4$ Hz)		8.214	7.408	6.879	5.490	5.196
截止电压 U_{0i} (V)	手动					
	自动					

由表 5-3 的实验数据,得出 U_0-ν 直线的斜率 K,即可用 $h=ek$ 求出普朗克常数,并与 h 的公认值 h_0 比较求出相对误差 $E=\dfrac{h-h_0}{h_0}$,式中 $e=1.602\times 10^{-19}$ C,$h_0=6.626\times 10^{-34}$ J·S。

3.测光电管的伏安特性曲线

此时,"伏安特性测试/截止电压测试"状态键应为"伏安特性测试"状态。"电流量程"开关应拨至 10^{-10} A 挡,并重新调零。

将直径 4 mm 的光阑及所选窄线的滤色片装在光电管暗箱光输入口上。

测伏安特性曲线可选用"手动/自动"两种模式之一,测量的最大范围为 $-1\sim 50$ V,自动测量时步长为 1 V,仪器功能及使用方法如前所述。

(1)可同时观察 5 条谱线在同一光阑、同一距离下伏安饱和特性曲线。

(2)可同时观察某条谱线在不同距离(即不同光强)、同一光阑下的伏安饱和特性曲线。

(3)可同时观察某条谱线在不同光阑(即不同光通量)、同一距离下的伏安饱和特性曲线。由此可验证光电管饱和光电流与入射光成正比。

记录所测 U_{AK} 及 I 的数据到表 5-4 中,在坐标纸上作对应于以上波长及光强的伏安特性曲线。

表 5-4　I-U_{AK} 关系

U_{AK} (V)								
I ($\times 10^{-10}$ A)								
U_{AK} (V)								
I ($\times 10^{10}$ A)								

在 U_{AK} 为 50 V 时,将仪器设置为手动模式,测量并记录对同一谱线、同一入射距离,光阑分别为 2 mm、4 mm、8 mm 时对应的电流值于表 5-5 中,验证光电管的饱和光电流与入射光强成正比。

表 5-5　I_M-P 关系 $U_{AK}=$　　V　　$\lambda=$　　nm　$L=$　　mm

光阑孔 Φ			
$I(\times 10^{10}$ A$)$			

也可在 U_{AK} 为 50 V 时,将仪器设置为手动模式,测量并记录对同一谱线、同一光阑时,光电管与入射光在不同距离,如 300 mm、40 mm 对应的电流值于表 5-6 中,同样验证光电管的饱和电流与入射光强成正比。

表 5-6　I_M-P 关系 $U_{AK}=$V　　$\lambda=$　　nm　$\Phi=$　　nm

U_{AK}(V)							
入射距离 L(mm)							
$l(\times 10^{10}$A$)$							

【思考题】

1. 假如入射光单色性不好,会出现测量误差吗? 它们对实验结果有何影响?
2. 利用你的现有知识,设计一种分段接续式量程转换电路。

实验 40　　　电子衍射实验

电子衍射实验对确立电子的波粒二象性和建立量子力学起过重要作用。历史上在认识电子的波粒二象性之前,已经确立了光的波粒二象性。德布罗意在光的波粒二象性和一些实验现象的启示下,于 1924 年提出实物粒子(如电子、质子等)也具有波性的假设。当时人们已经掌握了 X 射线的晶体衍射知识,这为从实验上证实德布罗意假设提供了有利因素。1927 年,戴维孙和革末发表他们用低速电子轰击镍单晶产生电子衍射的实验结果。两个月后,英国的汤姆逊和雷德发表了用高速电子穿透物质薄片的办法直接获得电子花纹的结果。他们从实验测得电子波的波长与德布罗意波公式计算出的波长相吻合,证明了电子具有波动性,验证了德布罗意假设,成为第一批证实德布罗意假说的实验,所以这是近代物理学发展史上一个重要实验。

利用电子衍射可以研究测定各种物质的结构类型及基本参数。本实验用电子束照射金属银的薄膜,观察研究发生的电子衍射现象。

【实验目的】

(1)拍摄电子衍射图样,计算电子波波长。
(2)验证德布罗意公式。

【实验装置】

电子衍射仪。

【实验原理】

1.德布罗意波的波长

德布罗意认为粒子在某些情况下也呈现出波动的性质,其波长 λ 与动量 P 之间的关系与光子相同,即

$$P=\frac{E}{c}=\frac{h\nu}{c}=\frac{h}{\lambda} \tag{5-62}$$

式中,h 为普朗克常数,ν 为波动频率,λ 为电子波波长。

设电子在电压为 U 的电场下加速从初速为零加速运动,得到速度 v,则

$$eU=\frac{1}{2}mv^2=\frac{P^2}{2m}$$

所以

$$\lambda=\frac{h}{P}=\frac{h}{\sqrt{2meU}} \tag{5-63}$$

式中,e 为电子电荷,m 为电子质量。当加速电压 U 不太高,$v\ll c$(真空中光速)时,m 可视为电子的静止质量。将 h、e 和 m 各值代入式(5-63)可得

$$\lambda=\frac{1.225}{\sqrt{U}} \tag{5-64}$$

这就是德布罗意公式。式中,加速电压 U 的单位为 V,电子波波长 λ 的单位为 nm。

由式(5-64)求出的是由德布罗意假设得出的波长的理论值。后来经各种方法测得德布罗意波的波长与理论值完全相同。本实验用电子波在多晶薄膜上的衍射来验证德布罗意假设的正确性。

2.电子波在晶体上的衍射

电子波在晶体上的衍射规律与 X 光在晶体上的衍射规律一样,也遵从布拉格公式 $2d\sin\theta=n\lambda$,若射到立方晶体上则有

$$\sin\theta=\frac{\lambda}{2a}\sqrt{h^2+k^2+l^2} \tag{5-65}$$

式中,h,k,l 为晶体干涉面指数。对已知结构的晶体,a 为定值(本实验用面心立方的银,$a=0.408\,56$ nm),求出各相应的干涉面指数和掠射角,即可求得 λ。以此值与由德布罗意公式得到的波长相比较,就可以验证德布罗意假设的正确性。

如图 5-18 所示,电子束射到多晶体薄膜上,与某晶面族成 θ 角,符合布拉格公式而衍射。

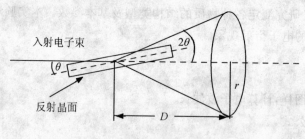

入射电子束

2θ

θ

反射晶面

D

r

图 5-18

其衍射圆锥在距晶体为 D 的荧光屏上形成半径为 r 的圆,若干不同的晶面族则形成一套半

径不等的同心圆。由图知,$\tan 2\theta = \dfrac{r}{D}$,因电子波波长很短,从式(5-65)可看出 θ 很小,故近似有

$\sin\theta \approx \tan\theta \approx \theta = \dfrac{r}{2D}$。于是式(5-65)变为

$$\frac{r}{D} = \lambda \frac{h^2 + k^2 + l^2}{a}$$

即

$$r^2 = \left(\frac{\lambda D}{a}\right)^2 (h^2 + k^2 + l^2) \tag{5-66}$$

3.指数的标定及波长的求法

得到衍射图样后,对每一个衍射环,要确定它所对应的晶面的干涉面指数 h,k 和 l,这个工作叫"指数标定"。在一组同心圆环中,D,λ 及 a 均为定值,由式(5-66)知:

$$r_1^2 : r_2^2 : r_3^2 : \cdots = (h_1^2 + k_1^2 + l_1^2) : (h_2^2 + k_2^2 + l_2^2) : (h_3^2 + k_3^2 + l_3^2) : \cdots$$

即一系列半径平方的比等于各相应干涉面指数平方和的比。又知面心立方体各干涉面指数平方和之比为 $3:4:8:11:\cdots$,将对应的 r 及 h,k,l 和 a,D 代入式(5-66)即可求出 λ。

但由于 λ 值很小,有些面指数平方和相差很少的相邻的圆环分不开,还有些衍射线较弱,致使衍射环未显示出来,所以,依次测得的各环半径的平方值,不能与可能的干涉面指数平方和一一对应,但第一环(半径 r 最小)肯定是由(111)面族衍射的,故可将 r_1^2 除以 3 得常数 C,然后求出 $4C,8C,11C,\cdots$,若 $r_2^2 \approx 4C$,则 r_2 是由(200)晶面族衍射的。如 r_4^2 与 $11C$ 相差较大,则 r_4 不是由(311)晶面组产生的。

【仪器介绍】

电子衍射仪主要由衍射管、高真空系统和高压电源三部分组成。衍射管部分的结构如图 5-19 所示,A 为发射电子束的电子枪(阴极),接地的 B 为阳极,中间有小孔可让电子束通过。阴极 A 加有数万伏负高压,经阳极 B 加速的电子射向薄膜 E,衍射图样呈现在 F 处,C 和 D 起聚焦作用。

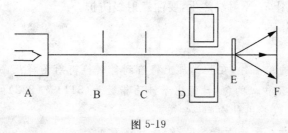

图 5-19

【实验内容】

1.制样品

将配制的火棉胶溶液滴在清水杯中,在水面上形成一很薄的胶膜。用衍射仪所附的样品支架从杯的一侧伸进膜下挑起,让膜附在支架的圆孔上,干后用真空镀膜工艺在胶膜(连同支架)上镀厚约 $10\sim100$ nm 的银膜。

2.装样品

将镀好银膜的样品支架装在衍射仪相应的位置上。

3.抽真空

按衍射仪说明书,将仪器抽真空至 $10.66\times10^{-3}\sim6.66\times10^{-3}$ Pa 时,可预热灯丝。

4.观察衍射环

(1)灯丝预热后,加高压至 10 kV,调节样品支架,可观察到衍射环。

(2)逐渐加高电压至 $2.5\times10^3\sim4.0\times10^3$ kV,可见到清晰的衍射环,当高压改变时,观察衍射环变化情况,说明原因。

5.拍摄图像

(1)按说明书关灯丝电源、放气、装底片重新抽真空至 $10.66\times10^{-3}\sim6.66\times10^{-3}$ Pa。

(2)调整衍射环至满意,关闭衍射管上方的快门,将底片盒旋至"照相"位置。

(3)打开快门约 $3\sim5$ s,关闭灯丝电源照相毕。

(4)按说明书降高压,放气,取底片冲洗。

【数据处理】

(1)在衍射图样上,对各衍射环由小到大顺次测出半径。

(2)指数标定,按上面介绍的办法进行。

(3)计算 λ。将各环的半径 r 和对应的干涉面指数 h,k,l 及 a,D 代入式(5-66),注意 $D=410$ mm,即可求出 λ。对各环的结果求平均即得波长 $\overline{\lambda}$。

(4)计算 $\overline{\lambda'}$。将照相时的加速电压 U 代入式(5-64)可得 $\overline{\lambda'}$。

(5)比较 $\overline{\lambda}$ 和 $\overline{\lambda'}$。

【注意事项】

(1)本实验需要高真空,真空的获得与测量应严格按仪器说明书的规定进行。

(2)实验在高电压下进行,一次观察或照相结束,应及时降下高压,实验时严禁触碰非操作部分。

(3)电子束打在样品上有 X 射线产生,要注意射线防护。

【思考题】

1.如果样品是很薄的单晶片,在荧光屏上将看到什么样衍射图样?

2.根据实验时的 D,λ 和 a 的值,计算出干涉面指数为(311)及(222)的晶面族所形成的衍射环的半径,从所得结果可以看出什么问题?

3.什么是干涉面指数?干涉面指数(222)是什么意思?

实验 41   夫兰克-赫兹实验

1913 年,丹麦物理学家玻尔(N. Bohr)提出了一个氢原子模型,并指出原子存在能级。该模型在预言氢光谱的观察中取得了显著的成功。根据玻尔的原子理论,原子光谱中的每根谱线表示原子从某一个较高能态向另一个较低能态跃迁时的辐射。

1914 年,德国物理学家夫兰克(J. Franck)和赫兹(G. Hertz)对勒纳用来测量电离电位的实验装置做了改进,他们同样采取慢电子(几个到几十个电子伏特)与单元素气体原子碰撞的办法,但着重观察碰撞后电子发生什么变化(勒纳则观察碰撞后离子流的情况)。通过实验测量,电子和原子碰撞时会交换某一定值的能量,且可以使原子从低能级激发到高能级。直接证明了原子发生跃变时吸收和发射的能量是分立的、不连续的,证明了原子能级的存在,从而证明了玻尔理论的正确,由此而获得了 1925 年诺贝尔物理学奖。

夫兰克-赫兹实验至今仍是探索原子结构的重要手段之一,实验中用的"拒斥电压"筛去小能量电子的方法,已成为广泛应用的实验技术。

【实验目的】

(1)通过测定汞原子等元素的第一激发电位(即中肯电位),证明原子能级的存在。

(2)了解电子与原子碰撞和能量交换过程的微观图像以及影响这个过程的主要物理因素。

【实验仪器】

F-H 管电源组,扫描电源和微电流放大器,F-H 管,加热炉,控温装置。

【实验原理】

1. 关于激发电位

玻尔提出的原子理论指出:原子只能较长地停留在一些稳定状态(简称为定态)。原子在这种状态时,不发射或吸收能量。各定态有一定的能量,其数值是彼此分隔的。原子的能量不论通过什么方式发生改变,它只能从一个定态跃迁到另一个定态。原子从一个定态跃迁到另一个定态而发射或吸收辐射时,辐射频率是一定的。如果用 E_m 和 E_n 分别代表有关两定态能量,辐射的频率 ν 决定于如下关系:

$$h\nu = E_m - E_n \tag{5-67}$$

式中,普朗克常数 $h = 6.63 \times 10^{-34}$ J·s。为了使原子从低能级向高能级跃迁,可以通过具有一定能量的电子与原子相碰撞进行能量交换的办法来实现。

设初速度为零的电子在电位差为 U_0 的加速电场作用下,获得能量 eU_0。当具有这种能量的电子与稀薄气体的原子(比如十几个托的汞原子)发生碰撞时,就会发生能量交换。如以 E_1 代表汞原子的基态能量,E_2 代表汞原子的第一激发态能量,那么当汞原子吸收从电子传递来的能量恰好为

$$eU_0 = E_2 - E_1 \tag{5-68}$$

时,汞原子就会从基态跃迁到第一激发态,而且相应的电位差称为汞的第一激发电位(或称汞的中肯电位)。测定出这个电位差 U_0,就可以根据式(5-68)求出汞原子的基态和第一激发态之间的能量差了(其他元素气体原子的第一激发电位亦可依此法求得)。夫兰克-赫兹实验的原理如图 5-20 所示。在充汞的夫兰克-赫兹管中,电子由阴极发出,阴极 K 和第一栅极 G_1 之间的加速电压主要用于消除阴极电子散射的影响,阴极 K 和栅极 G_2 之间的加速电压 U_{G_2K} 使电子加速。在板极 A 和第二栅极 G_2 之间加有反向拒斥电压 U_{G_2A}。管内空间电位分布如图5-21所示。

当电子通过 KG_2 空间进入 G_2A 空间时,如果有较大的能量($\geqslant eU_{G_2A}$),就能冲过反向拒斥电场而到达板极形成板流,为微电流计 μA 表检出。如果电子在 KG_2 空间与汞原子碰撞,把自己一部分能量传给汞原子而使后者激发的话,电子本身所剩余的能量就很小,以致通过第二栅极后已不足克服拒斥电场而被折回到第二栅极,这时,通过微电流计 μA 表的电流将显著减小。

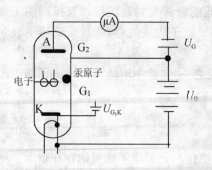

图 5-20

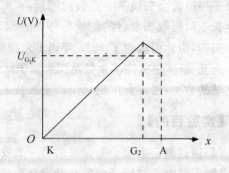

图 5-21

实验时,使 U_{G_2K} 电压逐渐增加并仔细观察电流计的电流指示,如果原子能级确实存在,而且基态和第一激发态之间有确定的能量差的话,就能观察到如图 5-22 所示的 I_A-U_{G_2K} 曲线。

图 5-22 所示的曲线反映了汞原子在 KG_2 空间与电子进行能量交换的情况。当 KG_2 空间电压逐渐增加时,电子在 KG_2 空间被加速而取得越来越大的能量。但起始阶段,由于电压较低,电子的能量较少,即使在运动过程中它与原子相碰撞也只有微小的能量交换(为弹性碰撞)。穿过第二栅极的电子所形成的板极电流 I_A 将随第二栅极电压 U_{G_2K} 的增加而增大(如图 5-22 用的 Oa 段)。当 G_2K 间的电压达到汞原子的第一激发电位 U_0 时,电子在第二栅极附近与汞原子相碰撞,将自

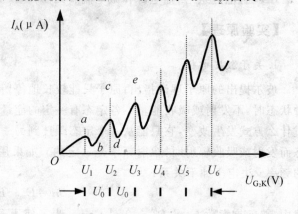

图 5-22　I_A-U_{G_2K} 的曲线

己从加速电场中获得的全部能量交给后者,并且使后者从基态激发到第一激发态。而电子本身由于把全部能量给了汞原子,即使穿过了第二栅极也不能克服反向拒斥电场而被折回第二栅极(被筛选掉)。所以板极电流将显著减小(图 5-22 所示 ab 段)。随着第二栅极电压的不断增加,电子的能量也随之增加,在与汞原子相碰撞后还留下足够的能量,可以克服反向拒斥电场而达到板极 A,这时电流又开始上升(bc 段)。直到 G_2K 间电压是二倍汞原子的第一激发电位时,电子在 G_2K 间又会因二次碰撞而失去能量,因而又会造成第二次板极电流的下降(cd 段),同理,凡 G_2K 之间电压满足:

$$U_{G_2K} = nU_0 \quad (n = 1,2,3\cdots) \tag{5-69}$$

时,板极电流 I_A 都会相应下跌,形成规则起伏变化的 I_A-U_{G_2K} 曲线。而各次板极电流 I_A 达到峰值时相对应的加速电压差 $U_{n+1} - U_n$,即两相邻峰值之间的加速电压差值就是汞原子的第一激发电位值 U_0。

本实验就是要通过实际测量来证实原子能级的存在,并测出汞原子的第一激发电位(公认值为 $U_0 = 4.9$ V)。

原子处于激发态是不稳定的。在实验中被慢电子轰击到第一激发态的原子要跃迁回基态,进行这种反跃迁时,就应该有 eU_0 电子伏特的能量发射出来。反跃迁时,原子是以放出光量子的形式向外辐射能量。这种光辐射的波长为

$$eU_0 = h\nu = h\frac{c}{\lambda} \tag{5-70}$$

对于汞原子

$$\lambda = \frac{hc}{eU_0} = \frac{6.63 \times 10^{-34} \times 3.00 \times 10^8}{1.6 \times 10^{-19} \times 4.9}\ \text{m} = 2\ 500\ \text{Å}$$

如果夫兰克-赫兹管中充以其他元素,则用该方法均可以得到它们的第一激发电位,如表 5-7 所示。

表 5-7　几种元素的第一激发电位

元素	钠(Na)	钾(K)	锂(Li)	镁(Mg)	汞(Hg)	氦(He)	氖(Ne)	
U_0(V)	2.12	1.63	1.84	3.2	4.9	21.2	18.6	
λ(Å)	5 898 5 896	7 664 7 699	6 707.8	4571	2 500	584.3	640.2	

【仪器介绍】

1. F-H 管电源组

用来提供 F-H 管各极所需的工作电压,性能要求如下:

(1)灯丝电压 U_F,直流 1～5 V 连续可调;

(2)0～5 V 输出,直流 0～5 V 连续可调电压;

(3)0～5 V 输出,直流 0～5 V 连续可调电压。

2. 扫描电源和微电路放大器

提供 0～9 V 的可调直流电压或慢扫描输出锯齿波电压作为 F-H 管的加速电压,供手动测量或函数记录仪测量。微电流放大器用来检测 F-H 管的板流。性能要求如下:

(1)具有"手动"、"自动扫描"两种工作方式,"手动"测量时,输出加速电压为 0～90 V 连续可调。

(2)"自动扫描"测量时,可输出周期变化的锯齿波扫描电压,扫描电压的上限幅度可调节。自动 2 挡的扫描周期比自动 1 挡的长,可用于慢速记录高激发能级曲线。

(3)微电路放大器测量范围为 10^{-8} A、10^{-7} A、10^{-6} A 三挡。微电流指示表头:若量程选在 10^{-8} 挡时,即表示满刻度指示为 1×10^{-8} A,其他量程挡以此类推。

(4)极性选择开关:可改变微电流放大器输出电压的极性。

(5)手动调节电位器:在手动工作方式中,调节此电位器,可输出 0～90 V 的加速电压。

(6)自动上限调节电位器:调节此电位器可改变自动扫描电压输出的上限值。如在用充汞 F-H 管时,可上限从 90 V 调小到 50～60 V。

(7)数字电压表,满量程为 199.9 V。

3. F-H 管,加热炉及拱温装置

实验中使用的 F-H 管是一种充汞(高纯汞滴),安装于加热炉内。F-H 管内各电极已引到前面板的瓷接线柱和 BNC 插头上。炉顶有安装温度计的小孔,温度计须和控温装置配合使用。通过后面板的玻璃窗口可观察到内部的 F-H 管。其性能要求为:谱峰数≥15 个;控温范围:120 ℃～200 ℃±3 ℃。

【实验内容】

(1)打开控温仪电流开关,旋转控温旋钮,设定温度 $T=180$ ℃。

(2)用导线将各仪器正确连接起来。

(3)将 U_F 和"手动调节"电位器旋转到最小,扫描选择置"手动"挡,极性选择置"负"挡。

(4)待炉温达到预热温度后(以温度盘指针为准),接通两台仪器的电源,按 F-H 管上标签中参考电压数据,分别调节好 U_{F1}、U_{G_1}、U_{G_2}。扫描选择置"自动"挡,定性观察板流的变化。

(5)扫描选择置"手动"挡,缓慢调节"手动调节"电位器,从 0～70 V(须小于 70 V!)逐渐增大加速电压 U_{G_2K},定性观察板流的变化,粗测"峰"、"谷"的位置,注意选择微电流测试仪的量程和倍率($\times10^{-7}$ 或 $\times10^{-8}$),使板流最大值不超过量程。

(6)在粗测调整适宜的基础上,从 U_{G_2K} 最小开始逐点记录 U_{G_2K} 和 I_A 值,U_{G_2K} 每隔 0.5 V 记录一次,在电流变化较大时,应增加测量点,宜每隔 0.1 V 或 0.2 V 记录一次,直至有 11 个峰数。

(7)用逐差法算出汞原子第一激发电位,并与公认值(4.9 V)相比较,算出测量相对误差和不确定度范围。以 I 为纵坐标,U_{G_2K}(或 U_{G_2})为横坐标,画出此温度下的 I-U_{G_2K},或 I-U_{G_2} 曲线。

(8)(选做)改变温度,分别测出 190 ℃、170 ℃时 I-U_{G_2K} 曲线。以 I 为纵坐标,U_{G_2K}(或 U_{G_2})为横坐标,在同一张坐标纸上画出不同温度下的 I-U_{G_2K}(或 U_{G_2})曲线。分析讨论温度对实验曲线的影响。

【注意事项】

(1)仪器连接正确后方可开启电源。

(2)由于实验时加热炉外壳温度较高,要防止烫伤,导线不要碰到加热炉。

(3)在测量过程中,当加速电压加到较大时,若发现电流表突然大幅度量程过载,应立即将加速电压减少到零。然后检查灯丝电压是否偏大,或适当减少灯丝电压(每次减少 0.1～0.2 V 为宜),再进行一次全过程测量。若在全过程测量中,电流表指示偏小,可适当加大灯丝电压(每次增大 0.1～0.2 V 为宜)。

(4)为达到理想的 I_A-U_{G_2} 曲线的第一峰值及谷值,炉温宜低些(须为 140 ℃),并把测量放大器的灵敏度适当提高(量程用 $\times10^{-8}$ A 挡)。

(5)使用示波器或记录仪时,炉温应尽可能高些,否则易造成管内电量击穿,但温度最好不要超过 200 ℃,否则实验结果不理想。

(6)汞蒸汽的温度范围为 140 ℃～240 ℃,量程用 $\times10^{-8}$ A。

【数据处理】

(1)根据表 5-8,详细记录实验条件和相应的 I_A-U_{G_2K} 的值。

表 5-8　I_A-U_{G_2K} 实验数据表

U_{G_2K}(V)							
I_A(μA)							

(2)在方格纸上绘出手动测量的 I_A-U_{G_2K} 曲线。分别用逐差法处理数据,求得汞的第一激发电位 U_0 值及计算相对误差。

【思考题】

1. 实验中得到的 I_A-U_{G_2K} 曲线为什么呈周期变化？

2. 选择不同的 U_{G_2K} 和 U_{G_1K}，它们对 I_A-U_{G_2K} 曲线会产生什么影响？

3. 本实验产生误差的主要因素有哪些？

4. 能否用氢气代替氩气？为什么？

5. 为什么 I-U 曲线不是从原点开始？

参 考 文 献

［1］　杨述武.普通物理实验（一）·力学及热学部分.北京:高等教育出版社,2004.

［2］　杨述武.普通物理实验（二）·电磁学部分.北京:高等教育出版社,2003.

［3］　杨述武.普通物理实验（三）·光学部分.北京:高等教育出版社,2004.

［4］　杨述武.普通物理实验（四）·综合及设计部分.北京:高等教育出版社,2001.

［5］　吕斯骅等.新编基础物理实验.北京:高等教育出版社,2006.

［6］　丁慎训等.物理实验教程.北京:清华大学出版社,2002.

［7］　朱鹤年.基础物理实验教程——物理测量的数据处理与实验设计.北京:高等教育出版社,2003.

［8］　周殿清.大学物理实验.武汉:武汉大学出版社,2002.

［9］　林木欣.近代物理实验教程.北京:科学出版社,2005.

［10］　梁家惠等.基础物理实验.北京:北京航空航天大学出版社,2005.